森林·环境与管理

森林固碳与生态演替

Forest Carbon Sink and Ecological Succession

陈存根 编著

科学出版社

北京

内 容 简 介

森林固碳和生态演替的相关研究对于理解全球环境变化对地球生命支持系统的复杂影响、开展科学有效的生态系统管理、确保人类生存环境的可持续发展等均有重大的理论和现实意义。本书主要采用分层切割法、抽样全挖法及数学建模模拟等植物生长分析方法确定了林木生物量；并运用多指标综合评价、样方分析、正交分析、NMDS 排序技术、分子生物学、数量聚类分析等重要技术方法分析了不同类型的植物群落及其演替特征。

本书可供生态学、农林科学、地理、环境等相关领域的科研院所及高等院校师生参考。

图书在版编目（CIP）数据

森林固碳与生态演替 / 陈存根编著. —北京：科学出版社，2018.9

（森林·环境与管理）

ISBN　978-7-03-057848-8

Ⅰ. ①森…　Ⅱ. ①陈…　Ⅲ. ①森林生态系统–碳–储量–研究
Ⅳ. ①S718.55

中国版本图书馆 CIP 数据核字（2018）第 129495 号

责任编辑：李轶冰 / 责任校对：彭　涛
责任印制：徐晓晨 / 封面设计：无极书装

科 学 出 版 社 出版

北京东黄城根北街 16 号
邮政编码：100717
http://www.sciencep.com

北京厚诚则铭印刷科技有限公司 印刷

科学出版社发行　各地新华书店经销

*

2018 年 9 月第 一 版　开本：787×1092　1/16
2019 年 7 月第二次印刷　印张：16 3/4
字数：390 000

定价：198.00 元

（如有印装质量问题，我社负责调换）

作 者 简 介

陈存根，男，汉族，1952 年 5 月生，陕西省周至县人，1970 年 6 月参加工作，1985 年 3 月加入中国共产党。先后师从西北林学院张仰渠教授和维也纳农业大学 Hannes Mayer 教授学习，获森林生态学专业理学硕士学位（1982 年 8 月）和森林培育学专业农学博士学位（1987 年 8 月）。西北农林科技大学教授、博士生导师和西北大学兼职教授。先后在陕西省周至县永红林场、陕西省林业研究所、原西北林学院、杨凌农业高新技术产业示范区管委会、原陕西省委教育工作委员会、原陕西省人事厅（陕西省委组织部、陕西省机构编制委员会）、原国家人事部、重庆市委组织部、重庆市人民代表大会常务委员会、中央和国家机关工作委员会等单位工作。曾任原国家林业部科学技术委员会委员、原国家林业部重点开放性实验室——黄土高原林木培育实验室首届学术委员会委员、原国家林业局科学技术委员会委员、中国林学会第二届继续教育工作委员会委员、中国森林生态专业委员会常务理事、普通高等林业院校教学指导委员会委员、陕西省林业学会副理事长、陕西省生态学会常务理事、《林业科学》编委和《西北植物学报》常务编委等职务。著有《中国森林植被学、立地学和培育学特征分析及阿尔卑斯山山地森林培育方法在中国森林经营中的应用》（德文）、《中国针叶林》（德文）和《中国黄土高原植物野外调查指南》（英文）等论著，编写了《城市森林生态学》《林学概论》等高等教育教材，主持了多项重大科研课题和国际合作项目，在国内外科技刊物上发表了大量学术文章。曾获陕西省教学优秀成果奖一等奖（1999 年）、陕西省科学技术进步奖二等奖（1999 年）、中国林学会劲松奖、陕西省有突出贡献的留学回国人员（1995 年）和国家林业局优秀局管干部（1998 年）等表彰。1999 年下半年，离开高校，但仍不忘初心，始终坚持对我国森林生态系统保护、森林生产力提高、森林固碳和退化生态系统修复重建等方面的研究，先后指导培养硕士研究生、博士研究生 38 名。

留学奥地利维也纳农业大学

与博士导师Prof. Dr. Hannes
Mayer（右一）及博士学位考
核答辩小组教授合影留念

奥地利维也纳农业大学博士
学位授予仪式

1987年8月，获得奥地利维也
纳农业大学博士学位

获得博士学位，奥地利
维也纳农业大学教授表
示祝贺

获得博士学位，奥地利
维也纳留学生和华人表
示祝贺

获得博士学位，维也纳农
业大学森林培育教研室聚
会表示祝贺

留学期间参加同学家
庭聚会

留学期间在同学家里
过圣诞节

与奥地利维也纳农业
大学的同学们合影

与西北农学院（西北农业大学、西北农林科技大学前身）的老师们合影

与西北林学院学科带头人合影

撰写学术论文

在母校西北林学院和导师张仰渠教授亲切交谈

参加课题组学术研讨活动

1987年7月20日～8月1日，参加
德国西柏林第十四届国际植物
学大会

访问奥地利葛蒙顿林业中心

与德国慕尼黑大学Fisher教授共
同主持中德黄土高原水土流失
治理项目第一次工作会议

就主持的中德科技合作项目接受
电视台采访

奥地利国家电视台播放采访画面

接受国内电视台采访

参加林木病虫害防治课题成果
鉴定会议

参加纪念于右任先生诞辰120
周年海峡两岸学术研讨会议

参加科技创新报效祖国动员暨
先进表彰会议

2002年7月6日，陪同第十一届全国政协副主席（陕西省副省长）陈宗兴（左三）先生考察秦岭火地塘生态定位研究站

2003年6月27日，陪同陕西省省长贾治邦（左四）先生考察秦岭火地塘生态定位研究站

在西北林学院会见到访的外国专家

开展野外调查

陕西秦岭太白红杉林（*Larix chinensis*），海拔2600～3500m

陕西秦岭巴山冷杉林（*Abies fargesii*），海拔1500～3700m

巴山冷杉林-牛皮桦混交林（*Abies fargesii-Betula utilis*），海拔1800～2800m

野外考察

与专家探讨天然林保护

与中国科学院专家野外考察

陕西秦岭秦岭冷杉林（*Abies chensiensis*），海拔1300～2100m

陕西秦岭华山松林（*Pinus armandii*），海拔1150～2700 m

陕西秦岭油松林（*Pinus tabulaeformis*），海拔100～2600m

研究生进行林分标准地调查

研究生进行林地土壤剖面观测

研究生露宿秦岭太白山（海拔3100m）调查森林植被

陕西秦岭红桦林（*Betula albosinensis*），海拔1600～2700m

陕西秦岭锐齿栎次生林（*Quercus aliena* var. *acuteserrata*），海拔1400～1800m

陕西延安黄土高原刺槐林（*Robinia pseudoacacia*），海拔400～1200m

研究生进行人工刺槐林下生物量调查

研究生进行外业调查样品整理

研究生进行调查样品测定

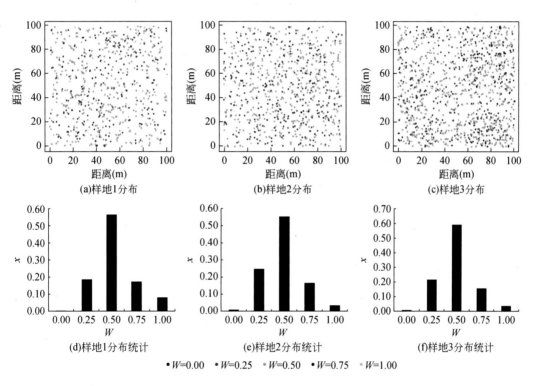

(a)样地1分布　　(b)样地2分布　　(c)样地3分布

(d)样地1分布统计　　(e)样地2分布统计　　(f)样地3分布统计

• W=0.00　• W=0.25　• W=0.50　• W=0.75　• W=1.00

彩图A

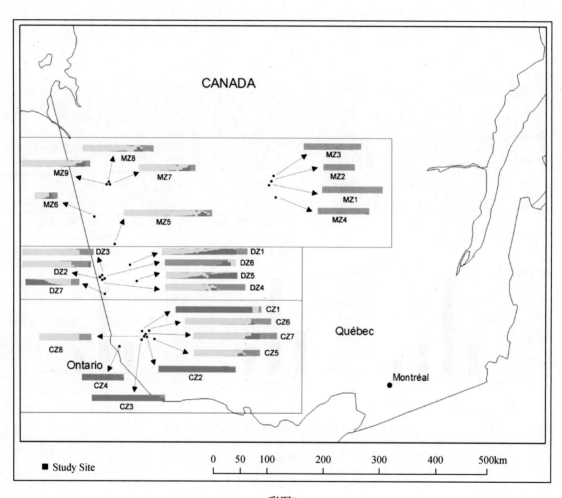

彩图B

序　一

陈存根教授送来《森林·环境与管理》书稿请我作序，我初阅书稿后又惊又喜。惊的是我知道陈教授已从政多年，竟然不忘科研初心，专业研究与培养学生没有间断过；喜的是，自己当年看好的青年才俊，一生结出了硕果累累，使我欣慰。

我和陈存根教授是 1990 年在四川成都国际林业研究组织联盟举办的国际亚高山森林经营研讨会上认识的。当时，我是这次在中国举办的国际会议的主持人。他提交的论文正符合大会主题，脉络清晰、观点独到。在野外考察活动中，他对川西的林木和草本很熟悉，能说出拉丁学名。他曾留学奥地利，因此能用流利的英语和德语与外宾交流。他的表现，使我在后来主持国家自然科学基金第一个林学的重大项目"中国森林生态系统结构与功能规律研究"时，毅然把他的团队纳入骨干研究力量。

他师从西北林学院我的好友张仰渠先生，公派到欧洲奥地利学习并获得博士学位，是当时生态学研究领域青年中的佼佼者。当他作为西北林学院森林生态学科带头人，谋划学科发展时，我给予了支持帮助，数次参加过他指导的博士生的毕业答辩。1999 年，得知他被组织安排到杨凌农业高新技术产业示范区管委会工作时，觉得很可惜，认为他将离开会有所建树的科研事业了。

令人宽慰的是，学校为他保留了从事科研和培养研究生的机制，所以后来总能在学术期刊上看到他的署名文章。他后来调到北京工作，后又到重庆等领导岗位，我们都见过几次面，逢年过节，他都给我问候。

他经常送来他指导的博士研究生的毕业论文让我审阅，这些论文涉及面很宽。从秦岭和黄土高原的植被到青藏高原草地植被；从宏观到微观，涉及景观生态学、生态系统生态学、群落学、种群学、个体等各个层面，甚至还涉及森林动物研究；他还有国外来华的留学生。这么多年，他之所以持之以恒地坚持生态学研究，是因为他割舍不下对专业的这份感情和挚爱！

他的书稿就像他的人生阅历，内容丰富、饱满精彩，且有不少独到之处。如通过剖析秦岭主要用材树种生产力特征，为培育大径材、优质材林分，提高森林生产功能、生态功能提供了技术指引；通过分析高山、亚高山森林植被群落学特征，为天然林保护、国家级自然保护区建设和国家森林公园管理提供了科学佐证；通过研究黄土高原植被演替与水土流失关系，为区域水土流失治理和植被生态恢复提供了科技支撑，等等。他的研究工作，学以致用、研以实用，研究成果能直接指导实际生产，产生经济效益、社会效益和生态效益。

他的书稿即将出版，正逢中央大力推进生态文明建设之际。习近平总书记指出，"绿水青山就是金山银山""绿色发展是生态文明建设的必然要求""人类发展活动必须尊重自然、顺应自然、保护自然""要加深对自然规律的认识，自觉以对规律的认识指导行动""广大科技工作者要把论文写在祖国的大地上，把科技成果应用在实现现代化的伟大事业中"。党的十九大报告更是对加快生态文明体制改革，建设美丽中国和促进科技成果转化，建设创新型国家提出了明确要求。当前，我国经济发展的基本特征就是从高速增长阶段转向高质量增长阶段，我国生态建设在新时代也面临提质增效的重大考验。我想，陈存根教授的《森林·环境与管理》丛书出版正当其时，完全符合中央的大政方针和重大部署，所以予以推荐，希望广大科研人员、管理人员、生产人员和读者能从中有所启迪和收益。

是为序。

中国科学院院士
中国林业科学研究院研究员
2018 年春于北京

序　二

　　对于陈存根先生，我是很早就结识了的。当年国家林业局直属的6所林业高等院校分别是北京林业大学、东北林业大学、南京林业大学、中南林学院、西南林学院和西北林学院，我负责北京林业大学的工作，陈存根先生负责西北林学院的工作，我们经常一起开会研讨林业高等教育发展问题。后来，陈存根先生走上从政的道路，先后在杨凌农业高新技术产业示范区管委会、原陕西省委教育工作委员会、原陕西省人事厅、原国家人事部、重庆市委组织部、重庆市人民代表大会常务委员会、中央和国家机关工作委员会等不同的岗位上工作，但我们之间的学术交流和专业探讨从未间断过，所以，也算是多年的挚友了。这次他送来《森林·环境与管理》书稿让我作序，我很高兴，乐意为之，就自己多年来对陈存根先生在创事业、干工作、做研究等方面的了解和感受略谈一二。

　　我对陈存根先生的第一个印象就是他创事业敢想敢干、思路广、劲头足。西北林学院是当时六所林业高等院校中建校较晚的一个，地处西北边远农村，基础设施、师资配备、科研力量等方面都相对薄弱。陈存根先生主持西北林学院工作后，呕心沥血，心无旁骛，积极争取上级部门的鼎力支持，广泛借鉴兄弟院校的先进经验，大力推动学校的改革发展。他曾多次与我深入探讨林业高等院校的学科设置及未来发展问题，在我和陈存根先生的共同努力下，北京林业大学和西北林学院开展了多方面共建与合作，极大地促进了两个学校的交流和发展。在陈存根先生的不懈努力下，西北林学院的教师队伍、学科设置、学生培养、办学条件等方面都上了一个大台阶，学校承担的国家重大科技研究项目不断增多，国际交流与合作日益广泛，整个学校面貌焕然一新，事业发展日新月异。

　　我对陈存根先生的第二个印象就是他干工作爱岗敬业、有激情、懂方法。这点还要从中国杨凌农业高新科技成果博览会"走向全国，迈出国门"说起。2000年初，陈存根先生已经到杨凌农业高新技术产业示范区管委会工作了，他因举办博览会的事宜来北京协调。他对我讲他要向国务院有关部委汇报，要把这个博览会办成国内一流的农业高新科技博览会，办成一个有国际影响力的盛会。当时我感到很惊讶，在我的印象中，这个所谓的博览会原来也就是农村小镇上每年一次主要只有陕西地市参加的冬季农业物资交流会，这要花多大的气力才能达到这个目标啊！但 2000 年 11 月博览会的盛况大家都看到了，不仅有十多个国家部委主办和参与支持，同时世界银行、联合国开发计划署、联合国粮食及农业组织、联合国教育、科学及文化组织和欧盟等多个国际机构参与协办，并成功举办了首届国际农业高新科技论坛，杨凌农高会不仅走出了陕西，走向了全国，而且迈出了国门，真正成了中国农业高新科技领域的奥林匹克博览盛会。杨凌——这个名不见经传的小镇，一举成为国家实施西部大开发战略、国家农业高新技术开发的龙头和国家级的农业产业示范区。这些成绩的取得，我认为饱含着陈存根先生不懈的努力和辛勤的付出！

我对陈存根先生的第三个印象就是他做研究精益求精、标准高、重实用。我应邀参加过陈存根先生指导的博士研究生的学位论文审阅和答辩工作，感受到了他严谨缜密的科研态度和求真务实的学术精神。陈存根先生带领的科研团队，对植被研究延伸到了相关土壤、水文、气候及历史人文变迁的分析，对动物研究拓展到了春夏秋冬、白天黑夜、取食繁衍等方方面面的影响，可以说研究工作非常综合、系统和全面。长期以来，他们坚持与一线生产单位合作，面向生产实际需要开展研究，使科研内容非常切合实际，研究成果真正有助于解决生产问题。近年来国家在秦巴山区实施的天然林保护工程、近自然林经营、大径材林培育，高山、亚高山脆弱森林植被带保护，黄土高原水土流失治理与植被恢复重建，以及国家级自然保护区管理和国家森林公园建设等重大决策中，都有他们科研成果的贡献。

我对陈存根先生的第四个印象就是他的科研命题与时俱进、前瞻强、创新好。1987年他留学归来就积极倡导改造人工纯林为混交林、次生林近自然经营等先进理念，并在秦岭林区率先试验推广，这一理念与后来世界环境与发展大会提出推进森林可持续经营不谋而合。他研究林木异速生长规律有独到的方法，我记得当年学界遇到难以准确测定针叶面积问题，陈存根先生发明了仅测定针叶长度和体积两个参数即可准确快捷计算针叶面积的方法，使得这一难题迎刃而解，我们曾就这一问题一块儿进行过深入探讨。他在森林生产力研究方面也很有见地，开发积累了许多测算森林生物量、碳储量的技术方法，建造了系列测算和预测模型，提出了林业数表建设系统思路，这些工作为全面系统开展我国主要森林碳储量测算打下了基础，也为应对全球气候变化、推进国际碳排放谈判、签署《京都议定书》、参与制定巴黎路线图、争取更大经济发展空间、建设人类命运共同体做出了积极贡献。当前，中央大力推进生态文明建设，推动经济发展转型和提质增效。习近平总书记强调，实现中华民族伟大复兴，必须依靠自力更生、自主创新，科学研究要从"跟跑者"向"并行者""领跑者"转变。我想，陈存根先生在科研方面奋斗的成效，真正体现了习总书记的要求，实现了科研探索从学习引进、消化吸收到创新超越的升华。

我仔细研读了送来的书稿，我感到这个书稿是陈存根先生积极向上、永不疲倦、忘我奉献、一以贯之精神的一个缩影。《森林·环境与管理》丛书内容丰富饱满，四个分册各有侧重。《森林固碳与生态演替》分册侧重于森林固碳、森林群落特征、森林生物量和生产力方面的研究，《林木生理与生态水文》分册侧重于植被光合生理、森林水文分配效应等方面的研究，《森林资源与生境保护》分册侧重于森林内各类生物质、鸟类及栖息地保护方面的研究，《森林经营与生态修复》分册侧重于近自然林经营、森林生态修复、可持续经营与综合管理等方面的研究。各分册中大量翔实的测定数据、严谨缜密的分析方法、科学客观的研究结论，对当今的生产、管理、决策以及科研非常有价值，许多研究成果处于国内领先或国际先进水平。各分册内容互为依托，有机联系，共同形成一部理论性、技术性、应用性很强的研究专著。陈存根先生系列著作的出版，既丰富了我国森林生态系统保护的理论与实践，也必将在我国生态文明建设中发挥应有的作用，推荐给各位同仁、学者、广大科技工作者和管理人员，希望有所裨益。

有幸先读，是为序。

中国工程院院士
北京林业大学原校长
2018 年春于北京

自　　序

时光如梭，犹如白驹过隙，转眼间从参加工作到现在已经四十七个春秋。这些年，我曾在基层企业、教育科研、产业开发、人事党建等不同的部门单位工作。回首这近半个世纪的历程，尽管工作岗位多有变动，但无论在哪里，自己也算是朝乾夕惕，恪尽职守，努力工作，勤勉奉献，从未有丝毫懈怠，以求为党、国家和人民的事业做出自己应有的贡献。特别是对保护我国森林生态系统和提高森林生产力的研究和努力，对改善祖国生态环境和建设美丽家园的憧憬与追求，一直没有改变过。即使不在高校和科研院所工作后，仍然坚持指导博士研究生开展森林生态学研究。令人欣慰的是，这些年的努力，不经意间顺应了时代发展的潮流方向，秉持了习近平总书记"绿水青山就是金山银山"的科学理念，契合了十八大以来党中央关于建设生态文明的战略部署，响应了十九大提出的推动人与自然和谐发展的伟大号召。因此，我觉得有必要对这些年的研究工作进行梳理和总结，以为各位同仁做进一步研究提供基础素材，为以习近平同志为核心的党中央带领全国人民建设生态文明尽绵薄之力。

参加工作伊始，我就与林业及生态建设结下了不解之缘。1970年，我在陕西省周至县永红林场参加工作，亲身体验了林业工作的艰辛，目睹了林区群众的艰难，感受到了国家经济建设对木材的巨大需求，以及森林粗放经营、过度采伐所引起的水土流失、地质灾害、环境恶化、生产力降低等诸多环境问题。如何既能从林地上源源不断地生产出优质木材，充分满足国家经济建设对木材的需求和人民群众对提高物质生活水平的需要，同时又不破坏林区生态环境，持续提高林地生产力，做到青山绿水、永续利用，让我陷入了深思。

1972年，我被推荐上大学，带着这个思索，走进了西北农学院林学系，开始求学生涯。1982年，在西北林学院张仲渠先生的指导下，我以华山松林乔木层生物产量测定为对象，研究秦岭中山地带森林生态系统的生产规律和生产力，获理学硕士学位。1985年，我被国家公派留学，带着国内研究的成果和遇到的问题，踏进了欧洲著名的学术殿堂——奥地利维也纳农业大学。期间，我一边刻苦学习欧洲先进的森林生态学理论、森林培育技术和森林管理政策，一边潜心研究我国森林培育、森林生态的现实状况、存在的主要问题以及未来发展对策，撰写了《中国森林植被学、立地学和培育学特征分析及阿尔卑斯山山地森林培育方法在中国森林经营中的应用》博士论文，获得农学博士学位。随后，我的博士论文由奥地利科协出版社出版，引起了国际同行的高度关注，德国《森林保护》和瑞士《林业期刊》分别用德文和法文给予了详细推介，并予以很高的评价。世界著名生态学家 Heinrich Walter 再版其经典著作《地球生态学》中，以 6 页篇幅详细引用了我的研究成果，在国际相关学术领域产生了积极影响。

欧洲先进的森林经营管理理念、科学的森林培育方法和优美的森林生态环境，增强了我立志改变我国落后森林培育方式、提高林区群众生活水平和改善森林生态环境的梦想和追求。1987 年底，我分别婉言谢绝了 Hannes Mayer 教授让我留校的挽留和冯宗炜院士希望我到中国科学院生态环境研究中心工作的邀请，毅然回到了我的母校——西北林学院，这所地处西北落后贫穷农村的高校。作为学校森林生态学带头人之一，在此后的 30 多年间，我和我的学生们以秦巴山脉森林和黄土高原植被为主要对象，系统地研究了其生态学特征、群落学特征和生产力，及其生态、经济和社会功能，取得了许多成果，形成了以秦巴山地和黄土高原植被为主要对象的系统研究方法，丰富了森林生态学和森林可持续经营的基础理论，提出了以森林生态学为指导的保护方法，完善了秦巴山地森林经营利用和黄土高原植被恢复优化的科学范式。

在研究领域上，以森林生态学研究为基础，不断拓展深化。一是聚焦森林生态学基础研究，深入探索森林群落学特征、森林演替规律及其与生态环境的关系，如深入地研究了太白红杉林、巴山冷杉林、锐齿栎林等的群落学特征，分析了不同群落类型生态种组、生态位特点，及与环境因子的关系。二是在整个森林生态系统内，研究不断向微观和宏观两个方面拓展。微观方面探索物种竞争、协作、繁衍、生息及与生态环境的关系，包括物种的内在因素、基因特征等相互作用和影响，如分析了莺科 11 属 37 种鸟类的 $cyt\ b$ 全基因序列和 COI 部分基因序列，构建了 ML 和 Bayesian 系统发育树。宏观方面拓展到森林生态系统学和森林景观生态学，如大尺度研究了黄土高原次生植被、青藏高原草地生态系统植被的动态变化。三是研究探索森林植被与生态环境之间相互作用的关系，如对山地森林、城市森林、黄土高原植被等不同植被类型的固肥保土、涵养水源、净化水质、降尘减排、固碳释氧、防止污染、森林游憩、森林康养等多种生态、社会功能进行了分析。四是研究森林生态学理论在森林经营管理中的应用，如研究提出了我国林业数表的建设思路，探讨了我国林业生物质能源林培育与发展的对策，研究了我国东北林区森林可持续经营问题，以及黄土高原植被恢复重建的工艺技术，为林业生态建设的决策和管理提供科学依据。

在技术路线和研究方法上，注重引进先进理论、先进技术和先进设备，并不断消化、吸收、创新和应用。一是引进欧洲近自然林经营理论，结合我国林情建立多指标评价体系，分析了天然林和人工林生物量积累的差异性，以及不同林分的健康水平和可持续性，提出了以自然修复为主、辅以人工适度干预的生态恢复策略，为当前森林生态系统修复重建提供了方法路径。二是为提高林木生物量测定精度，对生物量常规调查方法进一步优化，采取分层切割和抽样全挖实体测定技术，以反映林木干、枝、叶、果、根系异速生长分化特征。针对欧洲普遍采用的针叶林叶面积测定技术中存在的面积测定繁难、精度不高的问题，我们创新发明了只需测定针叶长度和体积两个参数即可准确快捷计算针叶面积的可靠方法。三是重视引进应用新技术，如引入了土壤花粉图谱分析技术，研究地质历史时期森林植被发展演替；引入高光谱技术、植物光合测定技术，测定植物叶绿素含量、光合速率，胞间 CO_2 浓度、气孔导度等生理生态指标，分析其与生态环境的关系，深入研究树种光合作用特征和生长环境适应性，为树种选择提供科学依据。四是引入遥感、地理信息系统等信息技术进行动态建模，创新分析技术和方法，使对高寒草地生态系统植被动态变化研究由平面空间上升到立体空间，更加生动地揭示了大尺度范围植被的动态演化特征。

在科研立项上，坚持问题导向，瞄准关键技术，注重结合生产，实行联合协作，积极争取多方支持。一是按照国家科研项目申报指南积极申请科研课题，研究工作先后得到了国家科学技术部、国家林业局、德国联邦科研部、奥地利联邦科研部、陕西省林业厅、陕西省科学技术厅等单位的大力支持，在此深表感谢。二是研究工作与生产实践紧密结合，主动和陕西省森林资源管理局、陕西太白山国家级自然保护区、陕西省宁东林业局、黄龙桥山森林公园、延安市林业工作站、榆林市林业局、火地塘实验林场等一线生产单位合作，面向生产实际需要，使我们的研究工作和成果应用真正解决生产问题。三是加强国际交流合作，先后和德国慕尼黑大学、奥地利维也纳农业大学围绕秦岭山地森林可持续经营和黄土高原沟壑区植被演替规律及水土流失综合治理等进行科技合作，先后有 7 名欧洲籍留学生来华和我的研究生一起开展研究工作。

多年的辛勤耕耘和不懈努力结出了丰硕成果，我们先后在国内外科技刊物上发表或出版学术论文（著）千余篇（部），《中国针叶林》（德文，1999）、《中国黄土高原植物野外调查指南》（英文，2007）等论著相继出版，国际科技合作和学术交流渠道更加通畅。研究成果大量应用于生产实践，解决了生产中许多急需解决的难题，产生了很好的经济效益、社会效益和生态效益。例如，对华山松林、锐齿栎林等主要用材树种生产力的深入研究，为培育大径材、优质材林分，提高森林经济功能、生态功能提供了坚实的技术支撑。对秦岭主要植被类型群落学特征、生态功能和经营技术的研究，为国家在秦巴山脉实施天然林保护工程，发挥其涵养水源功能提供了强有力的理论支撑。对高山、亚高山森林植被的研究，为天然林保护、国家级自然保护区管理和国家森林公园建设提供了充分的科学佐证。对黄土高原植被演替与水土流失关系的研究，为区域水土流失治理和植被生态恢复提供了科学理论和生产技术支撑，等等，这里就不一一枚举。卓有成效的国际学术交流合作也促进了中国、奥地利两国之间友好关系的发展，2001 年奥地利总统克莱斯蒂尔先生访华时，我作为特邀嘉宾参加了有关活动。

抚摸着每一份研究成果，当年自己和学生们一起开展野外调查的场景历历在目。当时没有便捷的交通工具，也没有先进的导航仪器，更没有防范不测的野外装备，我们爬陡坡、淌急流，翻山越岭、肩扛背背，将仪器设备、锅碗瓢勺以及帐篷干粮等必需物资运入秦巴山脉深处。搭帐篷、起炉灶，风餐露宿，一待就是数月，进行野外调查。为调查林分全貌和真实状况，手持简易罗盘穿梭密林深处，常常"远眺一小沟，抵近是悬崖"，不慎跌摔一跤，缓好久才爬起来，拄根树枝继续前行。打植被样方，挖土壤剖面，做树干解析，全是手工作业，又脏又累，但绝不草率马虎，始终精细极致。为测定植被生物量和碳储量，手持简陋笨拙的农用工具，伐树、刨根、分类、称重、取样，挥汗如雨，却也顾不得衣服挂破扯烂和手掌上磨出血泡的疼痛。为监测森林水文，顶着大雨疾行抢时间，赶赴森林深处测量林分径流。为观测森林野生动物，悄然进入人迹罕至处，连续数日守望观察。这些野外调查长年累月、夜以继日，每次都是为了充分利用宝贵外出时间，天未亮就做准备工作，晨光熹微已到达现场，漫天繁星才收工返回。头发湿了，上衣湿了，裤子湿了，鞋子湿了，也辨不清挂在额头的是汗水、雾水，还是雨水、露水。渴了，捧一掬山泉，饿了，啃一口馒头，晚上回到营地时，已饥肠辘辘、疲惫不堪，还要坚持整理完一天所采集的全部数据和样本。伴随这些的，是蚊群的围攻、蚂蟥的叮附、野蜂的突袭、毒蛇的威胁，以及与野猪、黑熊、羚牛等凶猛野生动物的不期遭遇。但是，当获取了第一手宝贵的数据，所有的紧张与忙碌、艰辛与疲惫、疼痛与危险，都化作内心深处丝丝的甜蜜、欣慰和喜乐。个中酸甜苦辣，也唯有亲历者方能体会。

这次是对以往研究的主要成果进行汇编，虽然有些文章发表时间较早，但依然不失学术价值，文中大量翔实的测定数据、严谨缜密的分析方法、科学客观的研究结论，对当今的生产、管理、决策以及教学科研仍有参考和借鉴价值，许多研究成果依然处于领先水平。所以，将文章整理编辑成册，方便有关学者、研究人员、管理者、生产者查阅，这既是对我们研究工作的一个阶段性总结，同时，多少能够发挥这些研究成果的作用，造福国家和人民，也是我长久以来的心愿。

本丛书以《森林·环境与管理》命名，共收录论文 106 篇，总字数 150 万字。按研究内容和核心主题的侧重点不同，我们将其编辑为四个分册。第一分册为《森林固碳与生态演替》，共收录论文 23 篇，主要侧重森林固碳、群落特征刻画以及生物量积累和生产力评价方面的研究；第二分册为《林木生理与生态水文》，共收录论文 20 篇，主要侧重植被光合生理和森林水文分配效应等方面的系统研究成果；第三分册为《森林资源与生境保护》，共收录论文 34 篇，主要侧重介绍森林内各类生物质能源和鸟类栖息地及其保护的相关研究成果；第四分册为《森林经营与生态修复》，共收录论文 29 篇，主要介绍与近自然林规划设计、生态修复策略、森林可持续经营与综合管理等有关的研究成果。四部分册有机联系，互为依托，共同形成一部系统性和针对性较强、能够服务森林生态系统经营管理的专业丛书。

本丛书的出版发行得到了科学出版社的大力支持，以及中国林业科学研究院专项资金"陕西主要森林类型空间分布及其生态效益评价"（CAFYBB2017MB039）的资助，同时得到该院惠刚盈研究员的大力支持和热情帮助。本丛书的编辑中，我的研究生龚立群、彭鸿等 37 位学生给予了大力协助，白卫国、卫伟不辞劳苦，做了大量琐碎具体工作。正是学生们的通力协作，本丛书最终得以成功出版，在此一并予以衷心感谢。但限于时间仓促，错讹之处在所难免，恳请各位同仁不吝赐教、批评指正。

陈存根

2017 年底于北京

前　　言

森林是陆地生态系统的主体，也是全球最大的碳库，占陆地固碳总量的 2/3，在调节大气碳循环、减缓 CO_2 排放方面具有无可替代的作用。尤其在当今全球气候变暖的大背景下，森林固碳和生态演替的相关研究对于理解全球环境变化对地球生命支持系统的复杂影响、开展科学有效的生态系统管理、确保人类生存环境的可持续发展等均有重大的理论和现实意义。

森林生产力及林木生物量测定是森林固碳能力及其碳储量测算核定的重要基础，而森林群落动态与周边环境因子的相互关系研究则有助于认知生态演替的本质、趋势、机制和效应，对于森林保护与生态恢复均有重要指导价值。本书以此为核心切入点，共收录相关论文 23 篇。其中，前 12 篇文章重点介绍了林木生物量和生产力特征及其对环境因子与经营管理措施的复杂响应机制，旨在分析森林生态系统的生产力规律，为有效提升森林木材生产和固碳效率而制定科学的经营措施，以充分发挥其生态、经济和社会效益；后 11 篇文章详细阐述了森林群落多样性的动态特征和发展趋势，以及群落结构稳定性与地理环境因子的相互关系，为揭示生态演替规律、保护森林多样性提供了科学依据。

书中主要采用分层切割法、抽样全挖法及数学建模模拟等植物生长分析方法确定了林木生物量；并运用多指标综合评价、样方分析、正交分析、NMDS 排序技术、分子生物学、数量聚类分析等重要技术方法分析了不同类型的植物群落及其演替特征。提出了基于单位圆的林分状态评价方法，为区域森林健康质量评价提供了工具。

基于以上重要方法，准确测算了华山松、白皮松和油松等针叶面积；科学量化了秦岭 5 个主要森林群落的异速生长规律；系统研究了太白红杉林、巴山冷山林等典型森林植被的群落特征；同时发现森林生产力随林分类型、林龄、密度、海拔、立地条件及管理措施的变化规律，揭示了林木不同器官的生长特征。

本书是所有署名作者的努力成果，在此对他们表示感谢。希望本书能为从事森林生态、林业生产、自然地理、景观生态等相关领域的工作者提供参考，并为我国森林可持续经营和国家生态文明建设提供科学支持。但限于时间和水平，书中难免存在不足乃至错讹之处，恳请读者批评赐教。

陈存根

2018 年 1 月于北京

目　　录

目 录

华山松、白皮松、油松针叶面积的测定方法[*]

陈存根

  林木的叶面积是评价森林群落结构和生产力的指标之一，在森林生态系统生产力的研究中，准确地测定林木的叶面积是一个相当重要的内容。

  针叶类林木，特别是松树，叶为针状，叶面积测定较为繁难，精度也不易保证。国内外曾有多人对松树叶面积提出了一些测定方法及计算公式[1-14]，但是，这些方法和公式都要求直接测定针叶的粗度，而准确地测定粗度则比较困难。近来，国内有人介绍了几种通过测定针叶体积来计算松树针叶面积的回归方程式[15]，但没有提出建立这些回归式的理论及试验依据和这些回归公式应用的条件。从几何学可知，任何物体如果形状确定，则可通过测定体积，并利用体积和表面积之间的关系，求出该物体的表面积。根据这一思想，以华山松、白皮松和油松为对象，对叶面积测定方法进行了研究，提出了一种只需测定针叶体积和长度，便可计算针叶面积的方法。

1　针叶形状的基本假设和叶面积计算公式的推导

  针叶形状的基本假设如下。

  1）华山松针叶五针并拢，白皮松针叶三针并拢为一圆柱体；油松针叶两针并拢为一椭圆柱体；

  2）并拢形成的几何形状的细微变化对总体积无显著影响；

  3）针叶的径向宽度可以看作是柱体的半径或直径。

  基于假设，作下述公式推导。

  设圆柱体的体积为 v，半径为 r，长度为 l，则下式成立。

$$r = \sqrt{\frac{v}{\pi l}} \tag{1}$$

  设椭圆柱体的体积为 v，横截面长轴长度为 A，短轴长度为 B，长度为 l，则下式也成立。

$$B = \frac{4v}{\pi A l} \tag{2}$$

  一束华山松针叶共有 10 个纵的径向平面。令径向宽度为 r，叶长为 l，这 10 个平面

---

  [*] 原载于：陕西林业科技，1982，（4）：38-44.

的面积 S' 可表示为

$$S'=10rl$$

由于针叶束基部着生在小枝上，尖端当五针并拢时为一旋转抛物面，这样，两端截面的面积可以略去，其圆柱体的表面积 S'' 可写为

$$S''=2\pi rl$$

一束华山松针叶的总表面积 S 就是这两者之和

$$S=S''+S'=2\pi rl+10rl \tag{3}$$

令五针并拢所构成的圆柱体的体积为 v，并利用式（1），得

$$S=\left(2+\frac{10}{\pi}\right)\sqrt{\pi vl} \tag{4}$$

式（4）也可用于 n 束针叶的测定，这时 v 为 n 束针叶的总体积，l 为 n 束针叶的总长度。

一束白皮松针叶，共有 6 个纵的径向平面，进行与华山松针叶相仿的处理，其单束针叶的面积可表示为

$$S=\left(2+\frac{6}{\pi}\right)\sqrt{\pi vl} \tag{5}$$

与华山松针叶叶面积计算公式相同，式（5）也可用于 n 束白皮松针叶面积的测定。

一束油松针叶，有两个纵的径向平面。令径向宽度为 B，叶长为 l，两平面的面积 S' 可表示为

$$S' = 2Bl$$

针叶并拢时构成一椭圆柱体。令其横截面长轴长度为 A，利用几何学上椭圆周长的近似计算公式，其表面积 S'' 可表示为

$$S''\approx\pi l\left[0.75\left(A+B\right)-1/2\sqrt{AB}\right]$$

一束针叶的表面积 S 应是二者之和

$$S\approx\pi l\left[0.75\left(A+B\right)-1/2\sqrt{AB}\right]+2Bl \tag{6}$$

令该椭圆柱体的体积为 v，并利用（2）式，得

$$S\approx v/A\left(3+8/\pi\right)+0.75\pi Al-\sqrt{\pi vl} \tag{7}$$

同上，n 束针叶的表面积也可用（7）式计算。

应该指出，式（7）中仍有一个针叶粗度特征量 A，但可以设想，如果利用 A、v 和 l 之间某种统计学上的关系，便可望解决 A 的替换问题。这个问题留在第三部分讨论。

2 基本假设的验证

用显微镜测微尺测定针叶粗度，沿长度方向以相同的间隔测定五处，取平均值（精确到μm）。针叶长度测定精确到 0.5mm。将测定数据应用圆柱体和椭圆柱体体积计算公式算出各自的体积，记为 $v_计$，再把同一针叶放在有刻度的分析滴定管内，在室温下用排水法测定体积，记为 $v_水$。为了防止针叶的不润湿现象及浸水过程中针叶间裹有气泡，可在水中加入微量醋酸，并把针叶逐个放入。令 $K=v_水/v_计$，以此求出两者之比。以 l 为标

准，进行差异显著性分析。

用上述程序对 300 束华山松针叶、300 束油松针叶、100 束白皮松针叶作了测定。为了验证假设的正确性和代表性，这些针叶都是从不同地区、不同的立地条件上，不同的树冠部位随机采取的，叶龄也有差异。三种松树针叶测定结果的差异性分析见表 1。

三个树种供试的针叶由于生境及叶龄差异，针叶大小均不相同，其体积变异系数和体积极差华山松分别为 0.205cm³ 和 0.235cm³；白皮松为 0.117cm³ 和 0.072cm³；油松为 0.283cm³ 和 0.260cm³，但 K 值都在 1 左右摆动，可见它们各自只有大小不同，而无形状差异。上述分析结果说明，针叶形状的三个假设都是正确的。

表 1　三种松树针叶 K 值差异性分析表

树种	针叶束数	测定组数	$\bar{K}$	K 值幅度	S_K	$S_{\bar{K}}$	t	$t_{0.01}$	结果
华山松	300	30	1.002 3	0.975 4~1.035 3	0.013 93	0.002 59	0.888	2.756	无差异
白皮松	100	10	0.999 7	0.989 4~1.008 4	0.005 74	0.001 91	0.157	3.25	无差异
油　松	300	30	1.001 5	0.912 4~1.084 9	0.037 9	0.007 04	0.213	2.756	无差异

3　油松针叶 A 和 v、l 的关系

对 800 束油松针叶进行统计分析发现，针叶长轴长度 A 和针叶体积与长度之比 v/l 之间存在着很密切的正相关关系，这种关系可表示为

$$A=\beta v/l+\alpha$$

式中，α、β 为常数。只要求出 α、β、A 的替换问题便可解决。现从三个方面来分析可能影响 α 和 β 的因素。

3.1　针叶年龄

在宁陕火地塘林区采集了 280 束生长在相同条件下的不同年龄的针叶，用针叶粗度、长度和体积的测定资料，分年龄对 $A=\beta v/l+\alpha$ 进行了拟合，结果见表 2。

表 2　各龄针叶 A 与 v/l 之间的回归关系

叶龄	n（束）	α	β	r	$S_{y \cdot x}$
1	80	0.063 18	5.970 29	0.970 38	0.002 43
2	80	0.061 39	6.158 42	0.965 76	0.001 88
3	80	0.064 72	5.931 03	0.960 47	0.002 57
4	40	0.065 48	5.728 16	0.941 42	0.002 62

注：r 为相关系数；$S_{y \cdot x}$ 为剩余标准差。下同。

对这四个回归方程进行协方差分析表明，在 0.05 的水平上各参数间没有显著差异。由此可知，第一个生长季节过后，针叶扩张生长即告结束，各龄针叶的 A、v、l 便保持相似的数量关系。所以，对于形状稳定的针叶，模型拟合可以不考虑年龄因素。

3.2 着生针叶的树冠部位

为了分析不同树冠部位的针叶其参数的差异，在西北农学院校园油松林内选择了一株中庸木，把树冠分成阳、阴、上、下四个均等的部分，从中共采集了500束针叶，将测定的 A、v、l 资料，对 $A=\beta v/l+\alpha$ 进行了拟合，结果见表3。协方差分析表明，在0.05的水平上，四个回归方程的参数没有显著差异。因而可以认为，在同一株树上，大小不同的针叶其 A、v、l 之间的关系具有某种一致性，只要采样的代表性强，树冠部位的差别不会对参数产生太大的影响。

表3 不同树冠的针叶 A 与 v/l 的回归关系

树冠部位	n（束）	α	β	r	$S_{y\cdot x}$
阳	100	0.074 76	4.945 95	0.981 42	0.001 08
阴	100	0.074 32	4.951 03	0.982 22	0.001 32
上	100	0.073 29	5.094 58	0.966 04	0.001 19
下	200	0.073 91	4.994 75	4.984 32	0.001 21

3.3 生长分布区

为了分析生长在不同地区的油松针叶 A 和 v/l 回归参数间的差异，在秦岭火地塘林区、淘阳坝林区、西北农学院校园、陕西省林研所渭河试验站等地一共采集了936束针叶。为了分析方便，把这些样本按分布区分为三大类，每类按取样地点分别拟合了回归关系。表4是回归关系拟合的结果。在每一分布区内，对参数作了 t 检验，表5是参数差异显著性检验的结果。结果说明，在同一分布区内，各 α、β 间无显著差异。因之在同一分布区内把资料合并，求出各分布区共同的 α、β，结果见表6。对这三个回归方程进行协方差分析，结果在0.05水平上，各参数间存在着显著差异，因而对其两两之间再次进行了 t 检验。检验说明，在0.05的水平上，只有平原区和高海拔区回归关系的 β 参数间没有显著差异，因之把二者合并，求出共同的 β，其值为4.814 80。

表4 各分布区油松针叶 A 与 v/l 回归关系

分布区	地点及海拔（m）	n（束）	α	β	r	$S_{y\cdot x}$
高海拔区	火地塘 1 800	129	0.078 72	4.730 27	0.984 70	0.002 40
	淘阳坝 1 720	160	0.077 89	4.891 39	0.967 12	0.002 62
适生区	火地塘 1 650	136	0.072 26	5.270 23	0.984 52	0.002 81
	淘阳坝 1 520	280	0.071 36	5.259 96	0.981 54	0.002 58
平原区	西农 530	200	0.075 25	4.916 80	0.981 38	0.001 30
	渭河站 430	31	0.075 27	4.945 23	0.933 99	0.001 06

表 5 回归关系差异显著性检验

分布区	地点及海拔（m）	α	β	估计误差均方	共同的标准剩余离差	t_α	t_β	$t_{0.05}$	结果
高海拔区	火地塘 1 800	0.078 72	4.730 27	5.756×10^{-6}	0.002 52	0.607	1.282	1.96	无差异
	淘阳坝 1 720	0.077 89	4.891 39	6.845×10^{-6}					
适生区	火地塘 1 650	0.072 26	5.270 23	7.925×10^{-6}	0.002 66	1.23	0.103	1.96	无差异
	淘阳坝 1 520	0.071 36	5.259 96	6.669×10^{-6}					
平原区	西农 530	0.075 25	4.916 80	1.692×10^{-6}	0.001 27	0.081	0.066	1.96	—
	渭河站 430	0.075 27	4.945 23	1.113×10^{-6}					

表 6 资料合并后各分布区的回归关系

分布区	n	α	β	r	$S_{y \cdot x}$
高海拔区	289	0.078 69	4.792 35	0.977 40	0.002 52
适生区	416	0.071 65	5.264 13	0.982 75	0.002 66
平原区	231	0.075 38	4.917 50	0.980 12	0.001 27

通过上述分析，可得出三个回归方程：

适 生 区：$A=5.264\ 13v/l+0.071\ 65$ $r=0.982\ 75$ $S_{y \cdot x}=0.002\ 66$
高海拔区：$A=4.814\ 80v/l+0.078\ 18$ $r=0.977\ 86$ $S_{y \cdot x}=0.002\ 07$
平 原 区：$A=4.814\ 80v/l+0.076\ 50$ $r=0.977\ 86$ $S_{y \cdot x}=0.002\ 07$

这三个回归方程的区间估计见表 7，图像见图 1。

表 7 各分布区回归方程的区间估计

分布区	S_a	S_b	α的置信限（95%可信度）	β的置信限（95%可信度）
高海拔区	$6.613\ 0 \times 10^{-4}$	0.048 798	0.070 35～0.072 95	5.168 49～5.359 77
适生区	$7.130\ 9 \times 10^{-4}$	0.045 526	0.076 78～0.079 58	4.725 57～4.904 03
平原区	$6.706\ 1 \times 10^{-4}$	0.045 526	0.075 19～0.07 781	4.725 57～4.904 03

对这三个回归关系进行假设检验表明，回归系数和相关系数在 0.01 的水平上都具有非常显著的意义。可见在所研究的地区，油松针叶 A 和 v/l 间是有真实线性关系的，因之用这三个方程就可解决这些地区油松针叶叶面积计算公式中 A 的替换问题。例如，在本文所研究的油松适生区采一油松针叶，其排水体积为 $0.170cm^3$，长度为 $12.00cm$，则 $v/l=0.014\ 17cm^2$，应用适生区的回归方程或者在附图中可查得 $A=0.1462cm$。把 A 和 v、l 代入公式（7），可求得叶面积为 $8.0515cm^2$。

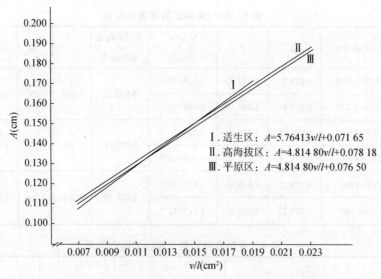

图1 各分布区油松针叶 A 与 v/l 的回归关系图

4 各种不同测定针叶叶面积的方法其测定结果的差异性比较及精度分析

采集了华山松针叶 260 束，白皮松 100 束，油松平原区 320 束，高海拔区 280 束，适生区 320 束，分别采用测定体积和长度计算面积法及测微尺法测定了叶面积，同时把华山松叶面积计算公式对 150 束红松（*Pinus koraiensis*）针叶作了应用，表8是测定结果的差异显著性检验。检验分析说明，两种方法计算的叶面积在 0.05 的水准上没有显著差异。

表8 不同测定方法测定结果的方差分析

树种	方法	n（束）	变差来源	自由度	离差平方和	均方	均方比	$F_{0.05}$
华山松	长度-体积法 测微尺法	260	组间	1	0.113 48	0.113 48	4.42×10^{-4}	4.03
			组内	50	12 833.206	256.664 12		
			总计	51	12 833.319 48			
白皮松	长度-体积法 测微尺法	100	组间	1	3.31×10^{-4}	3.31×10^{-4}	4.16×10^{-6}	4.41
			组内	18	1 432.955 07	79.608 62		
			总计	19	1 432.955 41			
红松	长度-体积法 测微尺法	150	组间	1	3.577 52	3.577 52	0.023 35	4.2
			组内	28	4 289.729 90	153.204 64		
			总计	29	4 293.307 42			

树种	方法	n（束）	变差来源	自由度	离差平方和	均方	均方比	$F_{0.05}$
油松	适生区 长度-体积法 测微尺法	320	组间	1	10.439 1	10.439 1	2.46×10^{-3}	4.6
			组内	14	59 459.592 9	4 247.113 8		
			总计	15	59 470.032 0			
	高海拔区 长度-体积法 测微尺法	280	组间	1	0.017 5	0.0175	1.47×10^{-5}	4.75
			组内	12	14 267.712 5	1 188.976 0		
			总计	13	14 267.730 0			
	平原区 长度-体积法 测微尺法	320	组间	1	1.512	1.512	1.514×10^{-3}	4.41
			组内	18	17 976.359	998.686 6		
			总计	19	17 977.871			

在上述比较的基础上，又采用游标卡尺（精度 0.02mm）测定了部分华山松针叶和红松针叶作为对比，对各种方法的测定结果作了精度分析（表9）。

上述分析说明，测定针叶长度和体积来计算叶面积其精度是相当高的，相对误差完全可以满足研究的要求。可见，这是一个简便易行、准确可靠的松树针叶叶面积测定方法。

表9　各种测定方法的精度分析[*]

树种		方法	n（束）	单束平均叶面积（cm³）	绝对误差	相对误差（%）
华山松		测微尺	260	12.916 41		
		长度-体积法	260	12.907 07	0.009 34	0.072 36
		卡尺法	260	13.200 97	1.022 03	7.742 08
红松		测微尺	150	14.464 55		
		长度-体积法	150	14.395 49	0.069 06	0.479 73
		卡尺法	150	14.723 81	0.259 26	1.760 82
白皮松		测微尺	100	9.580 82		
		长度-体积法	100	9.580 06	0.000 76	0.007 93
油松	适生区	测微尺	320	7.339 79		
		长度-体积法	320	7.380 18	0.040 39	0.547 26
	高海拔区	测微尺	280	8.053 56		
		长度-体积法	280	8.055 31	0.001 75	0.021 69
	平原区	测微尺	320	8.556 61		
		长度-体积法	320	8.541 34	0.015 27	0.178 78

[*]带精度计算以测微尺测定计算的面积为真值。

5 结论

1）通过实验，验证了华山松、白皮松和油松的针叶形状。当一束针叶并拢时，前两者为一圆柱体，后者为一椭圆柱体。

2）根据针叶形状，提出了只需测定针叶体积（用排水法）和针叶长度的叶面积公式。

$$华山松针叶：S=(2+10/\pi)\sqrt{\pi v l}$$
$$白皮松针叶：S=(2+6/\pi)\sqrt{\pi v l}$$

油松针叶：$S \approx v/A (3+8/\pi)+0.75\pi A l$

其中适生区：$A=5.264\ 13v/l+0.071\ 65$ 　$n=416$ 　$r=0.982\ 75$ 　$S_{y \cdot x}=0.002\ 66$

高海拔区：$A=4.814\ 80v/l+0.078\ 18$ 　$n=289$ 　$r=0.977\ 86$ 　$S_{y \cdot x}=0.002\ 07$

平原区：$A=4.814\ 80v/l+0.076\ 50$ 　$n=231$ 　$r=0.977\ 86$ 　$S_{y \cdot x}=0.002\ 07$

由于油松针叶横截面长轴长度 A 是由经验方程计算的，这些公式只适用于本文研究所涉及的地区，并且公式不可外延。

3）实验表明，华山松针叶叶面积的计算公式也适用于红松针叶的叶面积计算。

4）本文提出的所有叶面积计算公式只适用于停止扩张生长的针叶。

参 考 文 献

[1] 陈传国，彭永山，郭杏芬. 计算红松人工林枝叶产量的经验公式. 林业科技通讯，1980，（12）：16-18.

[2] 董世仁，关玉秀. 油松林生态系统的研究（Ⅰ）——山西太岳油松体的生产力初报. 北京林业大学学报，1980，（1）：1-20.

[3] 河南省林业厅，河南商城黄柏山林场，河南农学院园林系. 黄山松人工林生态系中林木生物产量的研究. 河南农学院学报，1980，（2）：21-31.

[4] B. r. 聂斯切洛夫. 林学概论. 张桦龄，吴保群译. 北京：中国林业出版社，1953.

[5] 才志行. 红松人工幼林针叶面积测定方法的探讨. 林业科技，1980，（3）：30-33.

[6] Moir W H, Francis R. Foliage biomass and surfaee in three pinus contorta plots in Cororado. Forest Science，1972，18（1）：41-45.

[7] Cable D R. Estimating surfaee area of ponderosa pine foliage in central Arizona. Forest Science，1958，4：45-49.

[8] Loomis R M, Phares R E, Crosby J S. Estimating foliage and branchwood quantities in shortleaf pine. Forest Science，1966，12（1）：30-39.

[9] Kozlowski T T, Schumacher F X. Estimation of stomated foliar surface of pines. Plant physiology，1943，18（1）：122-127.

[10] Waring R H, Emmingham W H, Gholz H L, et al. Variation in Maximum leaf area of coniferous forests in Oregon and its ecological Significance. Forest Science，1978，24（1）：131-140.

[11] Grier C C, Running S W. Leaf area of mature northwestern coniferous forests：relation to site water

balanee. Ecology，1977，58（4）：893-899.

［12］Grier C C，Waring R H. Conifer foliage mass related to sapwood area. Forest Science，1974，20（3）：205-206.

［13］Drew A P，Running S W. Note：Comparison of two techniques for measuring surface area of conifer needles. Forest Science，1975，21（3）：231-232.

［14］Swank W T，Schreuder H T. Comparison of three methods of estimating surface area and biomass for a forest of young eastern white pine. Forest Science，1974，20（20）：91-100.

［15］许慕农，陈炳浩. 林木研究方法（油印本）. 泰安：山东农学院印，1981.

华山松林木的生长与分化*

陈存根　彭　鸿

摘要

通过破坏性取样和树干、枝条解析，研究了华山松林木的生长过程和分化特点。结果表明，树冠扩张在 8 龄以后进入速生期，24 龄后逐渐趋于平稳；直径生长在 12 龄以后进入速生期；高生长在 10 龄以后进入速生期；材积及生物量在 16 龄后进入速生期。进入速生期后，林木分化严重，应及时采取抚育措施，以提高华山松林木的生产力。

关键词：华山松；生长；分化

华山松（*Pinus armandii* Franch.）林是秦岭林区主要森林类型之一，在木材生产、涵养水源和保持水土方面发挥着重要的作用。研究华山松林木的生长过程和分化特点，探讨其生产规律，对于制定合理的经营措施，提高林分生产力，发挥其木材生产和生态防护作用，具有十分重要的意义。

1　研究区的自然概况

秦岭林区的华山松林主要分布在中山地带，在海拔 1500～2200m 或自成群落，或与栎类、红桦片状混交，或散生于其他群落中。分布区年均温 8～13℃，≥10℃的年积温 2000～4000℃，年降水量是 800～1200mm，相对湿度 65%～70%。土壤主要为花岗岩、片麻岩母质上发育的棕色森林土，弱酸性，厚度多在 50cm 上下，在低海拔区，有黏化现象；在高海拔区，有弱灰化过程。分布区气候温凉，土壤肥沃，立地具有较高的生产力。

2　研究方法

在华山松林分布区按年龄、密度、海拔高度和其他生态条件的差异，共设置标准地 22 块，每块面积为 0.06hm²。对标准地上的林木进行了胸径、树高、冠幅、枝下高等因

---

* 原载于：西北林学院学报，1994，9（2）：1-8。

子的测定，并按径阶确定标准木。

其选伐径阶标准木 183 株，采用"分层切割法"进行生物量测定。按轮生枝层测定了枝量、各龄叶量、各层轮生枝距梢顶的长度、各层的枝条数、枝龄、枝条逐年的生长长度及该长度的直径和枝条的基部直径；树干测定了 1/4、1/2、3/4 高度处的直径、枝下径、枝下高及各区分段的中央直径；测定了干、枝、叶、果的湿重；对伐倒木及每一轮生枝层的标准枝进行了解析；用全挖法测定了根系的生物量。对上述各测定因子或按粗度级（干、枝、根）或按年龄（叶）采集了样品，用塑料袋密封带回，在室内精确称量鲜重后，置 85℃下烘至恒重，以计算生物产量。

对测定的全部数据，利用计算机进行数据统计分析。

3 结果与讨论

3.1 华山松树冠的生长和分化

树冠是光合器官的载体，它的生长发育对生产力有着很重要的影响。分析各层轮生枝的标准枝的资料表明，华山松林木的树冠生长过程符合 Logsitic 方程（图1，表1）。

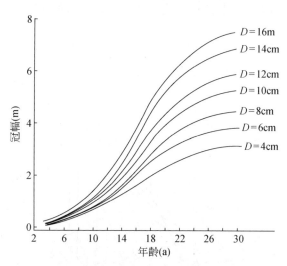

图 1　华山松林分各径阶木冠幅发育与年龄的关系

表 1　华山松树冠冠幅生长模型

径阶（cm）	回归方程	样本数	相关系数
4	$\ln\left(\dfrac{1.65}{y}-1\right)=3.363\,58-0.214\,86t$	265	-0.973 35
6	$\ln\left(\dfrac{2.00}{y}-1\right)=3.751\,85-0.238\,38t$	270	-0.980 74

续表

径阶（cm）	回归方程	样本数	相关系数
8	$\ln\left(\dfrac{2.30}{y}-1\right)=3.975\,04-0.247\,88t$	273	-0.989\,48
10	$\ln\left(\dfrac{2.65}{y}-1\right)=4.129\,67-0.259\,02t$	275	-0.980\,15
12	$\ln\left(\dfrac{3.05}{y}-1\right)=4.171\,29-0.256\,99t$	282	-0.989\,08
14	$\ln\left(\dfrac{3.50}{y}-1\right)=4.370\,58-0.268\,29t$	285	-0.988\,77
16	$\ln\left(\dfrac{3.95}{y}-1\right)=3.917\,37-0.237\,57t$	302	-0.988\,34

注：y 为冠幅（m），t 为时间（a）。各回归方程和相关系数均在 0.001 水平上显著。

冠幅的扩张除受年龄影响外，与林木直径也存在着密切的关系（图2），它反映了林木在树冠上的生长和分化规律。8 龄前，各径阶林木冠幅扩张缓慢；8 龄后冠幅扩张迅速；24 龄后又趋于缓慢。这说明在 8～24 龄，为华山松树冠发育的速生期。这一特征通过林分平均冠幅连年和平均生长进程可得到进一步证明（图3）。

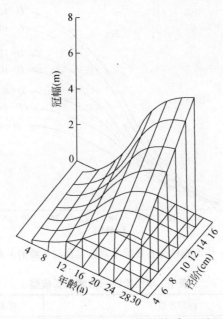

图 2　华山松林分各径阶标准木直径与冠幅的关系及冠幅随年龄的扩张规律

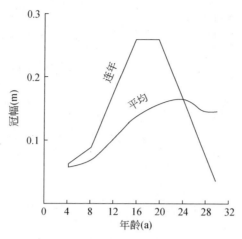

图 3　华山松林分立木冠幅生长进展

随着树冠扩张，林分郁闭，林下光照减弱，华山松林木就出现天然整枝。研究表明华山松林木一般在 8 龄以后出现天然整枝；天然整枝的过程以小径阶木最快，中径阶木次之，大径阶木最慢（图 4）。

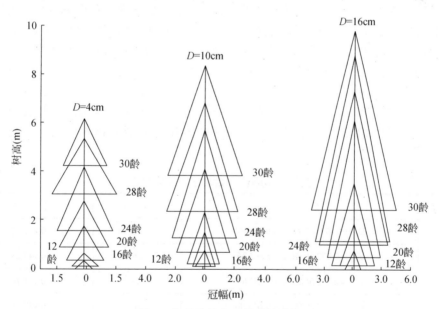

图 4　各径阶林木天然整枝过程

随着林木的分化和天然整枝，使各径阶林木的树冠长度随年龄呈有规律的变化（图 5）。从图 5 可知，在 10 龄后，冠长进入迅速增长期；大约至 26 龄时，除 16cm 径阶的林木外，其他各径阶林木的冠长都达到最大值。可以认为 10～26 龄为华山松林木冠长迅速增长期。26 龄后，各径阶的林木冠长逐步都表现出下降的趋势，这预示着从 26 龄开始，华山松林分有一个较剧烈的天然整枝过程。

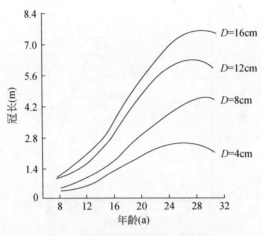

图 5　各径阶木冠长与年龄的关系

3.2　华山松直径的生长和分化

分析华山松标准木的解析资料发现，林分的现实直径与相应各年龄阶段的林木直径之间存在线性关系（表 2）各径阶林木的直径生长与年龄的关系如图 6、图 7 所示，它可反映林分中直径生长与分化的一般规律。在 12～16 龄之前，林木直径生长比较缓慢；此后，直径生长逐渐加速并开始了剧烈的分化，这一点可以从各径阶林木直径生长速度的差异上看出；到 20 龄时，分化出的小径阶林木由于严重受压（4～6cm），与其他径阶的林木相比，直径生长曲线显得非常平缓，而其他径阶的林木仍处子迅速生长的阶段。由此可知，华山松林木的直径生长在 12 龄以后才进入速生期，并且会延续一个相当长的时期。伴随着林木进入速生期，也开始了剧烈的林木分化，形成不同直径的林木。

表 2　华山松各年龄林木直径的估计方程

年龄（a）	估计方程	样本数	相关系数
10	$D_{10} = 0.071\,427\overline{D}_{30-4} + 0.109\,84$	26	0.961 47
12	$D_{12} = 0.133\,99\overline{D}_{30-6} - 0.093\,76$	26	0.945 23
16	$D_{16} = 0.331\,66\overline{D}_{30-8} - 0.252\,63$	26	0.931 76
20	$D_{20} = 0.492\,29\overline{D}_{30-10} + 0.611\,00$	26	0.987 35
24	$D_{24} = 0.714\,63\overline{D}_{30-12} + 0.291\,22$	26	0.980 79
28	$D_{28} = 0.864\,63\overline{D}_{30-14} + 0.578\,31$	27	0.984 27
30	$D_{30} = 0.962\,46\overline{D}_{30-16} + 0.311\,90$	26	0.983 12

注：式中 D_{10}、D_{12}、…、D_{28} 表示该年龄的林木直径；$\overline{D}_{30-4}$、$\overline{D}_{30-6}$、…、$\overline{D}_{30-16}$ 为各径级标准木的平均直径，年龄为 30 年；上式回归系数和相关系数均在 0.01 水平上显著。

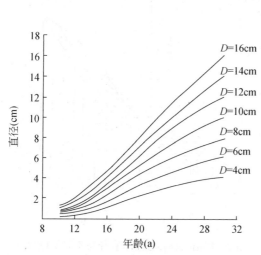

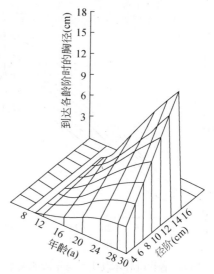

图6 华山松林分各径阶标准木直径生长
与年龄的关系子

图7 华山松林分各径阶标准木的现实直径与不
同年龄时相应胸径的关系和各径阶直径随年龄
的生长规律

3.3 华山松林木的树高生长和分化

资料分析表明，各年龄阶段林分的树高和胸径之间表现为二次曲线的关系（表3）。图8和图9描述了各径阶林木高生长与年龄及胸径的关系，它反映了华山松林木高生长和分化的规律。在10龄以前，高生长比较缓慢；10龄以后，高生长曲线迅速上升，表明华山松进入高生长的速生期，且似乎可延续到30龄以后。伴随着高生长速生期，各径阶林木的高生长也产生了差异，逐步分化出高低不同的林木。

表3 华山松各年龄的林分树高与胸径的关系

年龄（a）	树高估计方程	样本数	相关系数
10	$H = -0.950 + 4.200D_{10} - 1.920D_{10}^2$	183	0.964 97
12	$H = 0.370 + 1.290D_{12} - 0.240D_{12}^2$	183	0.949 06
16	$H = 1.340 + 0.640D_{16} - 0.040D_{16}^2$	183	0.934 59
20	$H = 1.100 + 0.890D_{20} - 0.040D_{20}^2$	183	0.986 49
24	$H = 3.470 + 0.400D_{24}$	183	0.986 11
28	$H = 3.400 + 0.670D_{28} - 0.020D_{28}^2$	183	0.989 56
30	$H = 3.710 + 0.660D_{30} - 0.020D_{30}^2$	183	0.997 06

注：H表示树高，D_{10}、D_{12}、…、D_{30}表示该年龄的林木直径，经检验16龄的方程在0.05水平上显著，其余均在0.01水平上显著。

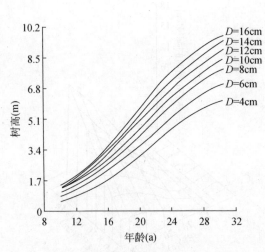

图8 各径阶林木高生长与年龄的关系

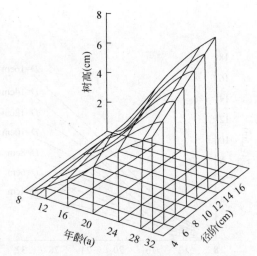

图9 华山松林各径阶木直径与不同年龄时树高的关系和各径阶树高随年龄的生长规律

3.4 华山松林木材积生长和分化

直径、树高的生长与分化，必然使林木之间在材积生长上表现出差异。研究表明，华山松林木的材积生长与各年龄时的胸径和树高之间存在幂函数关系（表4）。

表4 华山松各年龄林木材积估计方程

年龄（a）	材积估计方程	样本数	相关系数
10	$\ln V_{10} = 0.660\,51\ln(D^2H)_{10} - 8.039\,52$	183	0.992\,38
12	$\ln V_{12} = 0.706\,30\ln(D^2H)_{12} - 8.157\,55$	183	0.964\,01
16	$\ln V_{16} = 0.824\,04\ln(D^2H)_{16} - 8.792\,37$	183	0.980\,85
20	$\ln V_{20} = 0.915\,47\ln(D^2H)_{20} - 9.460\,88$	183	0.985\,34
24	$\ln V_{24} = 0.953\,39\ln(D^2H)_{24} - 9.694\,78$	183	0.987\,89
28	$\ln V_{28} = 0.944\,78\ln(D^2H)_{28} - 9.654\,72$	183	0.989\,79
30	$\ln V_{30} = 0.925\,29\ln(D^2H)_{30} - 9.506\,21$	183	0.989\,80

注：式中 V_{10}、V_{12}、…、V_{30} 分别表示各年龄时的材积，D 和 H 分别表示各年龄时的直径和树高；经检验，方程的回归系数和相关系数在 0.001 水平上显著。

华山松林分各径阶林木胸径与相应的各龄阶材积以及材积随年龄的变化关系如图10和图11，它反映了材积生长和分化的规律。在16龄之前，各径阶的林木材积生长缓慢；此后逐步加速，至20龄；之后，生长曲线急剧上升，进入速生期；至30龄时，除小径阶林木材积生长趋于平缓外，其他径阶林木材积生长曲线仍很陡直，其速生期可能要延续相当长的时间。

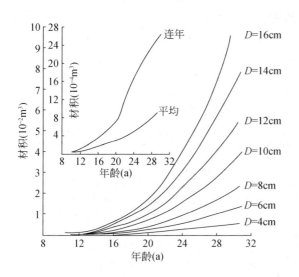

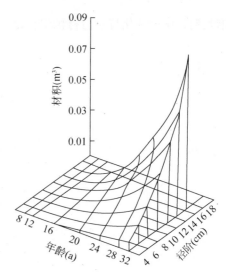

图 10　华山松各径阶标准木材积（连皮）生长
过程及林木平均材积生长过程

图 11　华山松林分各径阶立木直径与不同年
龄时材积的关系和各径阶立木材积随年龄的
生长规律

3.5　华山松林木生产结构的生长分化及生物产量的差异

　　林木树冠、直径和高度的生长分化，使得林分各径阶木的生产结构存在很大差异（图 12）。从图 12 可知，小径木均处于被压状态，叶量集中分布于树体顶部，而在树体下层（4m）高度内几乎没有叶子分布（4～6cm 径阶木），这样以利用林内微弱的顶方光照；中径阶林木的针叶也有向树体上层集中分布的趋势，但由于其在林分中的地位要优于小径林木，故活冠层要大得多（8cm、10cm、12cm 径阶）；大径阶木在林分中处于优势地位，其活冠层最大，在距地面 2m 高度处就有针叶分布，表现出具有最大生产空间的特点（14cm、16cm 径阶）。

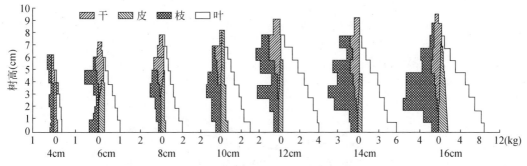

图 12　各径阶林木生产结构模式

　　生产结构的差异，必然会影响林木的生物产量。图 13 和图 14 描述了华山松林分各径林木的直径、年龄与非同化器官干物质积累的关系。由图可知，在 16 龄之前，各径阶林木的非同化器官干物质增加比较慢，此后缓慢加速至 20 龄；20 龄以后，进入迅速增长期。这一变化特点与材积生长是一致的。

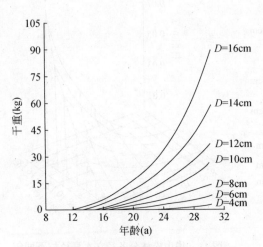

图 13　华山松各径阶木干、枝、根的干
物质积累与时间的关系

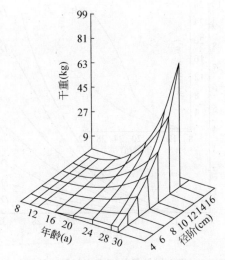

图 14　华山松林分各径阶林木现实直径
与非同化器官干物质积累的关系及干物质
积累随年龄的生长规律

　　林木的分化，不仅造成生物产量的差异，而且也影响到光合产物在各器官上的分配
比例。研究结果表明，干重、皮重百分率随径阶增大而减小；活枝重、根重百分比随径
阶增大而增加；叶重百分比随径阶增大仅略有减小，变化显得十分平稳（图 15）。这种
分配比例是合乎逻辑的。被压木天然整枝剧烈，活冠层厚度小，由于发育弱，根系生长
也受到了限制，从而使枝、根的现存量减小，而干重的比例相对增加。针叶比例变化不
大，说明在华山松林分中，同化器官的重量与非同化器官重量之间存在着一个较为稳定
的比例关系，且不随林木的分化而变化，其值为 7% 左右。

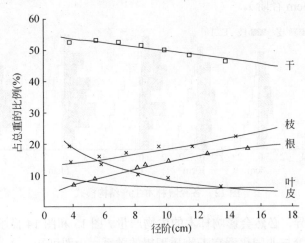

图 15　各径阶林木各器官干物质分配比例

4 结论

华山松树冠扩张在 8 龄以后进入速生期，24 龄后逐渐趋于稳定。

高生长在 10 龄以后进入速生期，且可延续到 30 龄以后。

直径生长在 12～16 龄以后进入速生期。随着直径、树高的生长，材积和生物产量的增长在 16 龄以后逐渐进入速生期，且会延续相当长的时间。

干、皮生物量的比例随径阶增大而减小，根、枝比例则随径阶增大而增加；叶量的比例随径阶增大变化不大，一般稳定在 7% 左右。

根据华山松树冠、高、直径、材积、生物量和速生期，可制定合理的经营措施，调节林木的营养空间，以提高林分的生产力。

秦岭华山松林生产力研究——华山松林乔木层的生物产量*

陈存根

华山松（*Pinus armandii*）林是秦岭中山地带主要森林类型之一。研究华山松林的生物产量，对于了解秦岭中山地带森林生态系统的生产规律、提高森林生态系统的生产力，具有十分重要的意义。

1 研究区的自然概况

研究区位于陕西省宁陕火地塘教学试验林场和甘肃省天水小陇山林业试验总场的党川林场与百花林场。其总的气候特点是火地塘教学试验林场较党川林场与百花林场温和湿热（表1）。

表1 两个林区的基本气象要素

分布区	年平均温度 （℃）	极端最高温度 （℃）	极端最低温度 （℃）	无霜期（d）	年降水量 （mm）	相对湿度 （%）
火地塘林区	12.5	36.0	-12.8	150.3	928.0	77
小陇山林区	7.1	34.5	-21.4	180	851.8	70

资料来源：分别取自宁陕县、天水县气象站的观测资料。

调查区的土壤均为中酸性火山岩和变质岩上发育的棕色森林土。火地塘林区的土层较薄，厚度平均在50cm左右；小陇山林区的土层厚度可达70cm。

火地塘林区的华山松主要分布在海拔1500～2300m。天然林为Ⅱ龄级，多为片状纯林。人工林Ⅰ-Ⅱ龄级，多分布在坡脚、溪傍、台地及缓坡上。党川和百花的华山松主要分布在海拔1500～2100m。天然林Ⅱ-Ⅳ龄级，多为片状或团状与落叶阔叶林成银嵌分布。人工林Ⅰ-Ⅱ龄级，为采伐迹地更新的人工林和改造低价值林分而形成的人工林。

---

* 原载于：西北林学院学报，1984，（1）：1-18.

2　研究方法

在两个研究区按照华山松的林龄、起源、密度、海拔和其他生态条件的差异，共设置了 42 块标准地，面积 0.03～0.06hm^2。对标准地的林木进行了胸径、树高、冠幅和枝下高等因子的测定。

1981 年 8～10 月和 1982 年 4～5 月在标准地上共砍伐标准木 253 株，用"分层切割法"[1]进行了干、枝、叶和果实的生物量测定，并对伐倒木进行了树干解析。用"全挖法"调查了伐倒木的根量。

在野外调查中，分析了林木组织含水率测定的不同取样方法的测定精度之后，抽取了足量的干、枝、叶、果和根的烘样，用塑料袋密封带回，精确称量鲜重后置 85℃下烘至恒重，然后推算林木的干物质重。

用凋落物收集器（面积 1.0×0.5m^2，每块标准地 5 个）通过定期采样测定林分的凋落过程[2]。通过定标准木、定树冠部位、定轮生枝，定期采集当年生叶，研究了林分叶量的时间动态。用万能分光光度计测定了华山松林分针叶的叶绿素含量。

林分生物量的估计采用了"相关生长测定法"[3, 4]。生产量测定的原理如下。

$$\Delta P_n \approx \Delta L_N + Y_{NS} + Y_{NB} + Y_{NL} + Y_{NR} \quad [2]$$

式中，ΔP_n 净生产量，ΔL_N 凋落量，Y_{NS}、Y_{NB}、Y_{NL}、Y_{NR} 分别为林木干、枝、叶和根的净生产量。

用"体积法"[5]测定了华山松的叶面积，计算公式如下。

$$S = \left(2\sqrt{\pi} + \frac{10}{\sqrt{\pi}} \right) \times \sqrt{vl}$$

式中，S 为叶面积，l 为叶长度，v 为叶体积。

3　华山松的相关生长关系和生物量估计方程

自从 Kittredge[6]用胸径估计树木的叶量以来，相关生长关系在定量生态学中得到了普遍应用。测定华山松林生物产量时，笔者研究了华山松的相关生长关系并建立了华山松各器官生物量估计方程。

分析华山松破坏性取样资料表明，相关生长律 $Y=Ax^b$[7]可以比较满意地表达华山松林木两个不同维量间（形状和重量）的定量关系。为了寻求最佳的估计参量和符合要求的估计精度，用 47 株华山松伐倒木的资料对上式进行了拟合，结果见表 2。

由表 2 可知，干、皮干重估计自变量选用 D^2H 精度最高，这与国外某些研究结果是一致的。根量估计选用 D^2H 也可得到满意的精度。有些学者指出用伐根直径作自变量可提高根量估计精度[8, 9]，但从表中可知，其只增加了相关系数，精度并未提高。其原因可能是：①伐根高度不易统一确定；②根桩形状变化大。用胸径估计枝、叶量精度较高，而选用 D^2H 则精度较低，这可能是树高与枝、叶量的关系不如胸径紧密的缘故。有些研究认为用枝下径作自变量可提高枝、叶量的估计精度[8-10]，但从本研究的结果来看,这种作用却不明显。枝下径受活枝层的影响颇大,所以,胸径、树高、冠长相同的林木,其枝下径也可能大不相同。这可能是其作自变量估计精度不高的主要原因之一。

对 2500 株华山松的树高和胸径资料进行了统计分析,表明林木的 *D-H* 关系用数学式

$$\frac{1}{H} = \frac{a}{D^b} + C \text{ 和 } \log\frac{1}{H} = a + \frac{b}{D}$$

可得到较好表达。

表 2   不同类型的回归方程对华山松各器官重量估计的精度比较

依变量	自变量	方程式	相关系数	回归标准离差	$\frac{\text{ss}}{\overline{W}}$
干重	胸径²×树高	$0.013\,083\,(D^2H)^{1.003\,08}$	0.993 00	0.920 68	0.073 99
	胸径	$0.039\,485D^{2.471\,99}$	0.990 92	1.552 80	0.124 80
皮重	胸径²×树高	$0.006\,327\,(D^2H)^{0.825\,04}$	0.991 33	0.128 67	0.072 99
	胸径	$0.015\,866D^{2.028\,17}$	0.986 79	0.215 44	0.122 10
枝重	胸径²×树高	$0.005\,500\,(D^2)^{1.043\,86}$	0.973 94	1.946 44	0.253 21
	枝下径²×冠长	$0.027\,162\,(D^2L)^{0.857\,57}$	0.976 80	1.889 95	0.245 86
	枝下径	$0.038\,179D^{2.281\,91}$	0.979 05	1.768 79	0.230 10
	胸径	$0.016\,396D^{2.598\,98}$	0.981 92	1.622 59	0.211 08
叶重	胸径²×树高	$0.001\,101\,(D^2H)^{1.125\,66}$	0.920 99	1.145 86	0.467 91
	枝下径²×冠长	$0.005\,813\,(D^2L)^{0.934\,58}$	0.933 48	1.169 18	0.487 14
	枝下径	$0.008\,219D^{2.498\,73}$	0.940 11	1.021 82	0.368 16
	胸径	$0.003\,407D^{2.825\,08}$	0.935 96	0.968 94	0.349 11
根重	胸径²×树高	$0.003\,292\,(D^2H)^{1.014\,81}$	0.965 98	1.122 88	0.295 15
	伐根径²×树高	$0.001\,139\,(D^2H)^{1.050\,39}$	0.970 68	1.181 75	0.310 63
	伐根径	$0.002\,766D^{2.618\,34}$	0.976 12	1.294 22	0.435 47
	胸径	$0.009\,553D^{2.525\,06}$	0.973 28	1.167 21	0.306 81

注:$\overline{W}$ 为实测值的均值;$ss = \sqrt{\sum(估计值-实测值测)/(n-1)}$。

在统计分析的基础上,提出了这两个地区华山松生物量的估计方程(表 3)。在 95% 的可靠性水准上,方程的估计精度都在 80% 以上。

表3 华山松林木各器官生物量、材积、树高估计的回归方程

分布区	海拔（m）	林分类型	估计内容	回归方程	相关系数	回归标准离差	自变量幅度（cm·m）	依变量幅度（kg·m³）
小陇山	1800～2100	天然林	干	$L_nW_S=0.922\,22L_n(D^2H)-3.578\,75$	0.993 19	2.215 44	$D3.90～22.20$ $H3.20～10.50$	0.998～66.759
			皮	$L_nB_{BA}=0.777\,931L_n(D^2H)-4.393\,29$	0.978 3	0.461 91	同上	0.346～17.802
			枝	$L_nW_B=2.276\,31L_nD-2.799\,06$	0.966 84	4.572 55	3.90～22.20	1.246·83.992
			叶	$L_nW_L=1.382\,85L_nD-2.753\,33$	0.958 29	1.562 33	同上	0.434～18.041
			一龄叶	$L_nW_{L1}=2.058\,97L_nD-3.667\,07$	0.950 51	1.562 33	同上	
			根	$L_nW_R=1.015\,01L_n(D^2H)-4.709\,82$	0.974 1	1.519 35	$D3.90～22.20$ $H3.20～10.50$	0.414～86.454
			干材	$L_nV_S=0.915\,12L_n(D^2H)-9.630\,14$	0.995 3	0.003 97	$D3.90～22.22$ $H3.20～10.50$	0.002 46～0.177 13
			皮材	$L_nV_{BA}=0.704\,29L_n(D^2H)-9.967\,42$	0.996 64	0.000 73	同上	0.000 87～0.022 00
			树高	$\log 1/H=1.720\,84/D-1.003\,46$	0.871 64	0.077 24		
	1600～1800	天然林	干	$L_nW_S=0.974\,87L_n(D^2H)-4.069\,76$	0.995 24	1.915 14	$D3.90～22.40$ $H3.70～11.20$	1.115～64.878
			皮	$L_nW_{BA}=0.726\,05L_n(D^2H)-4.164\,70$	0.989 91	0.350 62	同上	0.341～7.827
			枝	$L_nW_B=2.638\,38L_nD-3.862\,52$	0.978 75	4.148 05	3.90～20.40	0.435～56.828
			叶	$L_nW_{\bar{t}}=2.360\,21L_nD-4.528\,82$	0.968 05	1.265 08	4.00～20.40	0.193～14.349
			一龄叶	$L_nW_{t2}=2.492\,88L_nD-5.320\,93$	0.975 75	0.588 14	同上	
			根	$L_nW_R=1.067\,09L_n(D^2H)-5.620\,87$	0.960 53	4.293 49	$D3.90～22.40$ $H3.70～11.20$	0.205～46.955
			干材	$L_nW_S=0.963\,06L_n(D^2H)-9.967\,24$	0.997 42	0.004 01	同上	0.002 51～0.161 58
			皮材	$L_nV_{BA}=0.725\,27L_n(D^2H)-10.058\,65$	0.995 76	0.000 66	同上	0.000 84～0.020 82
			树高	$\log 1/H=1.712\,64/D-1.108\,31$	0.860 13	0.073 13		
	1500～1600	人工林	干	$L_nW_S=0.996\,70L_n(D^2H)-4.036\,28$	0.976 97	1.144 64	$D2.60～13.10$ $H3.30～7.60$	0.275～19.871
			皮	$L_nW_{BA}=0.697\,08L_n(D^2H)-3.967\,82$	0.979 53	0.120 76	同上	0.140～2.633
			枝	$L_nW_B=2.700\,66L_nD-3.698\,62$	0.967 63	3.070 12	2.60～3.10	0.478～27.217
			叶	$L_nW_{\bar{t}}=2.637\,43L_nD-4.731\,54$	0.962 8	1.253 54	同上	0.083～5.828
			一龄叶	$L_nW_{ts}=2.633\,12L_nD-5.107\,49$	0.961 04	0.860 87	同上	
			根	$L_nW_R=2.631\,93L_nD-4.368\,29$	0.979 39	1.386 63	同上	0.163～14.700
			干材	$L_nV_S=0.964\,62L_n(D^2H)-9.909\,38$	0.991 78	0.001 85	$D2.60～13.10$ $H3.30～7.60$	0.000 88～0.046 99
			皮材	$L_nV_{BA}=0.677\,21L_n(D^2H)-9.803\,10$	0.997 46	0.000 17	同上	0.000 46～0.006 94
			树高	$\log 1/H=1.107\,13/D-0.884\,14$	0.736 62	0.071 64		

分布区	海拔（m）	林分类型	估计内容	回归方程	相关系数	回归标准离差	自变量幅度（cm·m）	依变量幅度（kg·m³）
火地塘	2000~2300	天然林	干	$L_n W_S = 0.898\,54 L_n\,(D^2 H) - 3.584\,60$	0.995 4	3.155 51	$D2.50~16.60$ $H3.20~11.35$	0.510~44.143
			皮	$L_n W_{BA} = 0.755\,26 L_n\,(D^2 H) - 4.450\,83$	0.988 64	0.464 3	同上	0.133~5.974
			枝	$L_n W_B = 1.963\,81 L_n D - 2.496\,14$	0.987 02	4.056 08	2.50~16.60	0.503~28.116
			叶	$L_n W_L = 2.265\,94 L_n D - 4.519\,07$	0.995 19	0.190 67	同上	0.069~6.000
			一龄叶	$L_n W_{L1} = 2.318\,85 L_n D - 5.223\,49$	0.988 05	0.155 47	同上	
			二龄叶	$L_n W_{L2} = 2.227\,51 L_n D - 5.264\,92$	0.994 47	0.089 14	同上	
			根	$L_n W_R = 0.748\,51 L_n\,(D^2 H) - 3.538\,93$	0.988 8	1.568 64	$D2.50~16.60$ $H3.20~11.35$	0.237~14.951
			干材	$L_n V_S = 0.893\,70 L_n\,(D^2 H) - 9.478\,56$	0.998 23	0.006 82	同上	0.001 11~0.113 55
			皮材	$L_n V_{BA} = 0.706\,37 L_n\,(D^2 H) - 10.013\,54$	0.993 39	0.001 96	同上	0.000 39~0.017 09
			树高	$1/H = 1.858\,52/D^{1.719\,71} + 0.083\,33$	0.944 15	0.342 03		
	1750~2000	天然林	干	$L_n W_S = 1.023\,63 L_n\,(D^2 H) - 4.499\,70$	0.998 02	1.385 91	$D4.00~19.00$ $H4.80~13.76$	0.924~67.548
			皮	$L_n W_{BA} = 0.884\,17 L_n\,(D^2 H) - 5.384\,72$	0.996 98	0.220 49	同上	0.221~8.660
			枝	$L_R W_B = 2.575\,51 L_n D - 4.084\,52$	0.986 56	2.313 88	4.00~19.00	0.714~39.562
			叶	$L_n W_L = 2.756\,87 L_n D - 5.758\,91$	0.980 04	1.417 79	同上	0.163~13.671
			一龄叶	$L_n W_{L1} = 2.659\,68 L_n D - 6.122\,98$	0.978 5	0.580 58	同上	
			二龄叶	$L_n W_{L2} = 2.703\,77 L_n D - 6.572\,50$	0.969 41	0.522 73	同上	
	1750~2000	天然林	根	$L_n W_R = 0.971\,20 L_n\,(D^2 H) - 5.263\,01$	0.979 27	2.860 96	$D4.00~19.00$ $H4.80~13.76$	0.372~26.177
			干材	$L_n V_S = 0.956\,9 L_n\,(D^2 H) - 9.957\,83$	0.998 43	0.004 51	同上	0.00 301~0.14 997
			皮材	$L_n V_{BA} = 0.787\,72 L_n\,(D^2 H) - 10.483\,52$	0.997 71	0.000 57	同上	0.00 094~0.02 218
			树高	$1/H = 1.345\,37/D^{1.708\,00} + 0.071\,43$	0.880 76	0.488 13		
	1500~1750	人工林	干	$L_n W_S = 1.003\,08 L_n\,(D^2 H) - 4.336\,41$	0.993	0.920 74	$D3.90~16.10$ $H4.70~12.50$	0.736~43.400
			皮	$L_n W_{BA} = 0.825\,04 L_n\,(D^2 H) - 5.062\,96$	0.991 33	0.128 79	同上	0.235~5.054
			枝	$L_n W_B = 2.598\,98 L_n D - 4.110\,69$	0.981 92	1.616 66	3.90~16.10	0.400~20.987
			叶	$L_n W_L = 2.825\,08 L_n D - 5.681\,99$	0.935 96	0.968 87	同上	0.023~8.089
			一龄叶	$L_n W_{L1} = 2.740\,38 L_n D - 6.052\,17$	0.933 31	0.567 96	同上	
			二龄叶	$L_n W_{L2} = 2.861\,49 L_n D - 6.775\,73$	0.919 21	0.347 7	同上	
			根	$L_n W_R = 1.014\,81 L_n\,(D^2 H) - 5.716\,31$	0.973 28	1.122 93	$D3.90~16.10$ $H4.70~12.50$	0.116~15.840
			干材	$L_n V_S = 0.962\,80 L_n\,(D^2 H) - 10.007\,45$	0.998 03	0.002 88	同上	0.003 01~0.108 06

续表

分布区	海拔 (m)	林分类型	估计内容	回归方程	相关系数	回归标准离差	自变量幅度 (cm·m)	依变量幅度 (kg·m³)
火地塘	1500～1750	人工林	皮材	$L_n V_{BA}=0.773\ 93 L_n\ (D^2 H)$ $-10.425\ 38$	0.998 42	0.000 38	同上	0.000 95～0.016 50
			树高	$1/H=0.790\ 26/D^{1.427\ 24}+0.076\ 92$	0.819 37	0.400 66		

注：树高一栏的标准离差和相对误差系直线化后的计算值，表5相同。

4 华山松林乔木层的生物产量

华山松林乔木层的生物量和生产量主要与下列因素有关。

4.1 生物产量与分布区的关系

分布区不同，华山松林生物产量不同。火地塘林区，30～31 龄华山松天然林平均生物量为 79.67t/hm²，16～21 龄人工林 65.30t/hm²；小陇山林区，32～36 龄天然林 76.78t/hm²，17 龄人工林 51.73t/hm²（表4）。

现在量在林木各器官上的分配比例也随分布区而变化（图1）。火地塘林区干物质主要分配在树干上，天然林中占 45.2%，人工林中占 44.5%；而小陇山林区枝量比重较大，干量比例则大大下降，天然林为 35.3%，人工林为 31.4%。根量比例小陇山比火地塘高 2.0%（天然林）和 2.2%（人工林）。生物量分配比例的差异显然与林分条件和气候条件有关。小陇山林区的华山松林比较稀疏低矮，枝条发育充分，加之降雨较少，土层深厚，因而促进了根系发育，形成了较高的枝、根生物量比例。

表4 不同分布区华山松林乔木层现存量、材积和叶面积指数

分布区	林分林龄 (a)	标准地数量	生物量 (t/hm²)							材积 (m³/hm²)			叶面积指数
			干	皮	枝	叶	果	根	合计	干材	皮材	合计	
火地塘	天然林 30～31	7	36.05	5.41	20.13	5.84	0.21	12.03	79.67	94.206	15.866	110.072	11.99
	人工林 16～20	12	29.07	4.26	16.37	6.78	0.05	8.77	65.30	78.148	14.397	92.545	13.04
小陇山	天然林 32～36	11	27.07	4.14	24.74	7.52	0.18	13.13	76.78	65.713	10.626	76.339	12.03
	人工林 17	4	16.26	3.16	18.26	5.69	0.27	8.09	51.73	38.002	8.250	46.252	9.14

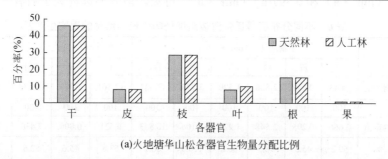

(a)火地塘华山松各器官生物量分配比例

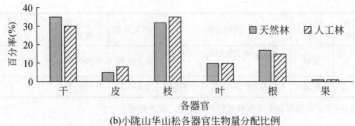

(b)小陇山华山松各器官生物量分配比例

图1 不同分布区华山松各器官生物量分配比例

两个地区林木非同化器官的平均净生产量也存在着明显差异（表5）。干物质火地塘高于小陇山，后者仅为前者的79.1%（天然林）和80.6%（人工林）；材积后者仅为前者的62.2%（天然林）和52.9%（人工林）。就各器官干物质平均生产量来看，干、皮火地塘高于小陇山；枝条小陇山高于火地塘。可见火地塘的华山松林不仅生产力高，而且效益好。

表5 不同分布区华山松林分非同化器官的平均净生产量

分布区 林分 林龄(a)		干物质 [t/ (hm²·a)]					木材 [m³/ (hm²·a)]		
		干	皮	枝	根	合计	干	皮	合计
火地塘 天然林 30~31	测定值	1.182	0.177	0.815	0.394	2.568	3.089	0.520	3.609
	%	100	100	100	100	100	100	100	100
小陇山 天然林 32~36	测定值	0.796	0.122	0.728	0.386	2.032	1.933	0.313	2.246
	%	67.3	68.9	89.3	98.0	79.1	62.6	60.2	62.2
火地塘 人工林 16~20	测定值	1.616	0.237	1.001	0.487	3.341	4.342	0.800	5.142
	%	100	100	100	100	100	100	100	100
小陇山 人工林 17	测定值	0.956	0.186	1.074	0.476	2.692	2.235	0.485	2.720
	%	59.2	78.5	107.3	97.7	80.6	51.5	60.6	52.9

两地林分现实生产量也有差异（表6）。在适生海拔区，干物质和材积现实生产量小陇山只有火地塘的80.1%和52.6%。火地塘林区叶干物质生产效率为1.925t/（t·a）（以叶重计）和0.932t/（hm²·a）（以叶面积计）；木材生产效率为2.011m³/（t·a）和0.973m³/（t·a）。小陇山叶干物质生产效率为1.417t/（t·a）和0.872t/（hm²·a）；木材生产效率为0.971m³/（hm²·a）和0.597m³/（hm²·a）。可见，前者要远远大于后者。

表6 不同分布区最适生海拔高度处华山松天然林的现实生产量

分布区 海拔(m) 林龄(a)		干物质 [t/ (hm²·a)]						木材 [m³/ (hm²·a)]			叶生 物量 (t/hm²)	叶面 积指 数
		干	皮	枝	根	叶	合计	干	皮	合计		
火地塘 1750~2000 30	测定值	5.043	0.649	2.586	1.520	3.733	13.531	12.361	1.773	14.134	7.03	14.52
	%	100	100	100	100	100	100	100	100	100	100	100
小陇山 1600~1800 32~36	测定值	2.666	0.295	2.548	1.228	4.106	10.843	6.621	0.809	7.430	7.65	12.44
	%	59.2	45.5	98.5	80.8	110.0	80.1	53.6	45.6	52.6	108.8	85.7

4.2 生物产量和海拔高度的关系

海拔高度对华山松林生物量的影响见表7，两林区华山松林的生物现存量均以中海拔区为最大，同时光合产物在各器官的分配比例，也呈现出从中海拔向上或向下，干量比例减少，叶、枝量比例增加的趋势。根量比例则表现为随海拔升高增大，海拔降低而略下降的特点（图2）。

表7 不同海拔离度华山松林分的生物量和材积

分布区	海拔 (m)	林分 林龄 (a)	生物量（t/hm²）							木材（m³/hm²）		
---	---	---	干	皮	枝	叶	果	根	合计	干	皮	合计
火地塘	2000~2300	天然林 31	25.78	3.92	16.70	4.65	0.07	9.33	60.45	67.178	10.730	77.908
	1750~2000	天然林 30	46.31	6.90	23.56	7.03	0.35	14.72	98.87	121.234	21.002	142.236
	1500~1750	人工林 20	37.84	5.38	20.35	7.35	0.08	10.32	81.32	98.568	17.845	116.413
小陇山	1800~2100	天然林 32	17.04	2.87	18.61	7.39	0.19	10.76	56.86	39.005	6.441	45.446
	1600~1800	天然林 32~36	36.74	5.40	30.87	7.65	0.17	15.51	96.34	92.420	14.811	107.231
	1500~1600	人工林 17	16.26	3.16	18.26	5.69	0.27	8.09	51.73	38.002	8.250	46.252

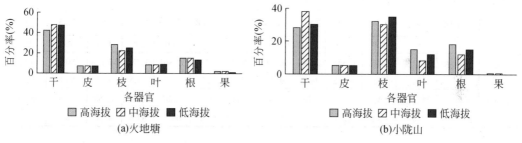

图2 生物量在林木各器官上的分配比例与海拔高度的关系

海拔高度对华山松的生产力有着较深刻的影响。非同化器官的平均生产量与海拔高度大致成负相关（表8），即随着海拔升高，平均生产量下降。

高、中、低海拔对华山松林现实生产量的影响与上述相似，也是随海拔升高而降低（表9）。叶生物量以中、低海拔大致相当，高海拔最低。在火地塘地区干物质生产效率为：低海拔0.939t/（hm²•a）和1.914t/（t•a）；中海拔0.932t/（hm²•a）和1.925t/（t•a）；高海拔0.806t/（hm²•a）和1.640t/（t•a）。

许多研究指出，生产量的高低与叶绿素贮量、叶量及其延续时间有密切关系[4, 5]，这与笔者的观测是一致的。华山松针叶叶绿素含量呈现着随海拔升高而降低的趋势（图3）。火地塘低海拔华山松人工林叶绿素贮量为23.209kg/hm²；中海拔天然林为17.160kg/hm²；高海拔天然林为10575kg/hm²。可见，叶绿素含量的变化特点与生产量是一致的。

表8　不同海拔高度华山松林分非同化器官的年平均生产量

分布区	海拔（m） 林分 林龄（a）		干物质 [t/（hm²·a）]					木材 [m³/（hm²·a）]		
			干	皮	枝	根	合计	干	皮	合计
火地塘	1500~1750 人工林 20	测定值	1.892	0.269	1.202	0.516	3.879	4.928	0.892	5.820
		%	100	100	100	100	100	100	100	100
	1750~2000 天然林 30	测定值	1.544	0.230	0.989	0.491	3.254	4.041	0.700	4.741
		%	81.6	85.5	82.3	95.2	83.9	82.0	78.5	81.5
	2000~2300 天然林 31	测定值	0.832	0.126	0.640	0.301	1.899	2.167	0.346	2.513
		%	44.0	46.8	53.2	58.3	49.0	44.0	38.8	43.2
小陇山	1500~1600 人工林 17	测定值	0.856	0.186	1.074	0.476	2.692	2.235	0.485	2.720
		%	100	100	100	100	100	100	100	100
	1600~1800 天然林 32~36	测定值	1.081	0.159	0.908	0.456	2.604	2.718	0.436	3.154
		%	113.1	85.5	84.5	95.8	96.7	121.6	89.9	116.0
	1800~2100 天然林 32	测定值	0.544	0.090	0.582	0.336	1.552	1.219	0.201	1.420
		%	56.9	48.4	54.2	70.6	57.7	54.5	41.4	52.2

表9　火地塘不同海拔区华山松林的现实生产量

海拔（m）	林分 林龄（a）		干物质 [t/（hm²·a）]						木材 [m³/（hm²·a）]			叶生 物量 （t/hm²）	叶面积 指数
			干	皮	枝	叶	根	合计	干	皮	合计		
1500~1750	人工林 20	测定值	5.122	0.600	2.872	4.062	1.412	14.068	12.789	1.896	14.685	7.35	14.980
		%	100	100	100	100	100	100	100	100	100	100	100
1750~2000	天然林 30	测定值	5.043	0.649	2.586	3.733	1.520	13.531	12.361	1.773	14.134	7.030	14.520
		%	98.5	108.2	90.0	91.9	107.6	96.2	96.7	93.5	96.2	95.6	96.6
2000~2300	天然林 31	测定值	2.462	0.315	1.482	2.623	0.743	7.625	6.382	0.803	7.158	4.650	9.464
		%	48.1	52.5	51.6	64.6	52.6	54.2	49.9	42.4	48.9	63.3	63.2

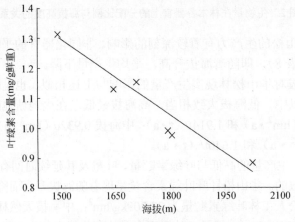

图3　华山松针叶叶绿素含量与海拔的关系

据笔者在火地塘观测，华山松叶重增长的起始时间随海拔升高而延迟，而凋落过程则呈相反的情况（图4，图5），这样针叶在树体上保持的时间就随海拔升高而缩短，数量相对变小（图6），因之，林分现实生产量下降。

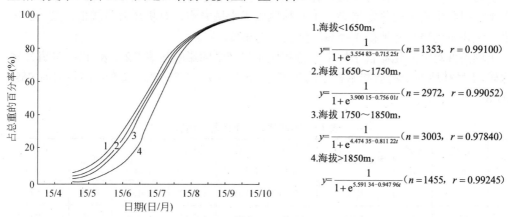

1.海拔<1650m，
$$y=\frac{1}{1+e^{3.554\,83-0.715\,25t}}\quad(n=1353,\quad r=0.99100)$$
2.海拔 1650～1750m，
$$y=\frac{1}{1+e^{3.900\,15-0.756\,01t}}\quad(n=2972,\quad r=0.99052)$$
3.海拔 1750～1850m，
$$y=\frac{1}{1+e^{4.474\,35-0.811\,22t}}\quad(n=3003,\quad r=0.97840)$$
4.海拔>1850m，
$$y=\frac{1}{1+e^{5.591\,34-0.947\,96t}}\quad(n=1455,\quad r=0.99245)$$

图4 单束针叶叶重生长过程与海拔的关系

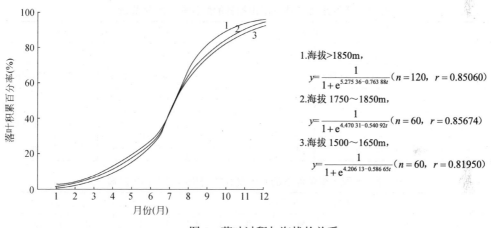

1.海拔>1850m，
$$y=\frac{1}{1+e^{5.275\,36-0.763\,88t}}\quad(n=120,\quad r=0.85060)$$
2.海拔 1750～1850m，
$$y=\frac{1}{1+e^{4.470\,31-0.540\,92t}}\quad(n=60,\quad r=0.85674)$$
3.海拔 1500～1650m，
$$y=\frac{1}{1+e^{4.206\,13-0.586\,65t}}\quad(n=60,\quad r=0.81950)$$

图5 落叶过程与海拔的关系

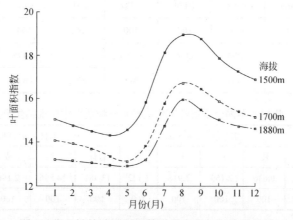

图6 华山松林叶面积指数季节变化与海拔的关系

4.3 生物产量与土壤条件的关系

研究表明,土壤条件对华山松林的生物产量有着重要影响。表 10、表 11 是两个林分土壤状况和生物量的测定结果。Ⅰ号林地由于土壤紧实、有机质含量较低,其 20 年积累的生物量比Ⅵ号林地低 17.5%,材积少 13.6%。

土壤条件对非同化器官平均生产量和现实生产量的影响见表 12、表 13。与Ⅵ号林地比较,Ⅰ号林地的干物质和木材平均生产量只有 80.9% 和 86.4%,现在生产量只有 75% 和 61.8%。

表 10 不同林地土壤的基本特征

林地	海拔(m)	林龄(a)	密度(株/hm²)	比重(g/cm³)	毛管持水量(%)	总孔隙度(%)	容重(g/cm³)	质地	有机质含量(%)
Ⅰ	1700	20	4000	2.5998	34.558	61.212	1.0134	粘壤	2.226
Ⅵ	1700	20	4000	2.5202	36.994	64.412	0.8974	壤质	2.428

表 11 不同土壤条件下华山松林的生物量和木材蓄积

林地		生物量(t/hm²)							木材(m³/hm²)		
		干	皮	枝	叶	果	根	合计	干	皮	合计
Ⅵ	测定值	39.374	5.645	22.682	6.410	0.125	10.633	84.869	103.797	19.379	123.176
	%	100	100	100	100	100	100	100	100	100	100
Ⅰ	测定值	33.562	4.681	16.167	6.565	—	9.004	69.979	89.905	16.486	166.391
	%	85.2	82.9	71.3	102.4	0	84.7	82.5	86.6	85.1	86.4

表 12 不同土壤条件下的华山松林非同化器官平均生产量

林地		干物质[t/(hm²·a)]					木材[m³/(hm²·a)]		
		干	皮	枝	根	合计	干	皮	合计
Ⅵ	测定值	1.969	0.282	1.134	0.532	3.917	5.190	0.969	6.159
	%	100	100	100	100	100	100	100	100
Ⅰ	测定值	1.678	0.234	0.808	0.450	3.170	4.495	0.824	5.319
	%	85.2	83.0	71.3	84.6	80.9	86.6	85.0	86.4

表 13 不同土壤条件下华山松林干物质和木材现实生产量

林地		干物质[t/(hm²·a)]						木材[m³/(hm²·a)]			叶面积指数
		干	皮	枝	叶	根	合计	干	皮	合计	
Ⅵ	测定值	5.646	0.636	2.159	3.918	1.122	13.481	14.886	2.190	17.078	13.533
	%	100	100	100	100	100	100	100	100	100	100

续表

林地		干物质 [t/（hm²·a）]						木材 [m³/（hm²·a）]			叶面积
		干	皮	枝	叶	根	合计	干	皮	合计	指数
I	测定值	3.393	0.415	1.909	3.205	1.186	10.168	9.091	1.463	10.554	13.467
	%	60.1	65.3	88.4	81.8	105.7	75.0	61.6	66.8	61.8	99.5

这两块林地的叶生产效率差别更为明显。VI号林地干物质生产效率为2.103t/（t·a）和0.996t/（hm²·a）；I号林地为1.540t/（t·a）和0.751t/（hm²·a）。这种差异在叶绿素贮量上也有反映。VI号林地叶绿素含量为1.2mg/g鲜叶，I号林地为1.12mg/g鲜叶，前者叶绿素贮量为22.466kg/hm²，后者仅19.355kg/hm²，叶绿素贮量降低，相应要影响光合生产力。

在一定条件下，土壤质地、疏松程度对华山松生产力的影响要大于地形部位和坡度坡向。比如火地塘林区的洵阳坝V、VI两林地，均为20龄、2800株/hm²。前者为坡脚台地，但土壤质地黏重，生物量为70.008t/hm²，木材蓄积为100.598m³/hm²，非同化器官平均生产量为3.191t/（hm²·a）（干物质）和5.030m³/（hm²·a）（木材）。后者位于山坡中上部，坡度27°30′，但土壤壤质，结构疏松，其生物量为82.647t/hm²，木材蓄积为113.554m³/hm²，分别比前者高18.1%和12.9%，平均生产量为3.736t/（hm²·a）（干物质）和5.678m³/（hm²·a）（木材），分别比前者高17.1%和12.9%。

4.4 生物产量和林龄的关系

华山松林的现存量积累速率因林龄而异。据调查9龄以前其速率比较平缓，9龄以后加快（表14）。从表14还可看出，在9龄以前，光合产物主要分配在针叶上；9龄以后，树干比例逐渐增大，而枝、叶比例逐渐减小。可见，在幼龄阶段，华山松林木的光合产物主要用于营养器官的建成，随着林龄增长，则主要用于树干器官的建成。

表14 不同年龄的华山松林分生物量和木材蓄积量

林龄	生物量（t/hm²）							木材（m³/hm²）		
（a）	干	皮	枝	叶	根	果	合计	干	皮	合计
30	52.47	7.56	26.96	7.09	16.43	0.48	110.99	134.918	22.574	157.492
20	37.84	5.38	20.35	7.35	10.32	0.08	81.32	98.568	17.845	116.413
16	20.31	3.14	12.38	6.20	7.22	0.02	49.27	57.727	10.948	68.675
13	10.00	1.70	7.18	4.54	4.87	—	28.29	27.396	6.140	32.536
9	0.80		0.79	0.89	0.50	—	2.98	—	—	—
6	0.14	0.08	0.33	0.47	0.18	—	1.20			

干、枝、叶和根量的分配比例同林龄的关系可表示为

$$y=a+b/A$$

式中，y 某器官生物量的百分率，A 林龄，a、b 分别为参数。用各龄林分各器官生物量分配比例对上式拟合，得出下列方程：

$$W_S/W = 0.581\ 17 - 2.795\ 03 \cdot 1/A \qquad r = -0.994\ 65$$
$$W_B/W = 0.239\ 60 \cdot 1/A + 0.236\ 51 \qquad r = 0.988\ 44$$
$$W_L/W = 2.628\ 39 \cdot 1/A - 0.030\ 77 \qquad r = 0.987\ 91$$
$$W_R/W = 0.180\ 17 \cdot 1/A + 0.026\ 08 \qquad r = 0.924\ 04$$

式中，W_S/W、W_B/W、W_L/W、W_R/W 为干、枝、叶和根的生物量比例。如图 7 所示，枝、根量大致在 8～9 龄前是上升趋势，此后处于平稳的下降状态，并具有很好的相关性。干、叶比例在 8～9 龄前分别呈下降或升高趋势，并与枝量曲线在这一阶段相交。可以认为，交点处大致是华山松林的郁闭期。在郁闭之前，根、枝、叶生物量随林龄降低而递增；郁闭之后，随林龄增长而递减，并逐渐趋于平稳。干生物量分配比例则呈与此相反的情况。

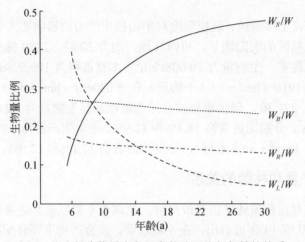

图 7　华山松生物量在各器官的分配比与年龄的关系

不同林龄，林分的生产特点表现为非同化器官平均生产量随林龄增长而增加，到一定年龄后，大致保持稳定（表 15）。现实生产量随林龄增大而增加，在 20 龄以后趋于平稳，并略有下降（表 16）。幼龄林中，现实生产量增大的幅度较小，9～20 龄的林分增加比较迅速。

生产量的高低在很大程度上取决于叶面积指数的大小[2]。华山松各龄林分的现实生产量随叶面积指数增大而增加（表 17）。所以，现实生产量的变化实质上是叶面积大小制约的结果。

5　结语

1）根据秦岭火地塘和小陇山两林区 42 块标准地的 253 株伐倒木资料，分析了华山松的相关生长关系；建立了华山松生物量和树高估计方程，基本表达式为

生物量：$y = ax^b$

树高：$1/H = a/D^b + C$ 和 $\log 1/H = a + b/D$

表 15　各龄华山松林分非同化器官的平均生产量

林龄（a）	干物质 [t/（hm²·a）]					木材 [m³/（hm²·a）]		
	干	皮	枝	根	合计	干	皮	合计
30	1.749	0.252	1.102	0.548	3.651	4.497	0.752	5.249
20	1.892	0.269	1.202	0.516	3.879	4.928	0.892	5.820
16	1.269	0.196	0.871	0.451	2.787	3.608	0.684	4.292
13	0.769	0.131	0.645	0.375	1.920	2.107	0.472	2.579
9	0.089		0.088	0.056	0.233	—	—	—
6	0.023	0.013	0.055	0.030	0.121	—	—	—

表 16　各龄华山松林分的现实生产量

林龄（a）	干物质 [t/（hm²·a）]						木材 [m³/（hm²·a）]		
	干	皮	枝	叶	根	合计	干	皮	合计
30	4.165	0.516	2.17	3.746	1.239	11.836	10.028	1.377	11.405
20	5.122	0.600	2.872	4.062	1.412	14.088	12.789	1.896	14.685
16	3.742	0.492	2.657	3.578	1.224	11.693	10.638	1.682	12.320
13	2.905	0.406	1.996	2.626	1.290	9.223	7.668	1.379	9.047
9	0.238	0.084	0.679	0.700	0.315	2.016			
6	0.060	0.032	0.131	0.445	0.077	0.745			

表 17　叶面积指数与现实生产量的关系

叶面积指数	0.94	1.88	9.31	11.81	14.74	14.98
现实生产量 [t/（hm²·a）]	0.754	2.016	9.223	11.693	11.836	14.068

2）比较分析了分布区、海拔、土壤和年龄与华山松林生物量、生产量、生物量在林木各器官的分配比例以及叶生产效率的关系。①分布区。火地塘气候条件优越，生物产量和叶生产效率均高于小陇山。干物质在林木各器官的分配比例在火地塘以干量最大，而小陇山枝、根、叶的比例较高。②海拔。华山松林的生物产量总的趋势是随海拔升高而降低。各器官的生物量分配比例干量在中海拔最大，在高、低海拔有所下降。在火地塘林区，叶的生产效率中、低海拔约略相等，高海拔较低。③土壤。华山松喜欢疏松的壤质土壤。在同龄、同密度条件下，疏松壤土上的林分其生物量比黏重土壤高21.3%，平均生产量高23.6%，现实生产量高33.4%。④年龄。在研究的各龄林分中，9龄以下生物产量随年龄增长而增大的幅度较小，此后增长迅速，30龄的林分趋于平缓。所以在生物产量增长迅速的阶段，加强林分的经营抚育对提高生产力将有积极作用。干物质在林木各器官上的分配比例随年龄变化。幼龄阶段，叶量比例较大；随着林龄增加，干量比例增大。各器官生物量的分配比例与年龄的关系可表示为

$$Y = a + b/x$$

参 考 文 献

［1］Monsi M，Saeki T. Uber den Lichtfaktor in den Pfianzengesellschaften und seine Bedeutung die Stoffprcduktion. Japanese Journal of Botany，1953，14：22-52.

［2］Fujimori T，Kawanabe S，Saito H，et al. Biomass and primary production in forest of three major vegetion zones of the Northwestern United States. Journal of the Japanese Forestry Society，1976，58：360-373.

［3］木村允. 陆地植物群落的生产量测定法. 姜恕，陈乃全，焦振家译. 北京：科学出版社，1981：58-105.

［4］户苅义次. 作物的光合作用与物质生产. 薛德榕译. 北京：科学出版社，1979.

［5］陈存根. 华山松、白皮松、油松针叶叶面积的测定方法. 陕西林业科技，1982，（4）：48-54.

［6］Kittredge J. Estimation of amount of foliage of trees and shrubs. Journal of Forest，1944，42（12）：905-912.

［7］Causton D R，Venus J C. The Biometry of Plant Growth. London：Edward Arnold，1981：173-218.

［8］Shinozaki K，Yoda K，Hozumi K，et al. A quantitative analysis of plant form—the pipe model theory，I. Basic analysis. Japanese Journal of Ecology，1964，14（3）：97-105.

［9］Shinozaki K，Yoda K，Hozumi K，et al. A quantitatine analysis of plant form—the pipe model theory Ⅱ. Further evidence of the theory and its application in forest ecology. Japanese Journal of Ecology，1964，14（3）：133-139.

［10］Kira T，Shidei T. Primary production and turnover of organic matter in different forest ecosystems of Western Pacific. Japanese Journal of Ecology，2017，17：70-87.

秦岭锐齿栎林的生物量和生产力*

陈存根　龚立群　彭　鸿　刘晓正

—— 摘要

根据 36 块标准地 250 株伐倒木的资料，通过建立锐齿栎各器官生物量、材积和叶面积的估计方程，研究了秦岭锐齿栎林的生物量和生产力。结果表明：秦岭南坡的锐齿栎林生长普遍优于北坡，在南坡以中段分布区生长最好，在北坡以西段分布区生产力最高。在同一分布区内，锐齿栎的生物量和生产力随林分类型、叶面积、林龄、密度及海拔等因素而变化。在秦岭林区锐齿栎林的平均蓄积量为 $181.2m^3/hm^2$；平均现存量为 $208.4t/hm^2$；叶面积指数 5.631；平均生产量 $17.97t/hm^2$。秦岭林区的锐齿栎林具有很高的生产力。

关键词：锐齿栎；生物量；生产力

锐齿栎（*Quercus aliena* var. *acuteserrata*）林是秦岭林区主要森林类型之一，在涵养水源、保持水土、木材和林副产品生产中发挥着重要作用。但是，由于多年来的不合理开发利用，致使资源减少，生产力下降，已难以发挥其生态、经济和社会效益。所以研究锐齿栎林的生产力制定科学的经营利用措施，对恢复和保护这一栎类资源具有十分重要的意义。

1　研究区的自然概况

锐齿栎主要分布于海拔 800～2300m 的中山地带。分布区年均温度 8～13℃，≥10℃的积温 2500～4000℃，降水量 600～1200mm，相对湿度 65%～75%，湿润指数＞1.0。林下土壤为火成岩、变质岩和石灰岩母质上发育的中性至弱酸性褐土、山地淋溶褐土和山地棕壤，厚度 50cm 以上，肥沃湿润，生产力高。由于秦岭山体庞大，南北又分属不同的气候区，各地水热条件差异很大。各调查区地理位置、主要气候指标、立地及林业因子详见表 1。

锐齿栎为秦岭地带性植被的建群树种，在海拔 1400～1800m 形成单优群落，在局部地区与其他阔杂及松类形成混交林。现存的锐齿栎林除少量人工林和残存于保护区内极

* 原载于：西北林学院学报，1996，11（S1）：103-114.

少量的天然林属实生林外，其余均系天然萌生林。根据组成、起源和生境，可划分为6个基本类型（表2）其中以Ⅰ、Ⅱ类分布面积最小，Ⅲ多见于农垦区，其他3类分布最广。

表1　各调查区地理位置、主要气候指标、立地及林分因子

调查区	经度	纬度	平均气温（℃）	≥10℃积温（℃）	降水量（mm）	相对湿度（%）	无霜期（d）	海拔（m）	土壤类型	林龄（a）	起源	密度（株/hm²）	平均胸径（cm）	平均高（m）	标准地数量（块）
南坡东段洛南县黑章台林场	199º44′13″E~110º40′19″E	33º51′33″N~34º26′00″N	11.06	3454	754.8	70	195	1720~2250	山地棕壤、粗骨棕壤	30~50	天然萌生	1725~2975	11.71~16.75	8.97~12.27	7
南坡中段宁陕县火地塘林场	108º27′E~109º39′E	33º18′N~33º28N	12.3	3847	1028.1	68	170	1700~1870	山地棕壤	26~67	天然萌生和实生	1324~3512	10.65~22.60	11.27~16.9	8
南坡西段凤县辛家山林场	106º04′E~107º38′E	34º06′N~34º26′N	11.4	3557	750	68	180	1470~1700	山地棕壤	35~40	天然萌生	1358~4350	9.42~13.11	10.27~13.65	7
北坡中段眉县营头林场	107º39′08″E~108º00′51″E	33º59′00″N~34º19′28″N	9.4	2874	589	65	168	1200~1300	山地褐土	40	人工实生	1070~1080	21.17~25.46	19.00~19.78	3
								1280~1350	淋溶褐土山地棕壤	30~40	天然萌生	1612~3136	11.22~16.13	11.24~16.60	4
北坡西段天水市东岔林场	106º04′E~106º18′E	34º06′N~34º26′N	11.0	4200	700	65	170	1340~1600	山地褐土山地棕壤	20~45	天然萌生	2287~4180	7.50~14.72	8.35~13.00	7

表2　秦岭林区锐齿栎林林分类型

序号	类型	起源	生境	主要伴生树种	常见灌木	常见草木
Ⅰ	锐齿栎人工林	实生	1200~1300m，阳坡，半阳坡，山地褐土，中壤，土层深厚	—	—	—
Ⅱ	箭竹-锐齿栎林	实生	1500~1800m，阴坡，半阴坡，山地棕壤，土层较深厚	*Populus davidiana*, *Betula platyphylla*, *B. albo-sinensis*, *Quercus liaotungensis*, *Pinus armandii*	*Sinarundinaria nitida*, *Spiraea fritschiana*, *Caoneaster multiflorus*	*Carex siderosticatm*, *C. onoei*, *Pyrola rotundifolia*, *Allium victorialis*
Ⅲ	胡枝子-锐齿栎林	萌生1~2代	1400~1800m，阳坡，半阳坡，山地褐土或棕壤，土层深厚	*Quercus variabilis*, *Toxicodendyon vernicifluum*, *Pinus tabulaeformis*	*Lespedeza tomentosa*, *L. bicolor*, *Campylaropis macrocarpa*, *Spiraea sericea*	*Carex lancedata*, *Smilax riparix*, *Allium victorialis*
Ⅳ	绣线菊-锐齿栎林	萌生3~5代	1500~1800m，各坡向，山地棕壤，土层较深厚	*Populus davidiana*, *Quercus liaotungensis*, *Carpinus cordata*	*Spiraea fritschiana*, *S. sericea*, *Crataegus kansuensis*, *Evonymus phellomanes*	*Carex amoei*, *Aster ageratoides*, *Conva llaria keitkei*, *Rubia cordifolia*

序号	类型	起源	生境	主要伴生树种	常见灌木	常见草木
V	榛子-锐齿栎林	萌生6代以上	1400～1800m，山坡中、下部，山地褐土或棕壤，土层深厚	*Quercus variabilis，Q. aliena，Toxicodendron vernicifluum，Tilia aliveri，Betula luminifera*	*Corylus heterophylla，Lespedeza tomentosa，Campylotropis macro carpa，Rhus chinensis，Helwingia japonica，Prunus tomentosa*	*Carex lancedata，Phlomis umbrosa，Pdygonalum sibiri cum，Cheilanthes mysuriensis，Rodgersia aesculifolia*
VI	鞘柄菝葜	萌生8代以上	1300～1600m，农垦区，山地褐土或棕壤，土层深厚	*Quercus aliena，Q. variabilis，Castamea mollissima，Toxicode ndton vernicifluum，Pinus tabu laeformis*	*Smilax stans，Lespedesa tomentota，Campy latropis macrocarpa，Rhus chinensis，Crot aegus shensiensis*	*Carex lancedata，Rodgersia aesculi folia，Pueraria lo bata，Lonicera tra gophylla*

2 研究方法

按林分起源、类型、年龄、生境和人为干扰程度共设置标准地 36 块，每块面积 0.15hm²。在标准地内进行每木检尺，确定林分平均标准木和径阶标准木，伐倒用"分层切割法"测定现存量。共伐标准木 250 株。根系现存量采用全挖法测定。

树干、枝条、根系分层分级取样。树干每 1m 分段选取烘样；枝条按粗度级≤0.7cm、≤1.5cm、≤2.5cm 和＞2.5cm 四级、根系按≤0.7cm、≤2.0cm、≤4.0cm 和＞4.0cm 四级分别取样；叶片按树干区分段取样。所有样品在现场用塑料袋密封，带回室内测定鲜重后置 105℃下烘至恒重，精确称量后计算含水率。

在每块标准地内按对角线机械布设 5 个 1m×1m 的样方，测定样方内的植物种类、多度、盖度、高度、下木枝、干、叶、根和草本的生物量。为了准确估计锐齿栎林分根系的生物量，校正挖掘造成的细根损失，在标准地内随机设置 5 个 1.0m×0.5m×0.5m 的样坑，对细根进行了补充测定。上述测定均取烘样，烘干称重处理均同乔木层烘样。

采伐的标准木进行了树干解析。

叶面积采用坐标纸测绘测定，通过建立面积与重量的关系，以求算叶面积。

林分现存量通过建立回归方程进行估计；净初级生产量采用下式计算。

$$NPP=Y_{N5}+Y_{NB}+Y_{NL}+Y_{NR} \tag{1}$$

式中 NPP、Y_{N5}、Y_{NB}、Y_{NL} 和 Y_{NR} 分别为总净初级生产量和林木干、枝、叶、根的年净生产量。

3 结果与讨论

3.1 树高、材积、叶面积和生物量的估计方程

回归分析表明，锐齿栎的树高与胸径、材积、叶面积、生物量与胸径和树高或胸径之间存在着密切的相关关系，据此拟合了树高、材积、叶面积和各器官干重的回归方程（表3）。检验可知，绝大部分回归方程，相关系数都在 0.9 以上，估计精度在 95% 的可

靠性水准上也都达到了 90%以上，具有较高的使用价值。

表3　锐齿栎林树高、材积、叶面积和各器官干重的回归方程

分布区	项目	回归方程	相关系数	回归标准离差	估计精度(95%)	自变量变幅		因变量变幅(m, m³, kg, m²)
						H（m）	D（cm）	
秦岭南坡 n=145	树高	$H=-2.328\,16+5.734\,63\ln D$	0.884 4	0.784 4	96.51	5.20~26.30	4.10~50.60	5.15~26.30
	材积	$\ln V=-9.540\,9+0.921\ln D^2H$	0.994 4	0.027 1	96.85			0.0031 5~1.657 25
	干重	$\ln W_S=-3.163\,22+0.914\,2\ln D^2H$	0.949 8	0.438 6	98.03			1.86~721.85
	皮重	$\ln W_{BA}=-4.000\,8+0.827\ln D^2H$	0.980 7	0.437 9	96.38			0.43~101.12
	枝重	$\ln W_B=-4.392\,41+2.631\,97\ln D$	0.920 7	0.633 6	95.29			0.2~300.36
	叶重	$W_L=0.394\,5+0.007\,69D^2$	0.893 7	1.742 2	88.13			0.11~12.34
	根重	$\ln W_R=-3.158\,82+2.414\,38\ln D$	0.907 4	0.472 1	95.02			1.46~210.64
	叶面积	$S_L=12.809\,96+0.098\,27D^2$	0.842 3	3.459 5	85.26			1.32~243.69
秦岭北坡 n=48	树高	$H=-1.061\,23+4.978\,8\ln D$	0.950 3	1.047 3	95.37	5.30~20.30	3.60~34.50	5.30~20.30
	材积	$\ln V=-9.670\,38+0.937\,97\ln D^2H$	0.997 8	0.017 9	95.97			0.003 3~0.592 72
	干重	$\ln W_S=-3.552\,43+0.973\,64\ln D^2H$	0.966 7	0.384 9	96.95			1.53~493.71
	皮重	$\ln W_{BA}=-4.907\,25+0.932\,33\ln D^2H$	0.964 8	0.379 3	94.49			0.16~100.16
	枝重	$\ln W_B=-5.121\,51+2.976\,27\ln D$	0.909	0.807 6	91.33			0.25~69.16
	叶重	$W_L=0.320\,73+0.007\,87D^2$	0.829 2	1.341 4	83.19			0.17~11.85
	根重	$\ln W_R=-2.738\,96+1.382\,8\ln D$	0.837 1	0.256 3	93.63			16.94~40.71
	叶面积	$S_L=7.280\,08+0.082\,94D^2$	0.882 7	16.052	82.7			1.44~120.15
人工林 n=23	树高	$H=5.172\,26-4.682\,57\ln D$	0.838 4	1.012 9	90.02	16.10~21.30	10.95~32.70	0.203 65~1.818 99
	材积	$\ln V=-10.283\,78+1.003\,89\ln D^2H$	0.996 2	0.021 8	95.28			39.23~4 989.90
	干重	$\ln W_S=-4.380\,41+1.006\,5\ln D^2H$	0.987 5	0.129 7	98.12			29.92~101.53
	皮重	$\ln W_{BA}=-7.044\,04+1.166\,84\ln D^2H$	0.985 9	0.150 4	96.72			7.92~290.59
	枝重	$\ln W_B=-6.754\,85+3.226\,7\ln D$	0.880 8	0.768 3	87.18			0.56~12.35
	叶重	$W_L=-2.839\,05+0.011\,91D^2$	0.850 1	2.608 9	78.18			2.12~55.37
	叶面积	$S_L=-4.863\,21+0.191\,56D^2$	0.821 5	31.73	85.28			

3.2　不同林分类型的生物量和生产力

连年生长过程分析表明，不同类型的锐齿栎林分，其树高、直径和材积连年生长量存在着显著差异（图1）。基本变化特点是实生林生长量大，速生期到来晚，延续时间长；萌生林随萌生代数增加，生长量减小，速生期愈早，延续时间愈短。

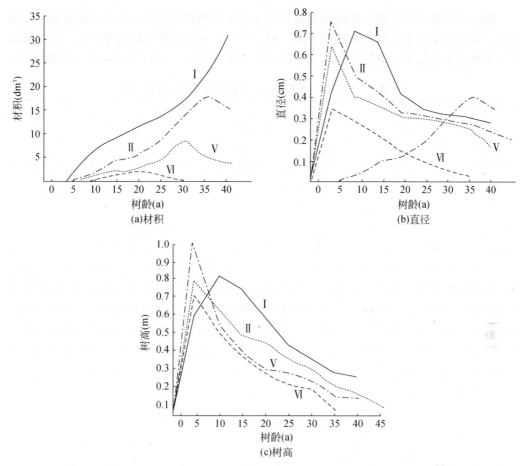

图1 不同林分类型的锐齿栎林材积、直径、树高连年生长量

锐齿栎林分的现存量和蓄积量随林分类型而变化。在秦岭林区以人工实生林现存量和蓄积量最大，达 515.745t/hm²，和 499.605m³/hm²；天然实生林次之；萌生林较少。在萌生林中以萌生 8 代以上的鞘柄菝葜-锐齿栎林（Ⅵ）为最小，现存量和蓄积量仅 59.235t/hm² 和 45.426m³/hm²（表 4）。

表4 不同林分类型的现存量和蓄积量

林分类型	平均林龄（a）	平均密度（株/hm²）	干（t/hm²）	皮（t/hm²）	枝（t/hm²）	叶（t/hm²）	根（t/hm²）	合计（t/hm²）	蓄积量（m³/hm²）
Ⅰ	40	1072	332.436	60.312	44.625	5.232	73.14	515.745	499.605
Ⅱ	40	2650	211.794	39.634	42.739	4.53	66.592	365.289	305.605
Ⅲ	40	3065	139.026	27.04	31.924	4.803	44.021	246.814	277.126
Ⅳ	40	3100	98.900	16.575	33.231	3.981	38.341	191.028	159.925
Ⅴ	35	3600	61.649	12.105	17.505	2.976	28.243	122.478	100.774
Ⅵ	30	4500	28.154	5.479	9.940	2.062	13.600	59.235	45.426

现存量在各器官中的分配比例随林分类型也呈有规律的变化（表5）。随着萌生代数增加，现存量在树干上的分配比例下降，根、枝、叶上的分配比例明显上升。表明随着人为干扰程度的加剧，萌生代数增加，木材生产效率下降，培育前途和利用价值降低。

表5 不同林分类型的现存量在各器官中的分配比例

林分类型	干（%）	皮（%）	枝（%）	叶（%）	根（%）
I	64.46	11.69	8.65	1.01	14.18
II	57.98	10.85	11.7	1.24	18.23
III	56.33	10.95	12.93	1.95	17.84
IV	51.77	8.68	17.40	2.08	20.07
V	50.34	9.88	14.29	2.43	23.06
VI	47.53	9.25	16.73	3.48	22.96

类似于现存量、蓄积量与林分类型的关系，林分的干物质和木材的生产量也随林分萌生代数的增加而下降；干物质的年生产量在干材部分的比例以实生林最高，随着萌生代数增加而逐渐减小，而在地下部分的比例一般则随萌生代数增多而增加。鞘柄菝葜—锐齿栎林（VI）属多代萌生，其生产力和生产潜力已经很小，30a 时年均干物质净生产量和年材积生长量仅 2.596t/（hm^2·a）和 0.476m^3/（hm^2·a）（表6）。由于林分提前衰老，干物质生产量趋于在叶子上集中，占 79.38%；而非光合器官仅占 20.62%，远远小于实生林和萌生代数较少的萌生林。

表6 不同类型锐齿栎林年净生产量及其在各器官的分配比例

林分类型	干物质 [t/（hm^2·a）] /分配比例（%）						材积生长量 [m^3/（hm^2·a）]
	干	皮	枝	叶	根	合计	
I	13.078/49.99	2.595/9.92	2.379/9.09	5.232/20.00	2.877/11.00	26.261/100.00	18.505
II	9.216/37.65	1.993/8.14	4.103/16.76	4.522/18.47	4.646/18.98	24.480/100.00	17.635
III	9.273/45.12	1.521/7.40	1.779/8.65	4.803/23.37	3.176/15.45	20.552/100.00	14.536
IV	5.742/35.23	1.105/6.79	2.137/13.11	3.981/24.42	3.329/20.43	16.294/100.00	9.806
V	3.210/27.03	1.125/9.48	2.300/19.36	2.976/25.06	2.269/19.09	11.880/100.00	5.810
VI	0.265/10.21	0.078/3.08	0.048/1.93	2.061/79.38	0.144/5.59	2.596/100.00	0.476

3.3 不同分布区的生物量和生产力

表7为不同分布区天然萌生锐齿栎林的现存量和蓄积量。可以得出以下结论。

3.3.1 秦岭南北坡差异显著

秦岭锐齿栎林一般 40a 左右，最大现存量南坡比北坡高出 30.089t/hm^2，最大蓄积量高出 77.363m^3/hm^2；干物质的分配比例南坡呈现出向树干集中的趋势，而北坡枝、叶、根则占有较大比例。这表明南坡不仅现存量大，而且出材率高，生产效益好。其原因除南坡破坏轻，北坡破坏重外，主要是受气候条件的影响。南坡受北亚热带气候影响，而北坡为暖温带气候控制，南坡优越的水热条件有利于锐齿栎的生长和干物质的积累。

表 7　不同分布区锐齿栎林的现存量、蓄积量和叶面积指数

分布区	现存量 [t/（hm²·a）]/分配比例（%）						蓄积量（m³/hm²）	叶面积指数
	干	皮	枝	叶	根	合计		
全区平均	102.904/49.39	21.432/10.29	29.347/14.09	3.499/1.68	51.169/24.56	208.351/100.00	181.166	5.631
南坡东段	101.659/50.91	21.097/10.57	25.940/12.99	3.556/1.78	47.425/23.75	199.377/100.00	173.760	5.822
南坡中段	117.947/47.17	27.084/10.83	38.085/15.23	3.451/1.38	63.468/25.38	250.035/100.00	229.031	4.640
南坡西段	102.462/54.03	21.199/11.18	24.900/13.13	3.435/1.81	37.656/19.86	189.652/100.00	173.340	6.524
北坡中段	85.950/43.38	16.988/8.57	30.554/15.42	3.800/1.92	60.823/30.70	198.115/100.00	146.425	5.116
北坡西段	95.076/43.23	15.928/7.24	33.104/15.05	3.450/1.57	72.388/32.91	219.946/100.00	151.668	4.611

3.3.2　同一坡向不同区段差异显著

秦岭南坡以中段的现存量和蓄积量最大，分别为 250.035t/hm² 和 229.031m³/hm²；北坡以西段最高，分别为 219.946t/hm² 和 151.668m³/hm²。在整个分布区各区段的蓄积量排序为：南坡中段＞南坡东段＞南坡西段＞北坡西段＞北坡中段；现存量排序为：南坡中段＞北坡西段＞南坡东段＞北坡中段＞南坡西段。

表 8 为各分布区锐齿栎林的年净生产量及其在各器官上的分配比例。可以看出，在秦岭南坡无论是材积年生长量还是干物质年净生产量均以中段为高，分别为 19.721m³/hm² 和 26.598t/hm²，不仅大大高出秦岭全区平均水平，而且大大高于南坡东段和西段的生产量，材积生长量约是东西段的 2 倍，干物质年净生产是 1.8 倍。秦岭北坡材积年生长量中、西段大致相当；干物质年净生产量西段远大于中段，综合南北两坡，材积和干物质净生产量的大小顺序为：南坡中段＞北坡西段＞北坡中段＞南坡东段＞南坡西段。

表 8　不同分布区锐齿栎林的年净生产量及其在各器官的分配

分布区	干物质 [t/（hm²·a）]/分配比例（%）						材积生长量 [m³/（hm²·a）]	叶面积指数
	干	皮	枝	叶	根	合计		
全区平均	6.042/38.63	1.363/7.58	2.487/13.84	3.580/19.92	3.598/20.20	17.970/100.00	12.114	5.399
南坡东段	5.664/38.65	1.089/7.41	1.707/11.62	3.420/23.23	2.809/19.12	14.689/100.00	9.923	5.653
南坡中段	10.518/39.54	2.227/8.37	3.946/14.84	3.258/12.25	6.649/25.00	26.598/100.00	19.721	4.418
南坡西段	5.689/38.95	1.095/7.50	1.752/12.00	3.018/36.83	2.151/14.73	14.605/100.00	9.715	6.220
北坡中段	6.775/40.90	1.256/7.58	2.946/17.78	3.611/21.80	1.977/11.93	16.565/100.00	10.935	4.908
北坡西段	6.813/32.85	1.113/5.37	3.237/15.61	3.306/15.94	6.272/30.24	20.741/100.00	10.644	4.467

叶面积指数常用来衡量林木对营养空间的利用程度，和林分生产力有着密切关系。由表 8 可知，在大致相似的生境条件下，生产量随叶面积指数增加而增加，但在优越的生境条件下，较小的叶面积指数，仍可创造出较高的生产量。如秦岭南坡中段其叶面积

指数最小，仅 4.418，但由于水热条件优越，人为干扰轻，因之具有最大的生产力；南坡东段自然条件较西段优越，锐齿栎分布于 1700~2300m，而西段为 1400~1800m，虽然东段叶面积指数小于西段，但两地的材积和干物质生产量却大致相等。北坡的林分，叶面积指数大致相等，且同属暖温带气候，因之具有相似的材积生长量。只是由于根系生产量的不同，才造成了干物质净生产力的差异。

3.4 锐齿栋林生物产最与海拔的关系

海拔通过对水热条件和土肥条件的重新分配，进而影响到锐齿栎林的生物量和生产力。研究结果表明，秦岭林区天然萌生锐齿栎林的现存量、蓄积量、叶面积指数以及单株平均生物量和材积在分布区内随海拔升高而增大，至 1700m 左右达到最大值，然后又随海拔继续升高而逐渐减少（表 9）。可见，在锐齿栎的垂直分布带内，以海拔 1700m 为中心，大致在 1600~1850m 范围内，锐齿栎林分具有最大的蓄积量和现存量。

表 9 不同海拔锐齿栎林林分现存量、蓄积量、叶面积指数和单株木平均生物量、材积和叶面积

海拔(m)	干物质现存量（t/hm²）/平均生物量（kg/株）						蓄积量(m³/hm²)/材积(dm³/株)	叶面积指数/叶面积(m²/株)
	干	皮	枝	叶	根	合计		
2100	81.131/36.058	17.088/7.595	20.047/8.910	3.082/1.370	37.470/16.653	158.818/70.586	142.775/63.456	5.268/23.415
1890	95.019/45.792	19.916/9.598	23.306/11.232	3.360/1.619	43.649/21.036	185.250/89.277	167.183/80.571	5.503/26.519
1720	125.815/56.546	25.629/11.519	33.563/15.084	4.123/1.853	59.651/26.809	248.781/111.812	221.037/99.343	6.531/29.351
1530	101.136/44.164	20.258/8.846	28.675/12.522	3.917/1.710	38.213/16.687	192.199/83.930	172.419/75.292	6.143/26.823
1470	88.365/38.420	18.474/8.032	20.231/8.796	3.581/1.557	32.103/13.958	162.754/70.763	149.527/65.012	5.646/24.547
1340	84.918/29.455	14.237/4.938	20.197/7.005	4.474/1.205	35.524/12.322	158.350/54.925	135.548/47.016	4.946/17.157

与蓄积量和现存量的变化特点相似，年净生产力也以 1700m 为中心，向上或向下随海拔升高或降低，均呈下降趋势（表 10）。这表明海拔 1600~1850m 为锐齿栎的最适带，其具有最大的生产力。随海拔升高，环境趋于冷湿，土壤漂洗灰化加重，肥力降低，锐齿栎生产力下降；随海拔降低，虽然水热条件和土壤肥力优越，但更有利于其他阔叶树生长（如栓皮栎），加之低海拔地带，人为活动频繁，林分破坏严重，因而生产力下降。

表 10 不同海拔锐齿栎林的年净生产量

海拔(m)	干物质年净生产量 [t/（hm²·a）]						蓄积年增长量 [m³/（hm²·a）]	叶面积指数
	干	皮	枝	叶	根	合计		
2100	3.723	0.732	1.065	3.082	1.805	10.407	6.529	5.268
1890	1.844	1.107	1.844	3.36	2.96	14.724	10.229	5.503
1720	2.456	1.576	2.456	4.123	4.064	20.452	14.422	6.531
1530	3.435	1.300	3.435	3.917	3.167	19.439	13.177	6.143
1470	3.472	0.98	3.472	3.581	3.33	17.456	9.394	5.646
1340	1.457	0.968	1.457	3.474	1.865	12.767	8.536	4.964

3.5 锐齿栎林生物产量与林分密度的关系

密度是影响锐齿栎林现存量、蓄积量和生产力的重要因素。研究表明,秦岭林区锐齿栎林现存量、蓄积量、叶面积指数、年净生产量均随林分密度增加而增大的特点(表11)。锐齿栎林分的密度除受林龄、立地条件的影响外,主要受人为活动的影响。人为破坏程度越轻,林分密度一般越大,生物产量也愈高;相反林分经常遭受人为干扰,如采樵和砍伐,造成林分密度下降,生物产量也随之降低。

表 11　不同密度锐齿栎林现存量、蓄积量、叶面积指数和年净生产量

林龄(a)	林分密度(株/hm²)	现存量(t/hm²)/干物质年净生产量[t/(hm²·a)]						蓄积量(m³/hm²)/年生长量[m³/(hm²·a)]	叶面积指数
		干	皮	枝	叶	根	合计		
	2287	93.335/4.679	19.982/0.910	19.772/1.285	3.952/3.952	33.809/1.625	120.850/12.451	157.524/7.980	6.384
35	3515	101.360/4.863	20.958/0.951	28.675/1.370	3.917/3.917	38.213/1.810	192.423/12.902	172.419/8.238	6.141
	3900	119.002/7.618	25.067/1.296	26.637/3.436	4.888/4.888	43.195/3.167	218.789/20.405	201.205/13.176	7.758
	1600	88.365/3.617	18.474/0.694	20.232/1.105	3.580/3.580	32.103/1.364	162.754/10.360	149.527/6.178	5.645
40	2300	90.375/5.003	18.440/0.968	22.531/1.457	3.524/3.524	33.119/1.865	167.989/12.817	153.343/8.536	5.464
	3096	132.602/5.742	27.032/1.105	33.925/1.779	5.216/5.216	49.029/2.176	247.795/16.018	222.083/9.806	8.178

3.6 锐齿栎林生物产量与林分年龄的关系

林分现存量和蓄积积累包括两个相反的过程,一方面林木现存量和蓄积量随林龄增加而增大,另一方面林分密度却随林龄增加而减小。加之在很多情况下,尤其是林龄相差不大时,由于生境条件差异很大,从而使得林分现存量与林龄间的关系较难明显地表现出来(表12)。如南坡中段38龄林分,因密度过低,仅1404株/hm²,其现存量和蓄积量均低于26龄密度为3512株/hm²的林分;北坡中段36龄林分,密度为1612株/hm²,因之现存量和蓄积量均低于同地区其他林分。这种情况在秦岭林区其他天然林中也普遍存在。

表 12　不同林龄锐齿栎林的现存量和蓄积量

分布区	林龄(a)	密度(株/hm²)	现存量(t/hm²)						蓄积量(m³/hm²)
			干	皮	枝	叶	根	合计	
	26	3512	86.781	21.396	23.627	4.056	38.781	174.641	175.314
南坡中段	38	1404	75.805	18.140	21.443	2.487	35.358	153.233	150.652
	55	1590	113.304	25.797	36.691	2.983	61.160	239.935	219.079
	67	1380	228.294	51.005	77.787	5.463	130.015	492.564	436.809
	30	2883	113.924	24.194	35.114	3.671	54.735	231.638	192.459
北坡中段	32	3136	219.002	25.067	34.233	3.423	50.468	232.193	201.205
	36	1612	93.335	19.982	22.706	3.779	66.143	205.965	157.524
	40	1724	132.602	27.032	30.163	4.290	71.946	266.033	225.038

林分平均单株木的现存量和材积，可以克服上述因素的影响，更清晰地描述现存量、蓄积量与林龄的关系（表13）。从表13可以清楚地看出，除北坡中段30龄林分外，其他林分单株木现存量和材积均随林龄增加而增大。进一步分析可知，不同年龄阶段其增长速率是不同的。南坡中段26龄林分其年平均材积和干物质增长速率为1.920dm³/（株·a）和1.913kg/（株·a），而38龄林分，年平均增长速率为2.824dm³/（株·a）和2.872kg/（株·a），分别是26龄林分的214.95%和219.48%。北坡的林分，年龄相差不大，处于中龄林阶段，其年平均增长速率相对集中，分别为2.225～3.263dm³/株和2.678～3.858kg/株。这一生长特征表明，锐齿栎在中龄阶段时材积和生物量均处于迅速增长的过程。在所研究的年龄阶段内，年龄最大的林分才具有最高的平均增长速率，如南坡中段67龄林分，其年平均增长速率分别为4.704dm³/株和5.304kg/株，可见锐齿栎迅速生长期延续时间是很长的，只要加强抚育，可以充分发挥其生产潜力。

表13 不同林龄锐齿栎林单株木平均生物量和材积

分布区	林龄（a）	生物量（kg/株）						单株材积（dm³）
		干	皮	枝	叶	根	合计	
南坡中段	26	24.71	6.092	6.728	1.155	11.042	49.727	49.919
	38	53.992	12.92	15.273	1.771	25.184	109.14	107.302
	55	75.086	17.097	24.315	1.977	40.53	159.003	145.182
	67	164.714	36.8	56.123	3.942	93.806	355.383	315.158
北坡中段	30	39.516	8.392	12.18	1.273	18.985	80.346	66.757
	32	38.314	8.071	11.022	1.102	16.246	74.756	64.78
	36	57.9	12.396	14.086	2.357	41.032	127.77	97.72
	40	76.915	15.58	17.496	2.488	41.732	154.312	130.533

秦岭林区的锐齿栎林，林分平均单株木的生物量和材积与年龄的关系可用方程

$$y = a \cdot e^{bt} \tag{2}$$

得到很好的描述，图2分别为材积、干、皮、枝、叶、根干重随年龄变化的曲线。

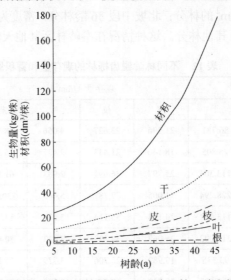

图2 秦岭林区锐齿栎林分平均单株材积、干、皮、枝、叶和根重随年龄的变化

3.7　锐齿栎林下植被的生物量

测定结果表明，秦岭林区锐齿栎林下植被平均现存量为 5.031t/hm²，其中下木枝叶为 1.778t/hm²，占 35.34%；草本植物茎叶为 0.334t/hm²，占 6.34%；根系总计为 2.919t/hm²，占 58.02%。与乔木层生物量分配比例相比，林下植被生物量中根系所占的比例很大，发达的根系，对于保持水土、防止泥石流的危害具有重要意义。

不同林分类型的群落结构不同，林下植被的现存量差异很大（表 14）。箭竹-锐齿栎林多分布于高海拔区，林下植物以箭竹占优势，因之具有最大的现存量，高出后两类林分 1.62 和 2.91 倍；胡枝子-锐齿栎林和榛子-锐齿栎林分布海拔相对较低，人为活动频繁，锐齿栎萌生严重，在一定程度上抑制了林下植被的发育，加之低海拔的林分多为抚育的重点，林下植物也多以胡枝子、绣线菊、榛子为主，因之现存量中，低海拔区一般较低。

表 14　不同林分类型林下植被的现存量

林分类型	样方数	下木枝叶（t/hm²）	草本茎叶（t/hm²）	根系（t/hm²）	合计（t/hm²）
箭竹-锐齿栎林	50	3.77	0.39	5.31	9.47
胡枝子-锐齿栎林	40	1.034	0.346	2.24	3.62
榛子-锐齿栎林	35	0.689	0.286	1.447	2.421

3.8　锐齿栎林下的凋落物里

对林下凋落物量的测定分析表明，锐齿栎林下凋落物量平均为 10.15t/hm²，其中枯枝占 15.07%，枯叶占 32.16%，分解层占 52.3%。

凋落物的分解受水热条件的限制，秦岭南坡水热条件优于北坡，故而南坡林下平均凋落物量较北坡小（表 15）。秦岭林区各区段锐齿栎林下的凋落物量顺序为：北坡西段＞南坡中段＞南坡西段＞北坡中段＞南坡东段。这一顺序和现存量的顺序基本一致。南坡中段和北坡西段的锐齿栎林生长最好，每年叶的产量最大，因此林下凋落物的量也最大。

林分类型的不同，也影响林下凋落物的量。人工林由于叶片大而薄，分解速率快，积存量小于天然萌生林（表 16）。天然萌生林中以箭竹-锐齿栎林分解速率最小，凋落物量最大。其次分别为胡枝子-锐齿栎林和榛子-锐齿栎林。

表 15　秦岭林区不同区段锐齿栎林下的凋落物量

分布区		未分解层				分解层		合计		凋落物量（t/hm²）
		厚度（cm）	枝重（t/hm²）	叶重（t/hm²）	合计（t/hm²）	厚度（cm）	重量（t/hm²）	厚度（cm）	重量（t/hm²）	
南坡	东段	3.4	1.05	2.6	3.65	2.38	3.95	5.78	7.6	8.8
	中段	4.26	2.02	3	5.02	3.17	5.04	7.43	10.06	
	西段	3.07	1.95	2.77	4.71	2.65	4.03	5.72	8.74	
北坡	中段	2.93	1.06	2.68	3.74	1.58	4.64	4.51	8.33	12.17
	西段	2.23	1.58	5.52	7.1	2.24	8.9	4.47	16	
林区平均		3.18	1.58	3.31	4.84	2.4	5.31	5.58	10.15	10.15

表16　锐齿栎林不同林分类型的凋落物量

林分类型	未分解层（t/hm²）	分解层（t/hm²）	分解速率（%）	凋落物量合计（平均）（t/hm²）
人工林	3.73	2.27	60.86	6.00
榛子-锐齿栎林	3.00	4.48	33.04	7.46
胡枝子-锐齿栎林	3.12	5.54	43.68	8.66	9.00
箭竹-锐齿栎林	5.16	5.73	9.95	10.89

4　结论

秦岭林区锐齿栎林不同林分类型生长差异较大。锐齿栎的树高与胸径、材积、叶面积、生物量与胸径和树高之间存在密切的相关关系。人工实生林的生长优于天然萌生林。随着萌生代数的增加，锐齿栎林生产量、木材利用效率等均下降。秦岭南坡锐齿栎的生长优于北坡，同一坡向比较以南坡中段和北坡西段生长最好。

在同一分布区，锐齿栎林的生物量和生长量随林分类型、叶面积、林龄、林分密度以及海拔等因素发生显著变化。

锐齿栎林下植被的现存量以及凋落物量均以箭竹-锐齿栎林最好。林下植被现有量与人为破坏程度密切相关。凋落物量受水热条件限制发生不同的变化。

秦岭林区锐齿栎林平均蓄积量为 181.2m³/hm²；平均现存量为 208.4t/hm²；叶面积指数 5.631；平均生产量为 17.97t/（hm²·a）。

秦岭火地塘林区主要森林类型的现存量和生产力*

陈存根　彭　鸿

—— 摘要

本文通过建立森林各器官的生物量、材积和叶面积的估计方程，量化地反映了火地塘林区 5 个主要森林群落的异速生长规律。火地塘林区 5 个森林类型的平均现存量为 133.42t/hm²，平均蓄积量为 166.825m³/hm²，平均生产量为 3.757t/（hm²·a）；平均材积生长量为 7.138m³/hm²；死地被物量为 89.512t/hm²。在各森林类型的适生垂直带内，随着海拔升高，现存量和现有生产力呈下降趋势。同一树种人工林的生长优于天然林，具有更大的生物量和生产力。

关键词：火地塘；森林类型；现存量；生产力

位于秦岭南坡中段的火地塘林区，水分充足，热量适中，植物种类丰富，群落结构复杂。初步的研究表明，火地塘林区的森林植被比秦岭其他地段具有更高的现存量和生产力。为探究本区森林群落的生产规律，本文测定分析了火地塘林区几个主要森林类型的现存量和生产力，以期为进一步研究秦岭山地森林培育和经营技术提供基础数据和理论依据。

1　材料与方法

针对不同的林分类型，考虑其海拔、起源、年龄、人为干扰程度等因素，选择各林分类型垂直分布地带具有代表性的地段，设置标准地 23 块，标准地面积为 0.06hm²（锐齿栎林为 0.15hm²）。在标准地内进行每木检尺，确定林分平均木和径阶标准木，用"分层切割法"测定林木地上部分的现存量。根系现存量用全挖法测定。共伐标准木 91 株。

树干、枝条、根系分层分级取样。针叶树按轮生枝层，阔叶树按机械层次（间隔1m）分段选取烘样。枝条按粗度级≤0.7cm、≤1.5cm、≤2.5cm 和>2.5cm 四级取样，根系按≤0.5cm（锐齿栎为≤0.7cm）、≤2.0cm、≤4.0cm 和>4.0cm 四级取样，树干按区分段取样。所有样品在现场用塑料袋密封，带回室内测定鲜重后置 105℃下烘至恒重，精

* 原载于：西北林学院学报，1996，11（S1）：92-102.

确称重后计算含水率。

在每个标准地内按对角线机械布设 5 个面积为 2m×2m 的样方，测定样方内植物的种类、多度、盖度、高度。灌木按种类测定了枝、干、叶、根的生物量。草本植物按种类测定了整株的生物量。同时还测定了各样方内死地被物的现存量。死地被物分为凋落层、分解层和半分解层分别测定干、枝、叶、果的现存量。为了准确估计林分根系的生物量，校正挖掘造成的细根遗失，在标准地内随机设置了 5 个 1.0m×0.5m×0.5m 的样坑，对细根进行补充调查。上述测定均取烘样，烘样处理同乔木层烘样。

阔叶树叶面积用坐标纸测绘法测定[1]。油松和华山松的叶面积用体积法[2]。其计算公式

$$华山松：S = \left(2\sqrt{\pi} + \frac{10}{\sqrt{\pi}}\right)\sqrt{vl} \tag{1}$$

$$油松：S = 1.5\pi\frac{Al}{2} + \frac{2v}{A}\left(\frac{4}{\pi} + 1.5\right) - \sqrt{\pi vl} \tag{2}$$

其中海拔 1500～1700m 时，$A = 5.2643\frac{v}{l} + 0.0765$；

海拔 1800m 以上时，$A = 4.91480\frac{v}{l} + 0.07818$

式中，S 为叶面积，l 针叶长度，v 为针叶体积，A 为油松针叶横截面长轴长度。

用凋落物收集器测定了锐齿栎、油松和华山松林的凋落物量。收集器布设在 8 块固定标准地内，每块标准地 5 个，面积 1.0m×0.5m。同时对伐倒木进行了树干解析。

2 结果与分析

2.1 不同森林类型的树高、材积、叶面积和生物量的估计方程

测定结果表明，不同森林类型建群种树高与胸径，树高、材积、叶面积、生物量与胸径或与树高胸径的乘积之间存在着密切的相关关系。通过回归分析拟合了树高与胸径、材积、叶面积和各器官干重的估计方程（表 1 和表 2）。检验证明，绝大部分回归方程，相关系数都在 0.90 以上，估计精度在 95% 的可靠性水平上也都达到了 90% 以上，从而精确地反映了林分各器官间的异速生长规律。

表 1　火地塘林区天林不同类型树种生物量、材积和树高的估计方程

森林类型	估计项目	回归方程	相关系数	可靠性 95%的估计精度（%）	自变量精度（cm，m）	因变量幅度（kg，m³）
	干	$\ln W_S = 0.992\,53\ln(D^2H) - 3.788\,18$	0.997 63	94.24	$D7.0\sim2.3$	12.543～181.93
锐齿栎林	皮	$\ln W_{BA} = 0.756\,32\ln(D^2H) - 3.924\,50$	0.997 08	95.37	$H11.34\sim17.40$	2.350～18.580
	枝	$\ln W_B = 3.499\,3\ln D - 6.507\,26$	0.965 24	84.27		2.229～101.330

森林类型	估计项目	回归方程	相关系数	可靠性 95%的估计精度（%）	自变量精度（cm, m）	因变量幅度（kg, m³）
锐齿栎林	叶	$\ln W_L = 2.293\,44\,\ln D - 4.885\,81$	0.978 32	84.45	7.00～23.00	0.758～13.310
	根	$\ln W_R = 2.764\,35\,\ln D - 4.208\,17$	0.991 06	89.15		2.904～66.88
	干材积	$\ln V_S = 0.968\,84\,\ln(D^2H) - 10.073\,52$	0.998 07	96.85	D7.00～23.00	0.018 9～0.280 4
	皮材积	$\ln V_{BA} = 0.655\,31\,\ln(D^2H) - 9.431\,91$	0.993 92	94.99	H11.34～17.44	0.004 9～0.030 0
	树高	$1/H = 8.019\,21/D^{2.592\,22} + 0.052\,63$	0.788 14	95.60	—	—
油松林	干	$\ln W_S = 1.040\,86\,\ln(D^2H) - 4.631\,43$	0.995 58	93.70	D4.10～8.00	1.159～49.448
	皮	$\ln W_{BA} = 0.773\,96\,\ln(D^2H) - 4.693\,48$	0.990 37	93.12	H5.23～11.35	0.348～5.419
	枝	$\ln W_S = 2.577\,33\,\ln D - 4.080\,26$	0.991 59	86.37		0.605～33.563
	叶	$\ln W_L = 2.574\,95\,\ln D - 5.117\,12$	0.986 52	73.77	D4.10～18.00	0.244～7.634
	一龄叶	$\ln W_{L1} = 2.555\,471\,\ln D - 5.770\,72$	0.983 14	75.15		—
	二龄叶	$\ln W_{L2} = 2.458\,44\,\ln D - 5.869\,20$	0.984 4	78.70		
	干材积	$\ln V_S = 0.991\,38\,\ln(D^2H) - 10.202\,11$	0.998 23	89.83	D4.10～18.00	0.003 1～0.120 2
	皮材积	$\ln V_{BA} = 0.799\,47\,\ln(D^2H) - 10.632\,77$	0.998 23	93.72	H5.23～11.35	0.000 9～0.016 7
	根	$\ln W_R = 2.286\,92\,\ln D - 4.141\,98$	0.987 92	82.60	4.10～18.00	0.517～13.168
	树高	$1/H = 0.829\,60/D^{1.403\,30} + 0.076\,92$	0.928 99	97.80	—	—
华山松林	干	$\ln W_S = 1.023\,63\,\ln(D^2H) - 4.499\,70$	0.998 02	97.09	D4.0～19.00	0.924～67.548
	皮	$\ln W_{BA} = 0.884\,17\,\ln(D^2H) - 5.384\,72$	0.996 98	96.73	H4.8～13.76	0.221～8.660
	枝	$\ln W_B = 2.575\,51\,\ln D - 4.084\,52$	0.986 56	90.06		0.714～39.562
	叶	$\ln W_L = 2.756\,87\,\ln D - 5.758\,91$	0.980 04	81.56	4.00～19.00	0.163～13.671
	一龄叶	$\ln W_{L1} = 2.659\,681\,\ln D - 6.122\,93$	0.978 5	85.51		—
	二龄叶	$\ln W_{L2} = 2.703\,77\,\ln D - 6.572\,50$	0.969 41	82.30		—
	干材积	$\ln V_S = 0.956\,97\,\ln(D^2H) - 9.957\,83$	0.998 43	96.27	D4.0～19.0	0.003 0～0.149 9
	皮材积	$\ln V_{BA} = 0.787\,72\,\ln(D^2H) - 10.483\,52$	0.997 71	97.09	H4.8～13.76	0.000 9～0.022 2
	根	$\ln W_R = 0.971\,20\,\ln(D^2H) - 5.263\,01$	0.979 27	92.13	D4.0～19.00	0.372～26.177
	树高	$1/H = 1.345\,37/D^{1.708\,00} + 0.071\,43$	0.880 76	98.52	—	—
红桦林	干	$\ln W_S = 0.910\,35\,\ln(D^2H) - 3.793\,26$	0.997 21	88.77	D4.70～20.0	2.813～99.074
	皮	$\ln W_{BA} = 0.810\,21\,\ln(D^2H) - 4.277\,50$	0.996 74	91.22	H7.25～16.30	0.771～15.190
	枝	$\ln W_B = 3.359\,34\,\ln D - 5.935\,11$	0.985 84	84.64	4.70～20.0	0.343～63.919
	叶	$\ln W_L = 2.390\,07\,\ln D - 5.569\,30$	0.987 09	85.19		0.151～4.778
	果	$\ln W_f = 3.933\,94\,\ln D - 12.143\,62$	0.982 56	—	14.0～20.0	0.188～0.738

续表

森林类型	估计项目	回归方程	相关系数	可靠性 95%的估计精度（%）	自变量精度（cm，m）	因变量幅度（kg，m³）
红桦林	根	$\ln W_R = 2.688\,79\,\ln D - 4.336\,07$	0.992 92	88.04	4.70～20.0	0.768～40.963
	干材积	$\ln V_S = 0.958\,52\,\ln(D^2H) - 9.996\,33$	0.996 49	88.40	D4.70～20.0	0.005 7～0.176 1
	皮材积	$\ln V_{BA} = 0.796\,35\,\ln(D^2H) - 10.432\,85$	0.995 42	88.48	H7.25～16.30	0.001 6～0.027 5
	树高	$1/H = 4.988\,42/D^{2.430\,72} + 0.060\,61$	0.872 34	93.51	—	—

注：D 为胸径，H 为树高，W_S 为干干重，W_{BA} 为皮干重，W_B 为枝干重，W_L 为叶干重，W_R 为根干重，W_{L1} 为一龄叶干重，W_{L2} 为二龄叶干重，V_S 为干材积，V_{BA} 为皮材积，W_f 为果干重。表 2 同此。

表 2 火地塘林区人工林树种生物量、材积和树高的回归方程

森林类型	估计项目	回归方程	相关系数	可靠性95%的估计精度（%）	自变量精度（cm，m）	因变量幅度（kg，m³）
油松人工林	干	$\ln W_S = 1.083\,46\,\ln(D^2H) - 4.933\,58$	0.995 96	94.63	D5.30～21.70	2.561～105.519
	皮	$\ln W_{BA} = 0.850\,76\,\ln(D^2H) - 5.247\,73$	0.990 87	91.57	H8.35～14.75	0.584～10.672
	枝	$\ln W_B = 2.746\,51\,\ln D - 4.805\,51$	0.983 58	80.32		0.838～46.060
	叶	$\ln W_L = 2.383\,64\,\ln D - 4.760\,45$	0.973 16	87.25		0.431～11.804
	一龄叶	$\ln W_{L1} = 2.248\,90\,\ln D - 5.258\,25$	0.964 79	83.69	5.30～21.70	—
	二龄叶	$\ln W_{L2} = 2.243\,69\,\ln D - 5.311\,52$	0.978 02	88.70		—
	根	$\ln V_R = 2.597\,20\,\ln D - 4.737\,63$	0.992 96	88.62		0.553～22.938
	干材积	$\ln V_S = 0.990\,20\,\ln(D^2H) - 10.174\,20$	0.998 03	95.99	D5.30～21.70	0.007 8～0.244 2
	皮材积	$\ln V_{BA} = 0.803\,15\,\ln(D^2H) - 10.606\,22$	0.998 15	94.92	H8.35～14.75	0.001 9～0.032 1
	树高	$1/H = 0.873\,21/D^{1.457\,51} + 0.066\,67$	0.755 61	96.08	—	—
华山松人工林	干	$\ln W_S = 1.003\,08\,\ln(D^2H) - 4.336\,4$	0.993 00	97.97	D3.90～16.00	0.73～43.400
	皮	$\ln W_{BA} = 0.825\,04\,\ln(D^2H)$	0.991 33	97.90	H4.70～12.50	0.235～5.054
	枝	$\ln W_S = 2.598\,98\,\ln D - 4.110\,69$	0.981 92	93.80		0.400～20.987
	叶	$\ln W_L = 2.825\,08\,\ln D - 5.681\,99$	0.935 96	89.71		0.023～8.089
	一龄叶	$\ln W_{L1} = 2.740\,38\,\ln D - 6.052\,17$	0.933 31	89.27	3.90～16.10	—
	二龄叶	$\ln W_{L2} = 2.861\,49\,\ln D - 6.775\,73$	0.919 21	90.94		—
	干材积	$\ln V_S = 0.962\,80\,\ln(D^2H) - 10.007\,45$	0.973 28	91.30		0.116～15.840
	皮材积	$\ln V_{BA} = 0.773\,93\,\ln(D^2H) - 10.425\,38$	0.998 03	97.53	D3.90～16.10	0.003 0～0.108 1
	根	$\ln W_R = 1.014\,81\,\ln(D^2H) - 5.716\,31$	0.998 42	98.09	H4.70～12.50	0.000 9～0.016 5
	树高	$1/H = 0.790\,26/D^{1.427\,24} + 0.076\,92$	0.819 37	98.93	—	—

森林类型	估计项目	回归方程	相关系数	可靠性95%的估计精度（%）	自变量精度（cm，m）	因变量幅度（kg，m³）
落叶松人工林	干	$\ln W_S=0.997\,94\ln(D^2H)-4.292\,51$	0.993 12	86.62	$D3.80\sim15.80$	1.207~48.840
	皮	$\ln W_{BA}=0.803\,98\ln(D^2H)-4.535\,35$	0.988 72	83.76	$H5.40\sim12.65$	0.407~8.339
	枝	$\ln W_B=2.045\,97\ln D-2.550\,78$	0.977 2	82.5		1.235~22.210
	叶	$\ln W_L=21.904\,88\ln D-3.447\,04$	0.974 36	76.46	$3.80\sim15.80$	0.392~5.992
	根	$\ln W_R=2.186\,251\ln D-3.462\,36$	0.987 25	90.67		0.683~13.717
	干材积	$\ln V_S=0.950\,76\ln(D^2H)-10.017\,03$	0.997 15	91.16	$D3.80\sim15.80$	0.003 1~0.104 1
	皮材积	$\ln V_{BA}=0.762\,57\ln(D^2H)-10.260\,17$	0.992 81	87.5	$H5.40\sim12.65$	0.001 2~0.018 6
	树高	$1/H=1.905\,68/D^{1.908\,09}+0.068\,97$	0.862 81	95.39	—	—

2.2 主要森林类型乔木层生物量与生产力

火地塘林区 5 个主要天然林的现存量总和为 667.08t/hm²，总木材蓄积量为 834.127m³/hm²，平均现存量为 133.42t/hm²，平均蓄积量 166.825m³/hm²，其中以锐齿栎林的木材蓄积量和现存量最大。青杆林次之，红桦林和油松林相当，华山松林最小（表3）。

表3 火地塘林区主要森林类型的平均生物量及材积蓄积量

森林类型	材积（m³/hm²）			生物量（t/hm²）						
	干	皮	合计	干	皮	枝	叶	果	根	合计
青杆林	169.752	27.853	197.605	59.08	7.75	29.96	22.72	—	13.74	133.25
红桦林	112.486	20.893	133.379	59.08	10.59	20.14	2.34	0.12	17.03	109.30
华山松林	100.086	16.668	116.754	38.41	5.71	21.3	6.28	0.26	12.76	84.72
油松林	136.512	20.846	157.358	53.16	6.50	24.45	9.00	0.6	14.19	107.90
锐齿栎林	195.247	33.784	229.031	124.48	15.62	39.32	6.24	0.12	46.13	231.91
总计	714.083	120.044	834.127	334.21	46.17	135.17	46.58	1.1	103.85	667.08
均值	142.817	24.009	166.825	66.84	9.23	27.03	9.32	0.22	20.77	133.42

森林类型不同，光合产物在各类型树种不同器官上的分配比例亦有较大差别（图1）。由图1可知，生物量在各器官上的分配比例与树种的耐荫性有关。喜光树种通常具有较大的干生物量分配比例，而耐荫树种的叶和枝量时相对较高。火地塘主要天然林干的分配比例以红桦最大，其次分别为锐齿栎林、油松林和华山松林，青杆林最小。叶的分配比例则与此顺序相反。枝量以华山松比例最高，其次为青杆林，油松林、红桦和锐齿栎林。华山松具有多枝性的特点，而红桦和锐齿栎枝量最小，但根系发达，属深根型树种。

青杆根量最小,为浅根型树种。

不同森林类型每器官分配比例的差异反映了各树种生产结构的不同,对于最适生地段各树种的生产结构分析表明,火地塘5种天然林叶子在树冠上的分布的相对位置以红桦和锐齿栎最高,其次为华山松和油松,而云杉最低。阔叶树的生产结构与针叶树相比,树冠较薄,最大枝量和最大叶层部位于树冠的最下层,叶量、枝量比较集中。青杆天然林的冠层明显厚于其他树种,其最大叶量层以下的叶量大于其以上的叶量。说明青杆耐荫性最强,自然整枝较差;华山松和油松则居中,而以红桦和锐齿栎天然整枝最强。另外,根系的层次结构中,青杆最简单,主要位于地表30cm的深度内,锐齿栎则深达65cm,红桦和油松根系分布也较深。生产结构的差异反映了各森林类型的生物学特性。

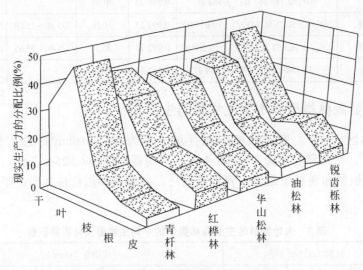

图1 火地塘林区天然林主要类型

火地塘林区天然林的平均蓄积量之和为 35.69m³/(hm²·a),干物质生产量之和为18.785t/(hm²·a)。而各森林类型的平均生产量为3.757t/(hm²·a),平均蓄积产量为7.138m³/(hm²·a)。以各森林类型在其最适生境下的平均生产量和蓄积产量相比,锐齿栎最高,其次为油松林,华山松林,而以红桦林和云杉林最低(表4)。这样的顺序与各森林类型所处地带气候特点,特别是与水热积累量由大到小(由低海拔到高海拔)的递减规律是一致的。分布于低海拔的锐齿栎油松林生产力最大,而位于高中山地区的桦木林和青杆林生产力最低。

表4 火地塘林区天然林主要森林类型的平均生产量及蓄积量

森林类型	蓄积产量 [m³/(hm²·a)]	干物质生产量 [t/(hm²·a)]						
		干	皮	枝	叶	果	根	合计
青杆林	4.205	1.257	0.165	0.637	0.483	—	0.292	2.834
红桦林	2.668	1.182	0.212	0.403	0.047	0.024	0.341	2.209
华山松林	3.850	1.266	0.188	0.701	0.206	0.085	0.418	2.864

森林类型	蓄积产量 [m³/ (hm²·a)]	干物质生产量 [t/ (hm²·a)]						
		干	皮	枝	叶	果	根	合计
油松林	5.245	1.772	0.217	0.815	0.300	0.020	0.473	3.597
锐齿栎林	19.721	3.890	3.890	1.229	0.195	0.038	1.442	7.282
总计	35.689	9.367	9.367	3.785	1.231	0.167	2.966	18.785
均值	7.138	1.873	1.873	0.757	0.246	0.033	0.593	3.757

　　对于现实生产量的研究表明，火地塘天然林干物质现实生产量总和为 68.702t/ (hm²·a)，木材现实生产量总和为 62.708m³/ (hm²·a)。各森林类型的干物质现实生产量平均为 17.740t/ (hm²·a)，木材现实生产量平均为 12.542m³/ (hm²·a)。其中以锐齿栎林的干物质和木材现实生产量最大，青杆林次之，油松林和华山松林居中，而红桦林最低（表5）。各森林类型的现实生产量除与本身的生长特性有关之外，与其林分叶面积指数的大小以及叶的生产效率也有密切的关系。青杆是一个较慢生的树种，在 50 龄左右可能进入迅速生长的时期，加之叶量大，叶生物量可达 22.72t/hm²，可见其叶面积指数是很高的，因而形成了较高的现实生产量。锐齿栎林尽管叶面积指数最低，但其叶生产效率较高，因而其现实生产量最大（表5和表6）。各森林类型的叶生长效率以锐齿栎最高，红桦次之，华山松和油松相当，青杆最低（表6）。

表5　火地塘林区天然林主要森林类型的现实生产量与叶面积指数

森林类型	木材 [m²/ (hm²·a)]			干物质 [t/ (hm²·a)]						叶面积指数
	干	皮	叶	干	皮	枝	叶	根	合计	
青杆林	14.380	1.745	16.125	5.005	0.485	1.926	7.567	0.884	15.867	—
红桦林	5.311	0.907	6.218	2.790	0.460	0.986	2.342	0.851	7.429	3.54
华山松林	9.467	1.371	10.838	3.688	0.480	1.918	3.457	1.139	10.682	12.92
油松林	10.835	1.436	12.271	4.222	0.448	1.799	4.087	1.045	11.601	11.21
锐齿栎林	15.407	1.849	17.256	10.069	1.028	2.492	6.244	3.290	23.123	6.91
总计	55.4	7.308	62.708	25.774	2.901	9.121	23.697	7.209	68.702	34.58
平均	11.08	1.462	12.542	5.155	0.580	1.824	4.739	1.442	17.74	8.645

表6　火地塘林区主要天然林树种的叶生产效率

树种	以叶重计		以叶面积计	
	干物质 [t/ (t·a)]	木材 [m³/ (t·a)]	干物质 [t/ (hm²·a)]	木材 [m³/ (hm²·a)]
青杆	0.698	0.710	—	—
红桦	3.175	2.657	2.099	1.757
华山松	1.689	1.689	0.823	0.822
油松	1.259	1.336	1.033	1.097

续表

树种	以叶重计		以叶面积计	
	干物质 [t/（t·a）]	木材 [m³/（t·a）]	干物质 [t/（hm²·a）]	木材 [m³/（hm²·a）]
锐齿栎	3.706	2.765	3.346	2.497
总计	10.527	9.157	7.301	6.173
均值	2.105	1.831	1.825	1.543

各森林类型现实生产力在干的分配比例以锐齿栎林和红桦最高，其余类型相当，枝的分配比例以华山松最大，其次为油松和红桦，青杆和锐齿栎最低；叶的分配比例以青杆最大，红桦、华山松和油松相当，锐齿栎最低（图2和图3）。说明锐齿栎和红桦具有较大的木材生产效率。

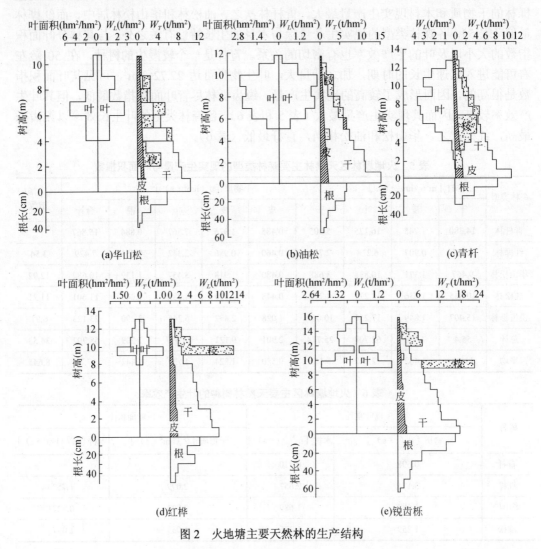

图2　火地塘主要天然林的生产结构

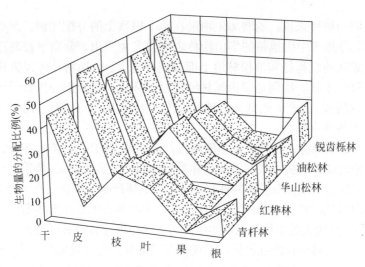

图 3　火地塘 5 个森林类型现实生产力在各器官的分配比例

2.3　海拔与生物量及生产力的关系

随着海拔的变化，火地塘林区的森林植被不仅类型不同，而且结构及生物量都随之变化。研究表明，火地塘林区 5 个主要森林类型最大生物量除青杆林外均随海拔的升高而降低（图 4）。生物量也随海拔变化而变化。各森林类型在最适海拔处生物量最大，而较低和较高的海拔上生物量均逐渐降低（图 4）。此外，主要森林类型在最适海拔处地上/地下部分生物量的比值随着海拔的升高而升高。锐齿栎林在海拔 1500m 至 1560m 处的地上/地下部分生物量为 4.24；油松最适海拔 1560m～1640m，地上/地下部分生物量比值 4.9；华山松林最适海拔 1850～1900m，地上/地下部分生物量比值 6.58。各森林类型在其分布的海拔范围内，地上/地下部分生物量比值随海拔升高而减小（图 5）。这反映

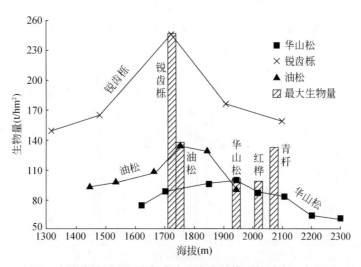

图 4　火地塘林区不同海拔高度下各森林类型的乔木层生物量

了高海拔对于同一树种来说，能增加生物量在地下根系上的分配比例，而不利于地上部分生长，特别是分布于中山地带的华山松林表现得尤为突出。分布于较高海拔区的华山松林比较低海拔区的锐齿栎和油松林地上部分现存量大。火地塘林区锐齿栎林和油松林均为次生林且屡受干扰，特别是锐齿栎林经反复破坏后，地上部分生长受到抑制，而根系生长相对增加所致。此外，较低海拔地区坡度一般较小，土层厚，有利于根系的生长。故而积累了较大的现存量。

现实生产力最大值除青杆林外都呈随海拔升高而降低的趋势。但是各森林类型的现实生产力的最大值出现的海拔一般高于该森林类型分布的最适生海拔，特别是油松性和锐齿栎林，这是由于分布于较低海拔区的林分，受人为破坏严重，致使生产力降低，最大现实生产力向较高海拔处转移。各森林类型的现实生产力在各自的适生海拔范围内呈单峰曲线（图6）。青杆林具有较大的生物量及现实生产力，这与现存青杆林优越的立地条件特别是土层深厚有关。反复被砍伐的红桦林，不仅现存量降低，而且现实生产力最低。

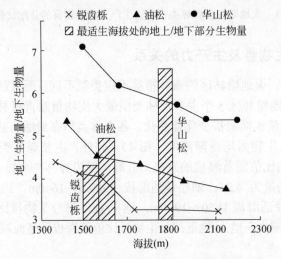

图5　华山松、锐齿栎和油松林地上/地下生物量比值随海拔的变化

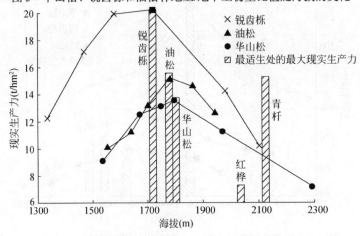

图6　火地塘林区不同海拔高度下为森林类型的乔木层现实生产力

2.4 天然林与人工林生物产量的差异

火地塘林区的人工林类型主要有华山松林、油松林、华北落叶松林及尚未郁闭的云杉林。研究表明，人工林生物量及平均生产量均大于相同年龄的天然林（图 7）。45 龄锐齿栎人工林生物量是天然锐齿栎林的 164%，非同化器官平均生产量是天然林的 138%；20 龄油松人工林生物量是天然林的 192%，非同化器官平均生产量是天然林的 142%。31 龄华山松人工林生物量略大于天然林，非同化器官平均生产量是天然林的 119%。16 龄华北落叶松林现存量为 46.80t/hm²，非同化器官平均生产量为 3.65t/(hm²·a)。人工林的现实生产量也明显大于天然林。这与人工林具有较高的生物量叶分配比例有关，同时人工林叶生产效率亦高于天然林（图 8）。人工措施可以改善林木的生长环境，缓解林木竞争，从而加速了林木的生长，积累了高于天然林的生物量。

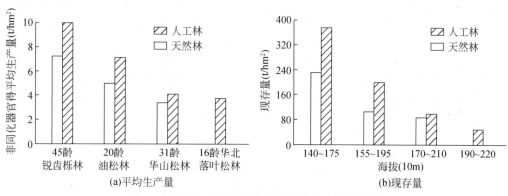

图 7　人工林与天然林现存量和平均生产量的差异

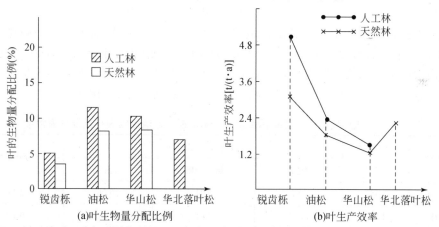

图 8　火地塘天然林与人工林叶生产效率及叶生物分配比例的比较

2.5 林下植被的现存量

火地塘林区天然林林下植被现存量 22.409t/hm²，其中下木枝、叶占 47.79%，根系占 46.20%，草本占 6.01%。森林类型不同，其林下植被的现存量差异显著。5 种主要天然林林下植被现存量平均值为 4.482t/hm² (表 7)。以锐齿栎和油松林下植被现存量最高,华山松和红桦林次之,青杆最低。下木枝叶的现存量以华山松和油松最高,草本茎叶现存量以油松和锐齿栎林最高,红桦和华山松林次之;根系现存量锐齿栎林和红桦林最高,油松林和华山松次之,青杆林最小。说明油松华山松林下灌木发达,但根系发育较差,这是因为现存油松和华山松天然林多分布于山脊和上坡土层浅薄的地段,根系发育受到了影响。锐齿栎和油松林所处的生境水热充足,另外它们多位于低海拔区,屡遭破坏,林下光照充分,因而草本层生长旺盛,而积累了较高的生物量。青杆林下阴暗潮湿,从而限制了灌木和草本植物的发育。

表 7 火地塘林区天然林主要类型林下植被的现存量

森林类型	下木枝叶 (t/hm²)	草本茎叶 (t/hm²)	根系 (t/hm²)	合计 (t/hm²)	占群落总生物量的百分 (%)
青杆林	1.414	0.104	1.247	2.765	3.47
红桦林	2.037	0.118	2.396	4.551	3.93
华山松林	2.826	0.214	1.917	4.967	5.55
油松林	2.655	0.576	1.874	5.105	4.11
锐齿栎林	1.778	0.334	2.919	5.061	2.37
总计	10.710	1.346	10.353	22.409	
均值	2.142	0.269	2.071	4.482	

2.6 森林凋落量及死地被物的分解特点

火地塘林区锐齿栎、华山松及油松林的年凋落量总和为 10.563t/ (hm²·a)。平均值为 3.512t/hm²。其中华山松的凋落量最大,油松次之,锐齿栎最小。死地被物总量为 98.52t/hm²,平均值为 24.63t/hm² (表 8),随森林类型由低海拔区的锐齿栎、油松林,到较高海拔区的华山松林和青杆林死地被物总量逐次升高。分解常数则随海拔升高而降低。高海拔区低温高湿的环境不利于凋落物分解,故而死地被物积存量较大。

表 8 火地塘林区主要森林类型的年凋落量、死地被物现存量及分解常数

森林类型	年凋落量 (t/hm²)	死地被物 (t/hm²)			分解常数
		凋落层	分解与分解层	合计	
锐齿栎林	3.451	5.02	5.04	10.06	0.343
油松林	3.501	11.21	7.41	18.62	0.188
华山松林	3.611	11.5	17.92	29.42	0.123
青杆林	—	17	23.42	40.42	
合计	10.563	44.73	53.79	98.52	
平均	3.51	11.18	13.45	24.63	—

对华山松、锐齿栎及油松林凋落物分解速率的研究表明,以上 3 个森林类型凋落物的分解主要在 6～9 月进行(图9),这期间分解速率最快,其后则趋于平稳,凋落物失重百分率几乎保持不变。叶的分解速率以锐齿栎最大,华山松次之,油松最小;枝的分解速率以锐齿栎最大,而油松次之,华山松最小。可见阔叶树的枝叶比针叶树的枝叶易于分解,叶的分解速率与凋落物灰分含量的多少相关,据测定火地塘锐齿栎凋落物灰分含量为 13.59%,华山松 8.41%,油松 7.40%。较高的灰分含量,有利于叶的分解。

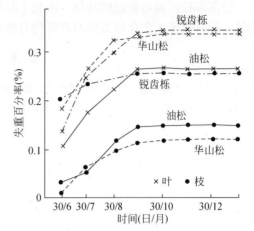

图 9 华山松、锐齿栎和油松林的凋落物分解规律

3 结论与讨论

火地塘林区 5 个主要天然林群落的现存量总和为 689.512t/hm²,其中乔木层占 96.75%,林下植被占 3.25%。死地被物总量为 89.52t/hm²(表 9)。5 个主要天然林群落的现实生产力总和为 68.702t/(hm²·a),以锐齿栎林最高,红桦林最低。平均生产量总和为 18.785t/(hm²·a),仍以锐齿栎最高,红桦林最低。

表 9 火地塘林区主要森林类型的现存量 (单位:t/hm²)

森林类型	乔木层	林下植被	林分总现存量	死地被物层总量
青杆林	133.252	2.765	136.017	40.420
红桦林	109.301	4.551	113.852	
华山松林	84.720	4.967	89.677	29.421
油松林	107.900	5.105	113.005	18.620
锐齿栎林	231.910	5.061	236.961	10.060
合计	667.103	22.409	689.512	89.521

各森林群落类型的生产结构差异较大,其差异与各森林类型的生物学性质相一致。另外,生物量与生产力在各器官上的分配比例也不同,这反映了各森林类型生产力及生物量积累规律的差异以及木材生产价值的优劣。

随海拔的升高,各森林类型的平均生物量和平均现实生产力呈下降趋势,另外群落地上/地下生物量比值减小。这与海拔升高后,水热状况的差异有关。

同一森林类型,人工林具有比天然林更高的现存量和现实生产力。因而人为措施和较高的投入能够提高林分的生产力。

较高海拔区高湿低温的环境，不利于林地凋落物的分解，因而积存了更多的死地被物量。华山松等3个森林类型的凋落物分解集中在6～9月进行，以叶的分解速率最快。

参 考 文 献

[1] 户刈义次. 作物的光合作用与物质生产. 薛德榕译. 北京：科学出版社，1979.

[2] 陈存根. 华山松、白皮松、油松针叶叶面积的测定方法. 陕西林业科技，1982，（4）：48-54.

长武县红星林场刺槐人工林的生物量和生产量*

张柏林　陈存根

┌── 摘要

本文对陕西省长武县红星林场刺槐人工林的生物量、生产量及其分配规律进行了研究和总结，对它们与立地因子之间的关系作了比较分析。

关键词：刺槐；人工林；生物量

20 世纪 70 年代前后，长武县曾大面积营造刺槐（*Robinia pseudoacacia*）林，目前刺槐林在该县森林组成中占有很大比重，为用材和水土保持打下了基础。加强该地刺槐林生物生产量的研究，了解其物质生产的现状以及积累和转化特点，阐明生物产量与立地因子之间相互关系，可以为建立稳定高产的人工林生态系统以及营林活动的展开提供依据。

1　样地的自然条件及概况

供试样地设在长武县红星林场。该地年均降水量 584.11mm，气温 9.1℃，海拔高 1080m。土壤以黄绵土为主。刺槐林多见于沟坡上，平均坡度大于 20°。林分平均胸径 6.9cm，平均高 8.8m，平均密度 2783 株/hm²，平均林龄 15 年。

刺槐林中常见的植物种类有：杜梨（*Pyrus betulaefolia*）、胡枝子（*Lespedeza* sp.）、黄蔷薇（*Rosa hugonis*）、胡颓子（*Elaeagnus* sp.）、早熟禾（*Poa pratensis*）、紫菀（*Aster* sp.）、纤毛鹅冠草（*Roegneria ciliaris*）、蒿属（*Artemisia* sp.）、白草（*Pennisetum flaccidum*）、车前（*Plantago* sp.）、紫花地丁（*Violayedoensis*）、长芒草（*Stipa bungcana*）、委陵菜（*Potentilla fragariodes*）。

2　研究方法

刺愧林多分布于沟壑地形上，故按沟坡位置（沟坡上部、沟坡下部或沟底）设置面积为 0.03hm² 的样地 6 块。在各样地内依常规法进行测树调查，按各径阶的胸径和树高分别选出林分径阶标准木和平均标准木 31 株。标准木伐倒后，以每米区分段测定树干、

---

*　原载于：陕西林业科技，1992，（3）：13-17.

枝、叶的生物量，并对伐倒木进行树干解析。根系测定采用全挖法，按照根桩和直径等级（≤0.5cm、≤2.0cm、≤4.0cm、>4.0cm）对整个根系分级称重。

在每块样地内设置 5 块 2m×2m 的小样方，记载下木和草本植物种类，用全刈法分别测定下木和草本干、枝、叶的生物量，并将根系挖出称重。同时，在各样地内又分别设 6 个 1m×1m 的小样方，记载凋落层和分解层的厚度，按枝、叶、果统计凋落物重量。

进行上述生物量测定时，均采集一定数量的样品准确称量，并置于 85℃的烘箱中烘至恒重，求出含水率，以便将各项测定结果换算成干物质重量。

乔木层的现存量用相对生长法推算[1]（见表 1，各方程均取显著性水平 P=0.05）。采用下式估算乔木层的平均净生产量[1]。

$$NPP=Y_{NS}+Y_{NB}+Y_{NL}+Y_{NR}$$

式中，NPP 为乔木层年平均净生产量，Y_{NS}、Y_{NB}、Y_{NL} 和 Y_{NR} 分别为树干、枝、叶和树根的年平均净生产量。

表 1 刺槐各器官生物量回归方程

器官	回归方程	相关系数	胸径幅度（cm）	树高幅度（cm）	精度（%）
树干	$W_S=0.025\,83\,(D^2H)^{0.954\,03}$	0.989 87	4.0～16.0	6.4～14.2	97.8
树皮	$W_{BA}=0.007\,63\,(D^2H)^{0.944\,78}$	0.975 51	4.0～16.0	6.41～4.2	92.3
树枝	$W_B=0.004\,64\,(D)^{3.213\,07}$	0.978 19	4.0～16.0		90.6
树叶	$W_L=0.023\,40\,(D)^{1.927\,08}$	0.954 59	4.0～16.0		92.0
树根	$W_R=0.017\,79\,(D)^{2.644\,80}$	0.939 65	4.0～16.0		88.8

注：D 为胸径，H 为树高，W_S 为干干重，W_{BA} 为皮干重，W_B 为枝干重，W_L 为叶干重，W_R 为根干重。

树干、树皮的现实生产量是由树干解析得到的；树枝、树根的现实生产量是用枝、根生物量的相对生长关系式估算的；树叶现实生产量是直接测定所得。叶面积用方格纸称重法计算。

3 结果分析

3.1 刺槐林群落生物量

该地刺槐林群落生物量经整理列于表 2，林地现存量平均为 56.483t/hm²。乔木层生物量平均为 48.943t/hm²，约占刺槐林群落生物量的 86.7%，各器官的生长趋势是树干>根>枝>皮>叶>果（表 3）。

表 2 刺槐林群落生物量

项目	乔木层	林下植物层	枯枝落叶层	合计
生物量（t/hm²）	48.943	0.425	7.115	56.483
比例（%）	86.7	0.8	12.5	100.0

据统计，刺槐林地枯枝落叶量占群落生物量的 12.5%，受林龄、密度和立地因子的

综合影响[2]。枯枝落叶层主要由落叶、落枝、落果组成（表 4），其中落叶比例最大，约占枯枝落叶层总量的 70.8%，与吉良对温带森林的研究相吻合[1]。

表 3 刺槐林乔木层不同部位的生物量

项目	干	皮	枝	叶	果	根	合计
生物量（t/hm²）	22.265	6.191	8.268	2.552	0.739	8.928	48.943
比例（%）	45.5	12.6	16.9	5.2	1.5	18.3	100

表 4 刺槐林枯枝落叶层生物量

项目	落叶	落枝	落果	合计
生物量（t/hm²）	5.034	1.037	1.044	7.115
比例（%）	70.8	14.8	14.4	100.0

研究表明，刺槐林林下植物生物量常受林龄的影响，并与林分密度呈负相关[2]。因此，林下植物层生物量在刺槐林群落生物量中占的比例很少，仅为 0.8%。按下木枝干、下木叶、草本和根系统计表明（表 5），草本层生物量约占林下植物层生物量的 43.1%，表明该地刺槐林群落层次结构较为简单。

表 5 刺槐林林下植物层生物量

项目	下木枝干	下木叶	草本	根系	合计
生物量（t/hm²）	0.039	0.024	0.183	0.179	0.425
比例（%）	9.2	5.6	43.1	42.1	100.0

Satoo 和 Madgwick 指出，林分地上部分生物量与根系生物量之间存在线性关系[1]。研究表明，刺槐林分地上部分生物量（W_T）与根系生物量（W_R）之间相关紧密，有经验式 W_R=1.555 86+0.184 22W_T（r=0.992 70），根茎之比平均为 0.317，可用之于估算刺槐根系生物量。

一般，枝条生物量（W_{BR}）随着地上部分生物量（W_T）的增加而增加[1]，刺槐林树枝生物量研究表明，两者之间存在线性关系为

$$W_{BR}=-0.277 45+0.213 56W_T（r=0.969 33）$$

林木生长发育过程中，往往形成生长级别大小不同的林木个体，致使生物在不同径级林木中的分布亦有差异。按树木径阶和株数统计生物量得到表 6。结果表明，4～6 径阶树木占整个林分株数的 69.19%，其生物量比例为 28.81%；8～12 径阶的林木株数比例为 25.87%，其生物量比例 46.39%，14～16 径阶的林木株数比为 4.94%，生物量比例 24.80%。显然，该地刺槐林林分结构不合理，呈偏态分布，小径阶林木比例过大，亟待采取抚育措施（截至现地调查时，当地刺槐林还未开展过抚育作业）。一般，用于确定间伐强度指标的方法很多，例如采用伐木的材积占林分蓄积量的百分率或每次采伐木的株数占原林分株数的百分率等表示间伐强度。这里，笔者提出用采伐木的生物量占林分总生物量的百分率来表示间伐强度，这样做有助于更加合理地计算伐木的效益值，做到全树利用。依据表 6，按照留优去劣、伐后林木株数不致太少的要求，笔者认为该地刺槐林若伐除所有 4 径阶林

木以及半数的 6 径阶林木，则用生物量计算出的首次间伐强度为 18.61%，也就是相当于获得了 9.11t/hm^2（18.61%×48.943t/hm^2）的平均干物质量。

表 6　刺槐林中不同径阶林木生物量的比例

径阶（cm）	4	6	8	10	12	14	16	合计
株数（%）	36.92	32.27	14.81	6.06	5.00	3.06	1.88	100.0
生物量（%）	8.41	20.40	18.42	13.43	14.54	12.64	12.16	100.0

3.2　刺槐林的生物生产力

林木的净生产量是衡量树体有机物质积累的重要指标。测算表明，该地刺槐林乔木层的年平均净生产量为 6.478t/（hm^2·a），其中干、皮、枝、叶、果和根的年净生产量分别是 1.554t/（hm^2·a）、0.431t/（hm^2·a）、0.578t/（hm^2·a）、2.552t/（hm^2·a）、0.739t/（hm^2·a）和 0.624t/（hm^2·a）。与北京西山 31 年生刺槐林的年平均净生产量[1.55t/（hm^2·a）][3] 相比，该地刺槐林年平均净生产量要高出约 4.2 倍，说明该地刺槐林的生产力还是比较高的。

树木的现实生产量指林木在近一年内的生产量，它是用距近一年的树干解析资料结合相对生长关系式求算的。结果表明，该地刺槐林乔木层的现实生产量为 8.966t/（hm^2·a）（表 7）。从有机物质分配比例看，当年物质生产中树干（干+皮）要占 40.6%，居优势。树叶比例为 28.5%，这意味着约 1/3 的有机物质要用于当年树叶的生长发育。刺槐林干物质生产效率计算表明，单位叶量（或叶面积）一年中所生产的地上部分干物质量是 1.775t/（hm^2·a）（以叶面积计）或 3.064t/（t·a）（以叶量计）。

表 7　刺槐林乔木层的现实生物量

项目	干	皮	枝	叶	果	根	合计	LAI
现实生物量（t/hm^2）	2.848	0.789	0.977	2.552	0.739	1.061	8.966	4.47
比例（%）	31.8	8.8	10.9	28.5	8.2	11.8	100.0	

注：LAI 为叶面积指数。

3.3　立地条件与刺槐林的生物生产量

立地条件不同，刺槐林生物量亦有差异。按坡位整理刺槐林群落生物量表 8 表明，坡下部刺槐林群落生物量是坡上部刺槐林群落生物量的 1.43 倍。两种立地乔木层生物量经计算列表 9。结果，坡下较坡上乔木层生物量高出约 146.8%，树干（干+皮）生物量高出约 150%，树冠生物量高出约 146.5%，根系生物量高出约 137.7%。显然，刺槐林营造和栽培中应注重坡位的选择。

表 8　刺槐林群落生物量与立地条件的关系　　　　（单位：t/hm^2）

立地条件	乔木层	林下植物层	枯枝落叶层	合计
坡上部	37.299	0.329	6.201	43.829
坡下部	54.766	0.491	7.645	62.902

表9　刺槐林乔木层生物量与立地条件的关系　　　　（单位：t/hm²）

立地条件	干	皮	枝	叶	果	根	合计
坡上部	16.693	4.649	6.469	2.103	0.252	7.133	37.299
坡下部	25.052	6.961	9.168	2.777	0.983	9.825	54.766

　　现实生产量反映了林分目前的生产力状况。测算表明（表10），坡下部较坡上部刺槐林乔木层的现实生产量高出约 155.5%，树干（干+皮）高出约 152.3%，树冠高出约 158.9%，根系高出约 153.3%。显然，立地条件不同，有机物质积累的速率有差异。叶是主要的光合作用器官，其物质生产效率的多少决定着林木净生产量的变化，成为影响有机物质积累速率的重要因子。一般，立地条件较好的林分，叶效率也较高[1]。两种立地条件叶效率的进一步计算表明，坡下部刺槐林单位叶量（或叶面积）一年中所生产的林分地上部分干物质量是 1.936t/（hm²·a）（以叶面积计）或 3.227t/（t·a）（以叶量计），而坡上部刺槐林则为 1.437t/（hm²·a）（以叶面积计）或 2.739t/（t·a）（以叶量计）。若以坡上刺槐林的物质生产效率作为基准值，则坡下与坡上刺槐林叶效率相差约 34.7%（以叶面积计）或 17.8%（以叶量计），可见两者的差异是比较明显的。

表10　刺槐林乔木层现实生产量与立地条件的关系　　　　（单位：t/hm²）

立地条件	干	皮	枝	叶	果	根	合计
坡上部	2.111	0.586	0.710	2.103	0.252	0.783	6.545
坡下部	3.216	0.891	1.110	2.777	0.983	1.200	10.177

4　结语

　　长武县红星林场刺槐林群落生物量平均为 56.483t/hm²，其中乔木层、林下植物层和枯枝落叶层生物量分别占总量的 86.7%、0.8% 和 12.5%。乔木层年平均净生产量是 6.478t/（hm²·a），现实生产量为 8.966t/（hm²·a）。坡下与坡上刺槐林相比，前者群落生物量较后者高 1.43 倍；乔木层的生物量和现实生产量分别高出约 146.8% 和 155.5%，这可能与两者叶子生产效率的差异有关。

参 考 文 献

[1] Satoo T，Madgwick H A I. Dordrecht：Forest Biomass. Martinus Nijhoff/Dr. W. Junk Publishers，1982.

[2] 张柏林. 刺槐人工林林地凋落物量和林下植物生物量与立地因素间相关关系的研究. 生态学杂志，1991，10（4）：23-25.

[3] 陈灵芝，任继凯，陈清朗，等. 北京西山人工洋槐林的生物量研究. 植物学报，1986，28（2）：201-208.

陕北黄土丘陵沟壑区人工刺槐林土壤养分背景和生产力关系研究*

郝文芳　单长卷　梁宗锁　陈存根

摘要

通过对陕北黄土丘陵沟壑区半阴坡、半阳坡、阳坡 11 龄人工刺槐林土壤有机质、全氮、有效氮、速效磷、速效钾含量、土壤含水量和刺槐的株高、冠幅、胸径、新枝进行测定分析，结果表明：①该区土壤肥力水平偏低，有效养分缺乏。②整个生长季内，三个立地条件的土壤养分含量是：生长初期＞生长中期＞生长末期，说明林地自肥能力弱，地力在逐渐地衰退。③不同立地类型之间，土壤养分含量差异不显著，三个立地条件下的人工刺槐林土壤含水量差异显著，而三个立地条件下的刺槐生长量却有差异，因此认为，引起刺槐林生产力差异的主要原因是土壤含水量，土壤养分的缺乏，更加恶化了刺槐的生长条件。要想彻底改变刺槐生长"小老树"的局面，必须从根本上改变人工刺槐林的水肥条件。④三个立地条件之间，刺槐的生长量、土壤养分含量和土壤含水量大小均为：半阴坡＞半阳坡＞阳坡，所以，在建造人工刺槐林时，在半阴坡、半阳坡、阳坡三个立地类型之中，宜选择在立地条件好的半阴坡进行。基于上述分析，在陕北黄土丘陵沟壑区进行林草植被建设时，必须慎重考虑不同立地条件下的土壤水分生态环境和土壤养分背景。

关键词：人工刺槐林；立地类型；土壤养分背景；生产力

刺槐（*Robinia pseudoacacia*）是黄土高原水土流失区引种最成功的造林树种之一。刺槐较耐干旱，但在降水少的黄土丘陵沟壑区，往往形成"小老树"[1]。"小老树"是低产林的典型类型，不仅生长缓慢，经济效益低下，而且由于林地长期不能郁闭形成森林环境，难以适应经济发展和环境治理的需要。这对黄土高原生态环境建设极为不利[1]。已有的研究结果表明，人工林不仅具有显著的水土保持功能，而且能改善土壤的肥力[1, 2]。有关人工林地土壤养分方面的报道很多[2-7]，但多集中在人工恢复过程的土壤性质变化，

＊原载于：中国农学通报，2005，21（9）：129-135.

人工林地土壤肥力评价、人工林地力维护、人工林对土壤的培肥效应、不同植被演替阶段土壤养分特征、不同利用年限人工林地土壤养分演变等方面，而对相同林龄、不同立地条件的人工刺槐林土壤养分背景和生产力关系研究的报道却很少见。本文着重对陕北黄土丘陵沟壑区人工刺槐林土壤养分背景进行探讨，分析其生产力差异的原因，为人工林建造过程中的立地条件选择提供依据。

1 研究地区自然概况

实验区位于安塞县高桥乡北宋塔流域，属中温带半干旱大陆性季风气候，多年平均气温 8.8℃，极端最高气温 36.8℃，极端最低气温-23.6℃；年平均日照时数 2397.3h，总辐射量 117.74kcal[①]/cm³，≥0℃的活动积温 3824.1℃，≥10℃有效积温 3524.1℃，无霜期平均 157d；多年平均降雨量 513mm，每年的降雨多集中在 7、8、9 三个月；年蒸发量 1490mm；总体上属于土壤水分亏缺型利用地区。土壤类型主要为黄绵土，部分区域为黑垆土和灰褐土，在沟坡深层中还有红胶土。

该区土壤肥力状况是：土壤贫瘠，基础肥力低，有效养分缺乏[8]。区内地形复杂多变，地形主要为梁峁状黄土丘陵，沟谷发育，土壤侵蚀作用十分强烈，水土流失严重，生态环境恶化。植被类型主要为人工刺槐林和天然草地。

2 研究方法

选择试区土壤没有因自然因素而导致地形的变迁或因人为因素而引起的土壤物质再分配的地段，在保证样地黄土母质相同的情况下，选择坡度、海拔大致相似的半阴坡、半阳坡和阳坡（表 1）11 龄的人工刺槐纯林，样方大小为 20m×20m，进行了两因素无重复实验，用土钻法取土，对角线法取样，每个样地打五钻，深度为 0~600cm，分六个土层，土层分别为 0~40cm、40~100cm、100~220cm、220~340cm、340~460cm、460~600cm。同一样地五个重复的土样按相同层次均匀混合，风干后在实验室测定其土壤养分的含量。土壤养分分别测定其有机质、全氮、有效氮、速效磷、速效钾。

表 1 三种立地基本情况

立地条件	刺槐密度（株/hm²）	坡度（°）	海拔（m）	样地内灌草生物量（kg/hm²）
半阳坡	2800	28	1200	3300.00
阳坡	2300	26	1240	1664.66
半阴坡	3000	27	1195	4583.33

生长量的测定：在半阴坡、半阳坡和阳坡选择 20m×20m 11 龄人工刺槐纯林样地三块，分别在生长初期（2002 年 5 月）、生长旺季（2002 年 7 月）、生长末期（2002 年 9 月），用游标卡尺测量样地内各树的胸径，按季计算其平均值作为每个生长季胸径的大

---

① 1cal=4.1868J。

小；新枝生长的测定：在生长初期，对 100 个左右长短基本相同的新枝作标记并记录其长度，然后在生长旺季、生长末期，测量已做标记的枝条的长度，计算其平均值作为每个生长季新枝的生长数据；冠幅、株高用目测法，测定的范围为样地内的所有刺槐，最后取其平均值作为冠幅、株高的数据；为了更好地计算其生物量，于 2002 年 9 月对刺槐林下草、灌丛生物量进行测定，样方大小为 3m×3m；并测定样地内刺槐的密度，用 GPS 测定各样地的坡度、海拔。

土壤全 N 的测定用半微量开氏法（K_2SO_4-$CuSO_4$-Se 蒸馏法），有效 N 的测定用碱解扩散法，速效 P 的测定用 0.5MNaHCO$_3$ 法，速效 K 的测定用 NH_4OAc 浸提，火焰光度法，有机质的测定用重铬酸钾容量法—外加热法[9]。

土壤含水量的取样方法、取样深度和分层深度同土壤养分，测定用烘干法，在 105℃下烘 8h 恒重后称重。

3 结果与分析

3.1 不同立地条件下刺槐林地土壤有机质变化规律

土壤有机质是维系土壤良好理化性质的基质，其含量的丰歉，在很大程度上标志着土壤肥力水平的高低，因而成为衡量土壤肥力高低的重要指标。土壤有机质是植物营养的重要来源，土壤中 95%以上的氮素，全部的有机磷，部分钾素和微量元素来自有机质。它在植物营养和发育过程中起着十分重要的作用。

从图 1 可知，生长初期、生长旺季、生长末期，半阳坡、半阴坡、阳坡三个立地条件刺槐林土壤有机质的含量均是 0～40cm 土层的明显高于其他土层，说明表层土土壤有机质含量丰富。在整个垂直剖面上，随着土层深度的增加，土壤有机质含量呈递减趋势。各林地土壤有机质含量表层大于低层，主要原因为林地土壤表层有机质大多来源于凋落物的分解，受凋落物分解速率制约[10]，表层获得的分解物多。在 100cm 土层处，有机质含量急剧减少，这主要是因为刺槐林下生长的灌草的根系大部分在这一层分布[11, 12]，吸收消耗的有机质量多。同时在整个年生长季内，三个立地条件的刺槐林地土壤有机质含量从大到小的顺序均是：半阴坡＞半阳坡＞阳坡。

由图 1 可知，从生长初期、生长旺季到生长末期，刺槐林地每一土层土壤有机质含量均有不同程度的下降，这主要是经过了一个生长季的消耗，人工刺槐林土壤养分没有得到补充，使得刺槐林土壤有机质含量降低。林地土壤有机质含量提高的途径，主要是由生长在土壤上的植物残体，包括枯枝落叶、根系等[8]，被微生物分解后归还到土壤里去。在该区，由于植被破坏，土壤侵蚀严重，林地多是人工刺槐林的单优群落，林下灌丛的盖度低，群落抵抗外界干扰的能力差，在夏季多暴雨的情况下，部分枯枝落叶被雨水冲走，归还到土壤中去的有机质量少，使得土壤有机质含量极低，根据养分分析所得数据，参照陕西省土壤有机质含量分级标准，有机质含量属于 9 级[8]，属于比较低的水平。在这种养分背景下，假如土壤含水量能够满足刺槐生长的需要，刺槐能否正常生长，还有待于进一步研究。

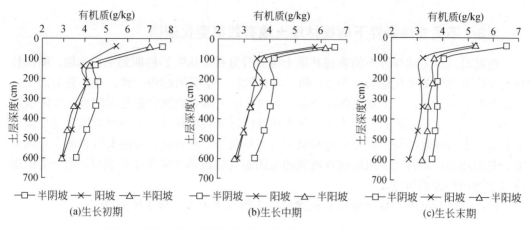

图1　不同立地条件不同生长时期刺槐林地土壤有机质的含量

3.2　不同立地条件下刺槐林地土壤全氮含量变化规律

　　土壤全氮含量是土壤肥力的主要指标之一,土壤中氮素含量的多少主要决定于土壤有机质含量的多少,一般来说,这两者之间有平行关系,土壤全氮含量是随着土壤有机质含量的增高而增加[8]。从图2可以看出,土壤全氮含量和土壤有机质含量有相同的趋势:在生长初期、生长旺季和生长末期,半阳坡、半阴坡以及阳坡三个立地条件的土壤全氮含量均是0～40cm土层的明显高于其他土层,说明表层土土壤全氮含量丰富。同样,在整个垂直剖面上,随着土层深度的增加,土壤全氮含量呈递减趋势。在整个年生长季内,三个立地条件下的人工刺槐林地土壤全氮含量从大到小的顺序均是:半阴坡>半阳坡>阳坡;说明半阴坡的土壤全氮营养条件最好,阳坡最差。三个生长季刺槐林地土壤全氮含量从大到小的顺序为:生长初期>生长旺季>生长末期,这说明本区人工刺槐林的土壤全氮含量在被消耗、降低。参照陕西土壤分级标准,试区0～600cm范围内土壤全氮含量为7级[8],属于低水平的全氮含量。

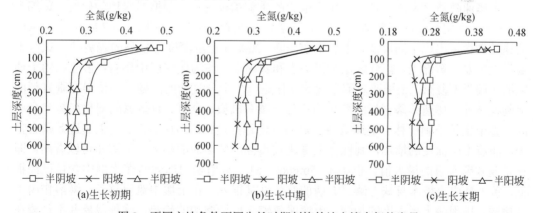

图2　不同立地条件不同生长时期刺槐林地土壤全氮的含量

3.3 不同立地条件下刺槐林地土壤有效氮变化规律

通过对三个立地条件下的刺槐林地土壤养分分析，从生长初期到生长末期，刺槐林地的土壤有效氮的变化趋势（图3）和土壤有机质、全氮的趋势一致，在垂直剖面上，表层含量高于底层，三个立地条件之间，刺槐林地土壤有效氮含量是半阴坡＞半阳坡＞阳坡，同样从生长初期到生长末期，刺槐林地的养分被消耗掉，土壤有效氮含量呈降低的趋势。土壤有效氮与土壤有机质和全氮有密切关系，有效氮含量随着有机质含量或全氮含量的增高而增高[8]。出现这种现象的原因也与枯枝落叶多集中在表层，这一层的根际微生物活动强烈所致。

陕北黄土丘陵沟壑区土壤有效氮含量以7级以下为主，属于低氮区[8]。

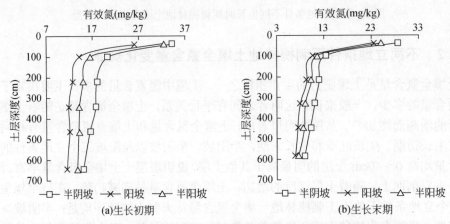

图3 不同立地条件不同生长时期刺槐林地土壤有效氮的含量

3.4 不同立地条件下刺槐林土壤速效磷含量的变化规律

土壤速效磷含量水平是土壤供磷能力的重要指标之一，根据对农地的研究，黄绵土0～100cm土层深度的速效磷含量随土层深度的加深而减少，黑垆土0～200cm土层深度的速效磷含量出现中间层低，表层土和100～200cm土层深度含量高的趋势[8]。试区土壤类型主要为黄绵土，部分区域为黑垆土和灰褐土，在沟坡深层中还有红胶土。由于该区的土壤类型复杂，土壤速效磷含量的变化是一个十分复杂的问题[8]，使得在垂直剖面上刺槐林地土壤速效磷含量的变化趋势与土壤有机质、全氮、有效氮的变化趋势完全不同，整个生长季刺槐林土壤速效磷含量的变化趋势是：0～100cm 土层土壤速效磷含量少，随着土层深度的增加，刺槐林土壤速效磷含量呈增加的趋势。从图4可以看出，即使是速效磷含量的最大值，也小于 5mg/kg，这个数值表明速效磷在土壤中含量已经很低。黄土高原土壤本身缺乏磷[8]，磷的有效性又很差，在土壤中难以移动，淋溶作用十分微弱，出现随土层深度的加深，土壤速效磷含量呈增加的趋势，这种现象并不是磷在土壤深层富集，而是上层有效磷被消耗掉，在此也进一步说明陕北黄土丘陵沟壑区人工刺槐林的地力在衰退。

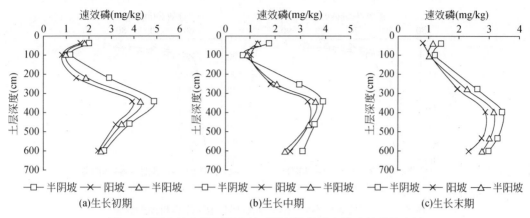

图4　不同立地条件不同生长时期刺槐林地土壤速效磷的含量

分析图 4（a）、（b）、（c）可以得出，在不同的生长季，土壤速效磷含量的变化是生长初期＞生长中期＞生长末期，不同的立地条件之间，土壤速效磷含量的大小顺序为：半阴坡＞半阳坡＞阳坡，这一点和土壤有机质、全氮、有效氮含量的变化趋势相同。

3.5　不同立地条件下刺槐林地土壤速效钾含量的变化规律

刺槐林地土壤速效钾含量的变化和土壤有机质、全氮、速效氮含量的变化有相似之处，但是速效钾和速效磷一样，变化比较复杂。土壤的供钾能力与土壤全钾含量密切相关，全钾含量主要决定于土壤中的含钾矿物，含钾矿物组成和数量基本相同的土壤，全钾含量也基本相等[8]。试区土壤中的含钾矿物基本一致，不同立地类型之间土壤速效钾的含量，主要决定于土地的利用方式和植被的消耗量。

从图 5 可知，生长初期和生长末期，三个立地条件下的刺槐林土壤速效钾含量有相似的变化规律，0～40cm 土层含量高于其他的土层深度，40cm 以下土层土壤速效钾含量稳定在 50～70mg/kg。根据陕西土壤分级标准，试区速效钾含量为 7 级，含量仍是比较少。从植物营养的观点来看，土壤中的钾素可以分为三部分：第一部分是植物难以利用的钾，主要存在于原生的矿物中，这是土壤全钾含量的主体；第二部分是缓效钾，主要存在于层状黏土矿物晶格中以及黏土矿物的水云母中，这是速效钾的储备；第三部分是速效钾，以交换性钾为主，也包括水溶性钾。缓效钾与交换性钾之间存在着缓慢的可逆平衡，交换性钾和水溶性钾之间却存在着快速的可逆平衡[8]。出现表层速效钾含量略高，40cm 以下土层土壤速效钾含量稳定在 50～70mg/kg 的可能原因，一个是速效钾在表土层进行了富集，另一个是缓效钾及时补充到土壤的整个剖面。

在不同的生长季，土壤速效钾含量的变化是生长初期＞生长末期，不同的立地条件之间，土壤速效磷含量的大小顺序为：半阴坡＞半阳坡＞阳坡。

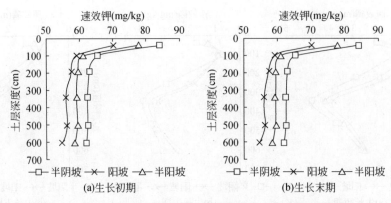

(a)生长初期   (b)生长末期

图5　不同立地条件不同生长时期刺槐林地土壤有机质的含量

3.6　三个立地条件下的刺槐林地土壤养分差异性比较分析

用 DPS 软件对数据进行处理，初步总结出，从生长初期至生长末期的整个生长季内，半阴坡、半阳坡和阳坡三个立地条件下的 11 龄刺槐林地土壤有机质、土壤全氮、土壤有效氮、土壤速效磷、土壤速效钾含量差异均不显著。

3.7　不同立地条件下刺槐林地土壤含水量的变化规律

从表2可知，生长初期、中期、末期，三个立地条件之间，土壤含水量均值从大到小顺序为：半阴坡＞半阳坡＞阳坡。

生长初期三个立地条件之间，半阴坡、半阳坡、阳坡土壤含水量均为极显著差异；生长中期三个立地条件之间，半阴坡和阳坡为极显著差异，半阴坡和半阳坡为显著差异，半阳坡和阳坡为显著差异；生长末期三个立地条件之间，半阴坡、半阳坡、阳坡土壤含水量均为极显著差异。

表2　不同立地条件下的土壤含水量的差异显著性比较

立地条件	5月份	7月份	9月份
半阳坡	7.79Bb	7.12 Abb	6.97Bb
半阴坡	8.18 Aa	7.51 Aa	7.31Aa
阳坡	7.42Cc	6.74Bc	6.74 Cc

注：小写字母（a、b、c）代表差异显著性 $P=0.05$ 水平，大写字母（A、B、C）代表差异显著性 $P=0.01$ 水平，相同字母表示差异不显著，不同字母表示差异显著。

3.8　不同立地条件不同生长时期刺槐林的生长规律分析

3.8.1　不同立地条件下刺槐株高的生长规律

从图6（a）可以看出，在黄土高原自然条件下，生长 11 年的人工刺槐林，其株高在不同立地条件下是不同的，三个坡向刺槐平均株高从高到低的顺序为：半阴坡＞半阳坡＞阳坡，半阴坡和半阳坡差别小，阳坡却远低于半阳坡和半阴坡。不同生长时期，三个立地条件下其株高有相似的规律，5月份，刺槐开始生长，到了生长旺季的7月底，此时雨水适宜，光照充足，刺槐枝繁叶茂，其株高明显大于生长初期；生长末期，刺槐基本上已停止生长，但从7底月到9月底这段时间，刺槐仍有一个小幅度的生长，从图上可以看出，从5月到7月的生长幅度大于从7月到9月的生长幅度。

3.8.2　不同立地条件下刺槐冠幅的生长规律

图6（b）表示了不同立地条件下生长了11年的人工刺槐林5月份、7月份的平均冠幅情况，如图所示，三个立地条件之间，冠幅从大到小的顺序为：半阴坡＞半阳坡＞阳坡；不同生长时期冠幅的大小也不同，三个立地条件下的冠幅从大到小均是：7月份＞5月份。

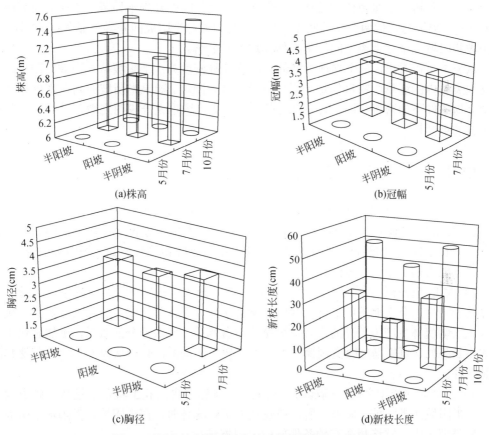

图6　不同立地条件不同生长时期刺槐林的生长情况

3.8.3　不同立地条件下刺槐胸径的生长规律

不同立地条件不同生长时期11年人工刺槐林的平均胸径如图6（c）所示，不同立地条件，在不同的生长时期平均胸径是不同的；不同立地条件平均胸径从大到小为：半阴坡>半阳坡>阳坡；在不同的生长时期，平均胸径从大到小为：10 月份>7 月份>5 月份。

3.8.4 不同立地条件下刺槐新枝的生长规律

从图 6（d）可以看出，生长 11 年的人工刺槐林在不同生长时期，不同立地条件下新枝的生长情况是不一样的。因为 5 月份标记时，不同立地条件下选择的新枝的长度大致等长，但 7 月份、10 月份各立地条件下的新枝却出现了明显的差异，新枝不同生长时期从大到小的顺序为：10 月份>7 月份>5 月份；不同立地类型新枝长度从大到小的顺序为：半阴坡>半阳坡>阳坡。

3.8.5 三个立地条件下的刺槐生长差异性比较

经方差分析，刺槐胸径、冠幅在三个立地类型之间差异均不显著；各立地间刺槐新枝的长度，阳坡与其他两个立地间差异显著，半阳坡与半阴坡间差异不显著；而半阳坡、半阴坡和阳坡三个立地类型间，刺槐株高均差异显著。

从表 1 可以看出，三个立地类型的人工刺槐林密度为：半阴坡>半阳坡>阳坡，三个立地类型内的灌草生物量也是半阴坡>半阳坡>阳坡。如果半阴坡的刺槐密度和其他两个立地条件下的密度相同，其生产力差异会更大，这也充分说明立地条件对人工刺槐林生长的重要性。

4 小结

1）试区土壤养分测定结果表明，土壤肥力水平偏低，有效养分缺乏。

2）三个生长季内，三个立地条件下刺槐林地的土壤养分含量是：生长初期>生长中期>生长末期，说明经过一个生长季的消耗，枯枝落叶物等归还到土壤中去的养分少，林地自肥能力弱，地力在逐渐地衰退。

3）人工刺槐林的不同立地类型之间，土壤养分含量差异不显著，土壤含水量差异极显著，同时三个立地条件下刺槐的生长量有差异，因此总结出，引起陕北黄土丘陵沟壑区人工刺槐林生产力差异的主要原因是土壤含水量，土壤养分的缺乏，更加恶化了刺槐的生长条件。要想彻底改变刺槐生长"小老树"的局面，必须从根本上改变刺槐林的水肥条件。

4）三个立地类型之间，刺槐的生长量、土壤养分含量和土壤含水量从大到小顺序均为：半阴坡>半阳坡>阳坡，所以在建造人工刺槐林时，在半阴坡、半阳坡、阳坡三个立地类型之中，宜选择在立地条件好的半阴坡进行。

基于上述分析，在陕北黄土丘陵沟壑区进行林草植被建设时，必须慎重考虑不同立地条件下的土壤水分生态环境和土壤养分背景。

参 考 文 献

[1] 吴钦孝，杨文治. 黄土高原植被建设与持续发展. 北京：科学出版社，1998：70-157.

[2] 常庆瑞，安韶山，刘京，等. 黄土高原恢复植被防止土地退化效益研究. 土壤侵蚀与水土保持学报，1999，5（4）：6-9.

[3] 胡鸿，刘世全，陈庆恒，等. 川西亚高山针叶林人工恢复过程的土壤性质变化. 应用与环境生物学报，2001，7（4）：308-314.

[4] 李瑞雪，薛泉宏，杨淑英，等. 黄土高原沙棘刺槐人工林对土壤的培肥效应及其模型. 土壤侵蚀与水土保持学报，1998，4（1）：14-21.

[5] 许明祥，刘国彬. 黄土丘陵区刺槐人工林土壤养分特征及演变. 植物营养与肥料学报，2004，10（1）：40-46.

[6] 许明祥，刘国彬，卜崇峰，等. 黄土丘陵区人工林地土壤肥力评价. 西北植物学报，2003，23（8）：1367-1371.

[7] 马祥庆，叶世坚，陈绍栓，等. 轮伐期对杉木人工林地力维护的影响. 林业科学，2000，36（1）：47-52.

[8] 陕西省土壤普查办公室. 陕西土壤. 北京：科学出版社，1992：410-468.

[9] 鲍士旦. 土壤农化分析. 3版. 北京：中国农业出版社，2000：14-107.

[10] 庞学勇，刘世全，刘庆，等. 川西亚高山人工云杉林地有机物和养分库的退化与调控. 土壤学报，2004，11（1）：126-133.

[11] 马玉玺，杨文治，杨新民. 陕北黄土丘陵沟壑区刺槐林水分生态条件及生产力研究. 水土保持通报，1990，10（6）：72-75.

[12] 刘康，陈一鹗. 黄土高原沟壑区刺槐林水分动态与生产力的研究. 水土保持通报，1990，10（6）：69-71.

不同经营措施对油茶林生物产量的影响*

冯宗炜　王永安　张家武　郑福瑞　陈存根　邓仕坚

桃源县是湖南省油茶主要产区之一。1978 年笔者在桃源参加自然资源的综合考察中，为了解现有的油茶林不同经营措施对其生物生产力的影响，曾采用标准地法作了初步的探讨。

1　调查方法

在果实近熟时期于相同立地条件和相近年龄的进入盛果期的林分中，根据不同经营措施（三保地、全垦和荒芜）设置标准地，标准地面积为 100～200m²。对标准地内的每株（丛）油茶分别测量实际树高和冠幅，用算术平均法求得平均树高和平均冠幅，然后在标准地内和附近选择 1～2 株能代表该林分的平均树高和平均冠幅的植株作为标准木。将标准木贴地面伐倒，用分层切割法在现场测定干、枝、叶、果实和根的鲜重，采集各器官部分的样品，置于干燥箱内，保持80℃的恒温，烘干至恒重，并计算出各器官部分的含水率和干物质重量。根据平均木各器官部分的干物质重量，再乘以单位面积上油茶的株数，即得单位面积油茶林各器官部分的生物量，累计相加即得油茶林林木层的生物量。

油茶叶面积按重量法计算，即在选定的标准木的树冠不同层次和不同方位，摘取一定数量的叶片（30～40 片），将叶片平铺于坐标方格纸上，描绘叶面积，求出单位鲜叶重的叶面积（m²/kg），再乘以单株树木和林分的总鲜叶重，即得单株或林分的叶面积。

2　油茶各器官部分相对生长关系

植物各部分之间，各部分与整体之间，都存在着一定的相对比例生长的关系。这种关系随着人为经营措施的不同，通过重新分配达到新的平衡。在油茶林内，叶子是进行光合作用的主要器官，叶量越大，叶面积越大，产生的物质也越多。油茶林冠和一般果树相似，都呈疏开结构。利用叶量（W_L）作自变量，果量（W_F）、干量（W_S）和枝量（W_B）为依变量作图，可发现它们之间存在着幂函数的关系，这种关系的数学式用对数回归方

＊原载于：林业科技通讯，1979，（7）：14-16.

程表示（表1）。

表1 叶量与果实、干、枝（干物质量）的回归方程

部分关系	回归方程	r	$S_{y \cdot x}$	$S_{\hat{y}}$
叶与果	$\log W_F = 1.277 \log W_L - 0.245\,84$	0.93	0.212 1	0.094 9
叶与干	$\log W_S = 1.399 \log W_L + 0.251\,1$	0.96	0.858 8	0.384 1
叶与枝	$\log W_B = 0.531\,5 \log W_L + 0.213\,7$	0.80	0.452 1	0.228 5

注：①表中回归方程中，1.277、1.399、0.531 5 为参数 a 值，−0.245 84、0.251 1、0.213 7 为参数 b 值。②表中 r 为相关系数，计算值在 0.80 以上为紧密。③$S_{y \cdot x}$ 为剩余标准差。④表中 $S_{\hat{y}}$ 为计算误差。

3 油茶林的生物产量

油茶林的生物产量是指包括地上部分干、枝、叶和果实以及地下部分根系在内的全部干物质重量。在地形部位相同、林龄相近的林分中，由于人为经营措施的不同，直接影响到植株的光、热、水、肥等条件的差异，反映在植物个体和群体上就产生不同的生物生产力。

3.1 油茶生物量的垂直分布

不同经营措施油茶单株（平均木）地上部分的生产结构如图1所示。图中说明近期未加管理荒芜型油茶植株，树体较矮小，干、枝、叶和果实的干物质重量最小；而三保型油茶植株，树体高大，干、枝、叶和果实的干物质重量最大；全垦型的植株则介于两者之间。从图中还可以看出荒芜型植株果实主要分布在树冠的上部，而三保型及全垦型的植株，则较均匀地分布在树冠的上、中、下各部位。

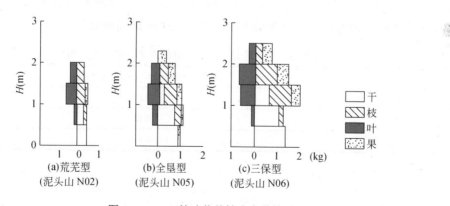

图1　60～70龄油茶单株生产结构

3.2 油茶林的总生物量及各器官部分的生物量

不同经营措施对油茶群体的总生物量和各器官部分的生物量都有明显的差异。由

表 2 得知，无论是总生物量或各器官部分的生物量，三保型的林分均大于全垦型和荒芜型。从总生物量来看，三保型为全垦型的 142%，为荒芜型的 168%；而全垦型的林分又为荒芜型的 118%。植物地上部分干、枝、叶和果实的生物量也有同样的趋势。其中果实的生物量更明显，三保型为全垦型的 206%，为荒芜型的 548%；而全垦型的果实又为荒芜型的 266%。地下部分根系的生物量三保型为全垦型的 105%，为荒芜型的 144%；而全垦型的林分又为荒芜型的 127%。上述情况表明，加强经营管理措施对提高油茶林的生物产量，特别是果实的生物产量有显著的效益。

表 2　不同经营措施与油茶林的生物量

经营措施	总生物量（t/hm^2）	各器官部分的生物量（t/hm^2）				
		干	枝	叶	果实	根系
三保型	37.58	11.58	6.18	4.42	3.40	12.55
全垦型	26.46	5.68	4.55	3.15	1.65	11.43
荒芜型	22.36	5.81	3.52	3.39	0.62	9.02

4　油茶林的净光合经济生产率

培育油茶林主要为的是收获果实，因此，怎样促使油茶的内在生理因素和外部生态条件向利于果实的干物质积累转化是油茶林经营的主要目的。而单位时间内油茶林每平方米叶面积，通过同化作用所积累的干物质分配到果实部分的数量即净光合经济生产率（即叶的果实生产效率），乃是评价油茶林生产力高低的重要指标。由表 3 得知，三保型的净光合经济生产率最高，每平方米叶面积年生产的干物质量平均为 0.13kg；全垦型次之，每平方米叶面积年生产的干物质量平均为 0.10kg；而荒芜型的净光合经济生产率最低，仅 0.06kg。由此证明，在林分叶面积相等的情况下，加强经营管理措施能促进同化作用所积累的干物质更多地分配给果实，从而大幅度提高林分生产力。

表 3　不同经营措施油茶林的净光合经济生产率

经营措施	净光合经济生产率 [kg/（m^2·a）]
三保型	0.13
全垦型	0.10
荒芜型	0.16

植被生物量研究进展*

郝文芳　　陈存根　　梁宗锁　　马　丽

摘要

对植被生物量的研究方法、影响因素进行了综述。结论如下：①传统的地上生物量的测定方法是收获法。在区域尺度上，传统的生物量测定方法缺乏可操作性，现代方法具有不可替代的优势。在区域尺度上，现代植被生物量的估算方法主要有观测估算法、遥感反演法和模型模拟法，3 种估算方法各有利弊。②地下生物量测定的常用方法是土柱样方法，也可采用分层挖掘法。除此之外，通常还采用埋入土柱法和微根区管法，其中微根区管法是当今最先进的方法。③影响地上和地下生物量的主要因素有生物多样性、撂荒地演替阶段、土壤水分和营养、放牧强度等。如何最大限度地发挥影响植被生物量的生态因子，达到控制植被的生物量的目的，是实际生产中应该考虑的。

关键词：植被生物量；研究方法；影响因素

植被生物量直接反映了植被的生长状况以及当地自然环境的变化情况，对植被生物量及其与生态因子的关系进行分析，有助于对植被恢复规律的进一步研究和总结。水热条件的年际和季节的显著变化，是导致植被生物量不断变化的内在原因[1-3]，但前人对生物量的报道大多集中在对植被地上生物量和地下生物量的比例研究方面[4-6]，而对影响生物量的因素研究缺乏。本研究主要对植被生物量的研究方法及植被生物量影响因素进行了综述，以期对植被生物量的测定及其与环境因子的关系研究提供参考，为植被恢复规律的研究、恢复措施的选择和决策提供依据。

1　植被生物量的研究方法

尽管植被生物量的研究已经有多年的历史，但是研究方法的改进并没有多大的变化，传统的方法仍然占据着支配地位。

* 原载于：西北农林科技大学学报（自然科学版），2008，36（2）：175-182.

1.1　地上生物量测定的常用方法

对于草本群落和灌木群落,地上生物量测定采用收割法,用烘干恒重法测定其干物质质量,并用统计学方法求出该样地植被的平均生物量[4]。也可以直接测定其鲜重,这样不仅提高了试验的速度,还减少了环境因素的影响。对于乔木,先找出标准木 2～3 株伐倒,按 2m 长度切割成若干个区分段,用"分层切割法"测定树干、树皮、树枝和叶的鲜重,同时对各器官的样品按"混合取样法"取样。在进行地上生物量测定的同时,一般要把不同的物种包括变种、亚种分开测定。

除此之外,张显理等[7]在测定贺兰山草本植物春季地上部分生物量时,将各样方内样品干物质混合粉碎后,用动物营养学常规方法测定粗蛋白、粗脂肪、粗纤维等营养成分的含量,将上述指标进行统计,作为该区地上生物量。

1.2　地下生物量测定的常用方法

地下生物量测定的常用方法是土柱样方法和分层挖掘法。土柱样方法采用直径为 9cm 的土钻,根据试验设计分不同的土层取样,直到确定土壤中不再有根系为止,用烘干恒重法测定其干物质质量[4]。分层挖掘法将根系按照自然状态挖出,分别按根桩、粗根(2cm 以上),中根(1～2cm)、细根(1cm 以下)分层,分级称取鲜重,并取样,用烘干恒重法测定其干物质质量[4],计算出各器官干物质重量。

除以上两种传统的方法外,土壤基质中根系生物量的动态变化通常采用埋入土柱法[8],即定期取出埋入土壤的土柱,分离并测定土柱中的根量。陈章和等[9]采用了与此法类似的方法,即采用自制的圆柱形不锈钢网柱,安放在潜流湿地的碎石基质中,定期分层取出网柱内的碎石,以观察根系的分布特点;收获网柱内的根,由其测定根系的生物量。

目前,根系研究中最先进的方法是微根区管法[10]。此法不仅能够测定根系的生物量,而且能对根的分枝、伸长速率、长度和死亡情况进行长时间的定量监测,更重要的是能对根进行分解观察,该法将根系生物量研究的最小目标缩小到每一个具体根的分枝,这是其他传统研究方法不可比拟的优势。

1.3　林下植被生物量、凋落物量的测定

在样地内设置小样方,采用"样方收获法"测定。分别测定茎、叶、根鲜重,选取样品,用烘干恒重法测定其干物质,计算其生物量[5]。

1.4　现代科学技术在地上生物量研究中的应用

目前在区域尺度内估计生物量的方法主要有 3 种,分别是观测估算法、遥感反演法和模型模拟法。这些方法各有利弊,可操作性也各有不同。

观测估算法是在生态系统尺度上对植被生物量进行测定。在不破坏植被的情况下,常常通过测定树木的胸径、密度和树高推算植被生物量[6]。通过大规模的实地调查,取得实测数据,建立生物量或相关变量的数据库,并估算区域生物量。观测估算法费时、

费力，且目前还没有统一标准，并且由于样本数量少而使其结果缺少代表性[11]。目前，通过尺度转换将森林清查资料转换到区域尺度的生物量还有一定的难度[12]，而且尺度转换方法只适用于样木密度足够大的区域[13]。

区域尺度生物量估计还可通过对遥感反演资料推算而获得，即利用已有的实地调查资料，建立以环境因子（如温度、降水等）或遥感参数为自变量，以生物量为因变量的回归模型，在此基础上推算生物量。Dong 等[14]探索性地将遥感反演的 NDV1（归一化植被指数）与地面森林清查资料结合推算陆地尺度的植被生物量，而直接利用遥感资料测算生物量的工作尚待展开。

估计区域尺度生物量的第三种方法为模型模拟，由于模型具有普适性与可预测性的优点，因而通过模型估算生物量是一种有效的方法[15]。刘岩等[16]从资源平衡理论和植物生长的生理过程出发，根据半干旱草场生态环境特征，提出了一种区域尺度下的净第一性生产力（net primary productivity，NPP）遥感模型，可利用 MOD1S 数据和气象数据来获取半干旱草地的净第一性生产力。

2 地上生物量的主要影响因素

2.1 生物多样性

常学礼等[17]对不同沙漠化阶段荒漠地区植物多样性与地上生物量的关联统计分析显示，在不同的沙漠化阶段，种多样性指数与沙地草场地上生物量的关联程度均较低；而生活型组和功能型组的多样性指数与沙地草场地上生物量的关联程度较高，但是在不同沙漠化阶段之间关联程度差别较大，在固定沙丘阶段，生活型组多样性与沙地草场地上生物量的关系最为密切。国内外的研究表明，物种多样性与其生产力表现为正相关[18]、对数线性增加[19]、负相关[20]或单峰格局[21]等。李凯辉等[22]研究认为，巴音布鲁克草地的物种多样性与地上生物量呈线性负相关。张彦平和马非[23]研究认为，不同植被恢复措施下封育 5 年草地的主要物种数量不同，以鱼鳞坑中的物种数量最多，封育中的物种数量最少，而生物量的变化与此相反。

2.2 撂荒地演替阶段

植被演替的不同阶段，生物量不同而且其变化有一定的规律性。李海英等[24]通过对不同退化演替阶段植物群落地上生物量分析认为，地上生物量的变化主要取决于环境条件（如温度和水分）的变化及建群种对环境的适应性，随着退化程度的加强，其生物量呈递减趋势。从不同演替阶段枯枝落叶生物量及其在群落中的比例来看，原生植被群落中枯枝落叶的生物量最大，其次为中度退化和重度退化的群落。

2.3 土壤水分

影响土壤水分的主要因素是降水量，其次是地形、植被覆盖程度及蒸发等，这些因素都会导致土壤水分的不同，进而影响地上生物量的变化，这种影响在干旱半干旱地区表现得尤为明显。

就地形而言，一般在沟谷地带由于降水的聚集而有比较充分的水分，在向阳的坡面由于光照强烈，蒸发相对较多，水分保存量相对较少。马玉寿等[25]比较了长芒草（*Stipa bungeana* Trin.）草地和铁杆蒿（*Artemisia sacrorum* Ledeb.）草地的土壤水分状况，发现长芒草草地的土壤水分状况较好，这是由于其地处沟谷阴坡，地面辐射弱，土壤蒸发少，从而使长芒草群落的生物量、盖度等大于铁杆蒿群落。

植被群落生物量的年际变化与降水量变化的相关性存在不同结论。Lauenroth 和 Sala[26]指出，在美国科罗拉多草原，在区域尺度上草原地上净初级生产力与降水量相关性时间序列大。Knapp 和 Smith[27]发现，在大陆尺度上，植被群落地上净初级生产力的年际波动与降水量年际变化之间无显著的相关性。Briggs 等[28]认为草原 NPP 与降水量无显著的相关性，而森林净初级生产力则与降水量呈负相关。Sims 等[29]研究表明，降水量与草原地上净初级生产力呈正相关，与地下净初级生产力呈负相关。

Fang 等[30]指出，中国陆地生态系统生产力的年际变化与降水量的年际波动间关系密切，且年降水越多，群落初级生产力越高。在干旱半干旱的草原区，因为土壤的钙积化，使水分的有效性降低，从而使生产力不高、不稳[1]。草甸草原地上生物量与土壤 30～40cm 土层的水分含量呈极强的正相关[2]。在森林生态系统内，各土层含水量与生物量的相关性并不明显[3]。

黄玫等[6]研究表明，植被总生物量及地下、地上生物量，在暖湿的东南和西南地区大，而在干冷的西部地区小；同类植被生物量的空间分布存在显著的区域性差异，气温高、降水大的区域植被生物量大，低温和干旱地区的小。植被生物量与土壤水分空间分布呈正相关[2]。卢建国等[3]的研究结果表明，在块尺度（80m×80m）上，油篙生物量的空间异质性与土壤湿度的空间异质性呈显著正相关。袁素芬等[31]认为，地下水埋深是影响灌木生物量大小的主导因子。牟长城等[32]指出，森林-沼泽交错区生物量的垂直分布格局，随交错区环境梯度趋于旱化呈现规律性的变化，即随着旱化程度的加强，乔木层生物量逐渐加大，灌木层和草木层生物量逐渐减小。

2.4　土壤营养

在其他因素一定的情况下，土壤的养分决定了植被的生长状况。徐惠风等[33]对乌拉苔草（*Carex meyerina* Kunth.）地上生物量与不同土层土壤养分含量相关性进行了分析，结果表明，地上生物量与不同土层有机质含量的相关系数分别为：0～10cm 土层 -0.423，30～40cm 土层-0.557，60～70cm 土层-0.684，80～90cm 土层 0.251；地上生物量与不同土层土壤硝态氮含量的相关性差异明显，0～10cm 土层相关系数为-0.787，30～40cm 土层为-0.789，60～70cm 土层为-0.789，80～90cm 土层为-0.766；与同土层土壤铵态氮含量的相关性表现为：0～10cm 土层为-0.281，30～40cm 土层为-0.163，60～70cm 土层为 0.035，80～90cm 土层为 0.643；且随着土层深度加深，相关系数呈增加趋势。郑小林等[34]研究表明，施用适量 N 肥和 K 肥能显著促进香根草（*Vetiver zizanioides*）地上部的生长，而过量施用 P 和 K 对香根草叶的生长有抑制作用。王勇和焦念志[35]指出，营养盐是调控海域初级生产力水平的主要因素。

2.5 放牧强度

刘伟等[36]发现，过牧干扰导致草地生产力大幅度锐减，轮牧干扰可以维持稳定的植被生物量。董全民等[37]认为，植被地上生物量随放牧强度的增大呈线性下降趋势，此结论与王仁忠[38]的研究结果一致。赵哈林等[39]认为，草地现存地上生物量随放牧强度增加而显著下降，其中过牧区草地现存生物量随放牧时间的延长而持续下降。汪诗平和王艳芬[40]认为，适牧可以刺激糙隐子草个体地上净光合效率，但在高强度放牧条件下，糙隐子草个体则通过降低地下生产力来达到地上较低的补偿性生长。李金花和李镇清[41]认为，冷蒿（*Artemisia frigida*）种群地上现存生物量随放牧强度（禁牧、轻牧、中牧、重牧）的增加而减少，星毛委陵菜（*Potentilla acaulis* L.）种群地上现存生物量随放牧强度的增加而增大。

2.6 其他因素

草地生物量与环境气候条件关系密切。刘明春等[42]指出，影响天祝县草甸、草原草场地上生物量的主要气象因素是热量和水分。黄富祥等[43]的研究结果表明，不同时期气候因子对植物生长的作用存在显著差异，降水是影响生物量的显著因子，日照时数仅在 6 月对生物量产生显著影响，月平均气温对生物量均无显著影响。

李秋华等[44]认为，晚春浮游植物平均生物量明显高于早春，水温是梅溪水库浮游植物生物量变化的主要限制因子，但是降雨有明显的干扰作用。何斌源等[45]的研究表明，淹水胁迫不利于白骨壤［*Avicennia marina*（Forssk.）Vierh.］生物量的累积。Hovenden 等[46]研究指出，在土壤表面淹水条件下，白骨壤总生物量和根系生物量均显著下降。刘其根等[47]认为，水体营养盐含量增加、水位和水体温度过高、水的流动性增加等是诱发千岛湖水华暴发的重要因素，但是水华暴发的主要原因可能是鲌鲴等藻食性生物的数量过少，导致藻类（Algae）大量繁殖。刘俊华和包维楷[48]指出，苔藓（Bryophyta）斑块生物量与环境因子间的相关性较显著，苔藓生物量受温度、空气湿度、光照强度、灌木层盖度及草本层盖度等因素的影响较大，但不同环境因子对不同斑块苔藓生物量的影响有一定差异，藓丛表面空气状况尤其是温度条件是影响林下地表藓类生物量的主要因素。

王百田等[49]认为，单木总生物量随密度的减小而增大，无论是树干、树枝，还是叶、果的生物量，都与林分密度呈幂函数增长关系。封育措施可以显著提高退化草场的生产力[50, 51]，姚月锋等[51]的研究表明，封育区与未封育区油蒿群落生物量间存在显著差异，封育可以明显提高油蒿群落的生物量。问青春等[52]的研究表明，在林农边界上，边界效应使农田边缘生物量高于农田内部，而使林地边缘生物量低于林地内部。陈泓等[53]等指出，在相对应的海拔梯度上，阴坡灌丛生物量、各层生物量及各器官生物量均大于阳坡；阴坡和阳坡灌丛生物量、各层生物量及各器官生物量，随海拔升高呈现增加的趋势。刘国华等[54]研究认为，岷江干旱河谷灌丛地上生物量随海拔升高而增加。但魏晶等[55]的研究结论却与此相反：植被生物量随海拔升高总体呈逐渐减小的趋势。罗大祥等[56]认为，在未受人为干扰的亚高山，随着海拔的升高，天然植被的地上生物量先呈递增趋势，在一定海拔高度达到最大，之后随海拔的继续升高地上生物量迅速下降。王具元等[57]的研究表明，不同类型沙丘白刺（*Nitraria Sibirica* Pall.）地上生物量差别明显，半固定沙丘白刺生物量最大，迎风坡沙丘生物量大于背风坡生物量。刘凤红等[58]指出，轻微程度（10%～20%）的沙埋能促进羊柴（*Hedysarum mongolicum*）沙埋分株的生长和地上生物量的积累，随着沙埋强度的增大，生物量积累的影响由正效应逐渐转变为负效应。何海等[59]认为，不同恢复阶段的云杉（*Picea asperata* Mast）人工林，总生物量随林龄的增加而持续增长。周道玮等[60]的研究表明，草原春季火烧后，由于当年降水充沛，火烧地植物群落产量提高，第二年降水不足，火烧地植物群落产量低于未烧地，火烧地植物群落地上生物量的绝对增长率大于未烧地。

3 影响地下生物量的主要因素

3.1 水分

由于水分供给的季节性变化和植物生理需水量的季节性差异，使得降水量的季节分配对地下部生物量的增长和积累产生巨大影响。李凌浩等[61]研究表明，年度降水量与年地下生物量呈显著正相关。高青山和胡自治[62]指出，在降水很少情况下，降水量与红豆草（*Onobrychis viciaefolia*）地下生物量的相关性不明显。

3.2 土地利用方式

李凌浩[63]认为，土地利用方式直接引起地下生物量的变化。开垦使土壤有机质充分暴露在空气中，土壤温度和湿度条件得到改善，从而极大地促进了土壤的呼吸作用，加速了土壤有机质的分解，使地下生物量减少。王艳芬等[64]指出，草地开垦为农田后，会损失掉原来土壤的中大量碳素，地下生物量的积累受到影响，同时多年生草本植物被农作物取代，使初级生产固定的碳素向土壤中分配的比例降低，收割又减少了地上生物量的归还，从而引起地下生物量降低。

3.3 放牧强度

李凌浩[63]认为，过度放牧严重影响地下生物量的积累，过度放牧对草地地下生物量的影响机制主要有以下几个方面：一是过度放牧对草地生产力产生严重负效应；其次是家畜采食影响了有机碳由初级生产向凋落物的转化及其向土壤的输入；第三过度放牧可促进草地土壤呼吸的碳释放。土地过度利用（主要是过度放牧）导致土壤有机碳损失，营养的缺乏是地下生物量降低。

4　结论与讨论

4.1　关于生物量的研究方法

4.1.1　地上生物量的测定

地上生物量测定的传统方法是收获法，该法虽然准确，但具有破坏性，因为在保证样本符合统计学要求的情况下，样方的数目要足够多，这样对生态脆弱区植被的恢复有一定的影响。

在区域尺度上，传统的生物量测定方法缺乏可操作性，现代方法具有不可替代的优势。

区域尺度内估计生物量的 3 种方法各有利弊。观测估算法虽不破坏植被，但是费时、费力，且目前还没有统一标准，并且由于样本量少而使其结果缺少代表性。遥感反演法目前还处于探索阶段，直接利用遥感资料测算生物量还有待进一步研究。模型模拟法具有普适性与可预测性的优点，因而通过模型估算生物量是一种有效的方法。

4.1.2　地下生物量的测定

地下生物量测定的传统方法和地上生物量测定一样，对样地具有破坏性，因而人们在力图寻求更加科学合理的方法。

埋入土柱法不但可以测定地下生物量，还可以定期、分层观察根系的分布特点。当今根系研究中最先进的方法是微根区管法，此法不仅能够测定根系的生物量，而且能对根进行长时间的、动态的定量监测。但这两种比较现代的方法对实验仪器、研究区域的封闭性有一定的要求。

4.2　关于植被生物量的影响因素

影响植被生物量的因素主要是非生物因素和生物因素。从生态因子角度出发，非生物因素主要包括气候因子（如温度、水分、光照等）、土壤因子（如土壤的理化性质等）、地形因子（如海拔高度、坡度、坡向等）；生物因素主要是人为因子（如过牧、乱砍滥伐、土地利用方式、植被恢复措施等），其次还包括动物、植物和微生物之间的各种相互作用，以及由生物因素和非生物因素共同作用而产生的植被的不同演替阶段等。

不同地区、不同植被恢复措施，其变化规律是不一致的。不同的演替阶段，其生物量存在差异。在干旱地区，降水量是影响生物量的主要因素，而对于降水量充足的区域，其他因素将成为限制因子。空间尺度上，降水被认为是影响生物量变化的主要因素。但在时间尺度上，有关植物群落生物量的年际变化与降水变化相关性的研究却存在不同结论。土壤的养分在其他因素一定的情况下决定了植被的生长状况。此外，地上部分的密度、植被的恢复措施、放牧的强度等都对生物量产生影响。如何最大限度利用影响生物量的因素，达到控制植被的生物量的目的，是实际生产中应该考虑的。

参 考 文 献

[1] 蔡学彩, 李镇清, 陈佐忠, 等. 内蒙古草原大针茅群落地上生物量与降水量的关系. 生态学报, 2005, 25（7）：45-61.

[2] 刘清泉, 杨文斌, 珊丹. 草甸草原土壤含水量对地上生物量的影响. 干旱区资源与环境, 2005, 19（7）：44-49.

[3] 卢建国, 王海涛, 何兴东, 等. 毛乌素沙地半固定沙丘油蒿种群对土壤湿度空间异质性的响应. 应用生态学报, 2006, 17（8）：1469-1474.

[4] 张娜, 梁一民. 黄土丘陵区天然草地地下、地上生物量的研究. 草业科学, 2002, 11（2）：72-78.

[5] 马明东, 江洪, 罗承德. 四川西北部亚高山云杉天然林生态系统碳密度、净生产量和碳贮量的初步研究. 植物生态学报, 2007, 31（2）：305-312.

[6] 黄玫, 季劲钧, 曹明奎, 等. 中国区域植被地上与地下生物量模拟. 生态学报, 2006, 26（12）：4156-4163.

[7] 张显理, 胡天华, 王巧荣, 等. 贺兰山春季草本植物生物量研究. 农业科学研究, 2005, 26（3）：11-15.

[8] 王长庭, 龙瑞军, 王启基, 等. 高寒草甸不同草地群落物种多样性与生产力关系的研究. 生态学杂志, 2005,（5）：483-487.

[9] 陈章和, 陈芳, 刘谞诚, 等. 测定潜流人工湿地根系生物量的新方法. 生态学报, 2007, 27（2）：668-672.

[10] Fitter A H, Graves J D, Self G K, et al. Root production, turnover and respiration under two grassland types along an alti-tudinal gradient: influence of temperature and solar radiation. Oecologia, 1998, 114: 20-30.

[11] Hese S, Lucht W, Schmullius C, et al. Global biomass mapping for an improved understanding of the CO_2 balance—the earth observation mission Carbon-3D. Remote Sensing of Environment, 2005, 94: 94-104.

[12] Janssens I A, Freibauer A, Ciais P, et al. Europe's terrestrial biosphere absorbs 7% to 12% of European anthropogenic CO_2 emissions. Science, 2003, 300: 1538-1542.

[13] Nabuurs G J, Schelhaas M J, Mohren G M J, et al. Temporal evolution of European forest sector sink from 1950 to 1999. Global Change Biology, 2003, 9: 152-160.

[14] Dong J, Kanfmann R K, Myneni R B, et al. Remote sensing estimates of boreal and temperate forest woody biomass: carbon pools, sources and sinks. Remote Sensing of Enviornment, 2003, 84: 393-410.

[15] Peng C. From static biogeographical model to dynamic global vegetation model: a global perspective on modelling vegetaion dynamics. Ecological Modelling, 2000, 135: 33-54.

[16] 刘岩, 赵英时, 冯晓明, 等. 半干旱草地净第一性生产力遥感模型研究. 中国科学院研究生院学报, 2006, 23（5）：620-627.

[17] 常学礼, 鲁春霞, 高玉葆. 科尔沁沙地不同沙漠化阶段植物物种多样性与沙地草场地上生物量关系研究. 自然资源学报, 2003, 18（4）：26-30.

[18] Naeem S, Tompson L J, Lawler S P, et al. Declining biodiversity can alter the performance of

ecosystems. Nature，1994，368：734-737.

［19］Hector A，Schmid B，Beierkuhnlein C，et al. Plant diversity and productivity experiments in European grassland. Science，1999，286：1123-1127.

［20］Redmann R E. Production ecology of grassland plant communities in western North Dakata. Ecological Monographs，1975，45：83-106.

［21］Guo Q F，Berry W. Species richness and biomass：dissection of the hump-shaped relationships. Eccology，1998，7：2555-2559.

［22］李凯辉，胡玉昆，阿德力•麦地，等. 天山南坡高寒草地物种多样性及地上生物量研究. 干旱区资源与环境，2007，21（1）：21-27.

［23］张彦平，马非. 黄土高原丘陵区不同植被恢复措施下草地植物群落物种多样性的研究. 黑龙江生态工程职业学院学报，2007，20（1）：22-27.

［24］李海英，彭红春，王启基，等. 高寒矮嵩草草甸不同退化演替阶段植物群落地上生物量分析. 草业学报，2004，13（5）：26-32.

［25］马玉寿，李青云，朗百宁，等. 柴达木盆地次生盐渍化撂荒地的改良与利用. 草业科学，1997，14（3）：17-20.

［26］Lauenroth W K，Sala O E. Long term forage production of north American short grass steppe. Ecological Applications，1992，2：397-403.

［27］Knapp A K，Smith M D. Variation among biomes in temporal dynamics of above ground primary production. Science，2001，291：481.

［28］Briggs J M，Seastedt T R，Gibson D J. Comparative analysis of temporal and spatial variability in above ground production in a deciduous forest and prairie. Holarctic Ecology，1989，12：130-136.

［29］Sims P L，Singh J S，Lauenroth W K. The structure and function of ten western north American grasslands Ⅲ. Net primary production，turnover and efficiencies of energy capture and water use. Journal of Ecology，1976，66：573-597.

［30］Fang J Y，Piano S L，Tang Z Y. Inter-annual variability in net primary production and precipitation. Science，2001，293：1723-1724.

［31］袁素芬，陈亚宁，李卫红，等. 新疆塔里木河下游灌丛地上生物量及其空间分布. 生态学报，2006，26（6）：1818-1824.

［32］牟长城，万书成，苏平，等. 长白山毛赤杨和白桦-沼泽生态交错带群落生物量分布格局. 应用生态学报，2004，15（12）：2211-2216.

［33］徐惠风，刘兴土，陈景文. 长白山区沟谷沼泽湿地乌拉苔草地上生物量与土壤有机质和氮素相关性分析. 农业环境科学学报，2007，26（1）：356-359.

［34］郑小林，朱照宇，黄伟雄，等. N、P、K 肥对香根草修复土壤镉、锌污染效率的影响. 西北植物学报，2007，27（3）：560-564.

［35］王勇，焦念志. 北黄海浮游植物营养盐限制的初步研究. 海洋与湖沼，1999，30（5）：512-518.

［36］刘伟，周立，王溪. 不同放牧强度对植物及啮齿动物作用的研究. 生态学报，1999，19（3）：376-382.

［37］董全民，赵新全，马玉寿，等. 不同牦牛放牧率下江河源区垂穗披碱草/星星草混播草地第一性生

产力及其动态变化. 中国草地学报, 2006, 28 (3): 5-15.

[38] 王仁忠. 放牧影响下羊草种群生物量形成动态的研究. 应用生态学报, 1997, 8 (5): 505-509.

[39] 赵哈林, 赵学勇, 张铜会, 等. 放牧胁迫下沙质草地植被的受损过程. 生态学报, 2003, 23 (8): 1505-1511.

[40] 汪诗平, 王艳芬. 不同放牧率下糙隐子草种群补偿性生长的研究. 植物学报, 2001, 43 (4): 413-418.

[41] 李金花, 李镇清. 不同放牧强度下冷蒿、星毛委陵菜的形态可塑性及生物量分配格局. 植物生态学报, 2002, 26 (4): 435-440.

[42] 刘明春, 马兴祥, 尹东, 等. 天祝草甸、草原草场植被生物量形成的气象条件及预测模型. 草业科学, 2001, 18 (3): 65-69.

[43] 黄富祥, 傅德山, 刘振铎. 鄂尔多斯草原沙地油蒿-木氏针茅群落地上生物量对气候的动态响应. 草地学报, 2001, 9 (2): 148-153.

[44] 李秋华, 胡韧, 韩博平. 南亚热带贫营养水库春季浮游植物群落结构与动态. 植物生态学报, 2007, 31 (2): 313-319.

[45] 何斌源, 赖廷和, 陈剑锋, 等. 两种红树植物白骨壤、桐花树的耐淹性. 生态学报, 2007, 27 (3): 130-138.

[46] Hovenden M J, Curan M, Cole M A, et al. Ventilation and respiration in roots of one-year old seeding of mangrove Avicennia marina (Forst.). Vierh Hydrobiological, 1995, 295: 23-29.

[47] 刘其根, 陈立侨, 陈勇. 千岛湖水华发生与主要环境因子的相关性分析. 海洋湖沼通报, 2007, (1): 117-124.

[48] 刘俊华, 包维楷. 冷杉天然林下地表主要苔藓斑块生物量及其影响因素. 植物学通报, 2006, 23 (6): 684-690.

[49] 王百田, 王颖, 郭江红, 等. 黄土高原半干旱地区刺槐人工林密度与地上生物量效应. 中国水土保持科学, 2005, 3 (3): 35-39.

[50] 杨晓晖, 张克斌, 侯瑞萍. 封育措施对半干旱沙地草场植被群落特征及地上生物量的影响. 生态环境, 2005, 14 (5): 730-734.

[51] 姚月锋, 满秀玲, 刘畅, 等. 封育对沙地油蒿群落生物量及其土壤水分影响. 东北林业大学学报, 2007, 35 (1): 38-39.

[52] 问青春, 李秀珍, 贺红士, 等. 崛江上游林农边界效应对植被生物量的影响. 中山大学学报 (自然科学版), 2007, 46 (2): 87-91.

[53] 陈泓, 黎燕琼, 郑绍伟. 崛江上游干旱河谷灌丛生物量与坡向及海拔梯度相关性研究. 成都大学学报 (自然科学版), 2007, 26 (1): 14-18.

[54] 刘国华, 马克明, 傅伯杰, 等. 崛江干旱河谷主要灌丛类型地上生物量研究. 生态学报, 2003, 23 (9): 1757-1764.

[55] 魏晶, 吴钢, 邓红兵. 长白山高山冻原植被生物量的分布规律. 应用生态学报, 2004, 15 (11): 1999-2004.

[56] 罗大祥, 石培礼, 罗辑, 等. 青藏高原植被样带地上部分生物量的分布格局. 植物生态学报, 2002, 26 (6): 668-676.

[57] 王具元，蒋志荣，王继和，等. 民勤绿洲荒漠交错带三种沙丘类型的自然植被特征. 甘肃农业大学学报，2006，41（2）：51-55.

[58] 刘凤红，叶学华，于飞海，等. 毛乌素沙地游击型克隆半灌木羊柴对局部沙埋的反应. 植物生态学报，2006，30（2）：278-285.

[59] 何海，乔永康，刘庆. 亚高山针叶林人工恢复过程中生物量和材积动态研究. 应用生态学报，2004，15（5）：748-752.

[60] 周道玮，李亚芹，孙刚. 草原火烧后植物群落生产及其产量空间结构的变化. 东北师大学报（自然科学版），1999，（4）：83-90.

[61] 李凌浩，刘先华，陈佐忠. 内蒙古锡林河流域羊草草原生态系统碳素循环研究. 植物学报，1998，40（10）：955-960.

[62] 高青山，胡自治. 红豆草地下部植物量和光能利用率的研究. 草业科学，1990，7（5）：25-28.

[63] 李凌浩. 土地利用变化对草原生态系统土壤碳贮量的影响. 植物生态学报，1998，22（4）：300-302.

[64] 王艳芬，陈佐忠，Tieszen L T. 人类活动对锡林郭勒地区主要草原土壤有机碳分布的影响. 植物生态学报，1998，22（6）：545-551.

黄土丘陵沟壑区沙棘光合特性及气孔
导度的数值模拟[*]

李红生　刘广全　陈存根　王鸿喆　徐怀同　周海光

—— 摘要

　　为了研究黄土丘陵沟壑区沙棘叶片光合速率和气孔导度特性及其耦合关系，以 Li-6400 便携光合测定仪气体交换观测数据为基础，分析了沙棘叶片的光合速率（P_n），胞间 CO_2 浓度（C_i）和气孔导度（G_s）的相关性，用 Ball-berry 和非直角双曲线光合模型描述了光合速率与气孔导度间的关系。结果表明，沙棘叶片 P_n 与 G_s 日变化相对应而呈现同步不对称"双峰"波动，具有典型"午休"现象，首峰出现在上午 9：00 左右，次峰峰值小于首峰，出现在下午 15：00 以后；沙棘叶片 P_n 与 G_s 呈正偏相关关系，而与 C_i 呈负偏相关关系，且不同月份 C_i 与 P_n 的偏相关关系均高于 G_s 与 P_n 之间的偏相关系数，但 G_s 与 C_i 的简单相关并不稳定，8 月份未达显著水平；P_n 与 G_s、光合有效辐射（PAR）的简单相关分析表明，P_n 与 G_s、PAR 间均呈极显著正相关关系（$R^2=0.8954$，$R^2=0.9902$）。可见，沙棘叶片衰老期间非气孔因素为光合作用的主要限制因子。联合 Ball-berry 气孔导度模型和非直角双曲线光合模型建立的适用于黄土丘陵沟壑区的沙棘叶片气孔导度对环境因子的响应模型，具有一定适用性。

关键词：沙棘；气孔导度；光合速率；环境因子；气孔模拟

　　植物的光合作用是生态系统生产力形成与演化的基础，也是全球碳循环及其他物质循环的最重要环节。气孔既是植物光合作用吸收空气中 CO_2 的入口，也是水蒸气逸出叶片的主要出口，是连接生态系统碳循环和水循环的结合点[1, 2]。

　　迄今为止，已开展了大量的从保卫细胞到叶片，从单株植物到冠层与植物光合、气孔运动有关的实验研究，如 Cowan 和 Farquhar[3] 及 Farquhar 和 Sharkey[4] 详尽描述了气孔的功能，提出了气孔限制值分析观点，为从光合机理上模拟植物生产力动态，以探讨土壤-植被-大气连续系统的水分运输和水分平衡状况奠定了基础。Jarvis 和 Morison[5]、

* 原载于：西北农林科技大学学报（自然科学版），2009，37（4）：108-144，120.

Ball[6]、Leuning[7]等研究了气孔导度与环境因子和生理因子关系，认为气孔是控制光合和蒸腾等作用的关键因素，建立了 Jarvis 和 Ball 气孔导度模型。Mott 和 Buckley[8]、Hubbard 等[9]以及 Monteiro 和 Prado[10]、Paoletti 等[11]也对气孔运动、光合速率与环境因子的关系进行了深入研究。我国一些学者（如于强等[12]，关义新等[13]，许大全[14]，娄成后和王学臣[15]，李保进和邢世岩[16]，王建林等[17, 18]）也对不同植物光合速率、气孔导度的日变化特征及环境因子对光合及气孔导度的影响进行了研究。这些研究结果均表明，气孔控制着光合作用和蒸腾作用两个相互耦合的过程，气孔导度与光合速率的耦合关系是理解陆地生态系统碳循环和水循环及其耦合关系的基础。因此，基于对植物气孔行为环境控制机制的理解，模拟植物单叶特别是群落顶部受光叶片的光合作用和气孔导度对环境变量响应的研究是构建不同尺度陆地生态系统碳循环和水循环模型的关键。

目前，针对沙棘光合、气孔导度的研究大多集中在其日季动态特征及主导环境因子影响方面[19-22]，关于沙棘叶片光合特性及气孔导度模拟模型尚未见报道。为此，本文以黄土丘陵沟壑区沙棘植被为研究对象，试图基于沙棘叶片光合、气孔导度及其环境因子的野外观测，分析光合作用与气孔导度的耦合关系，建立干旱条件下的气孔导度模型，为黄土丘陵沟壑区植被建设植物种的选择及其植被表面能量与水分交换动态提供科学依据。

1　试验材料与方法

1.1　试验区自然概况

研究区位于陕西省吴起县东北部长城乡，地理位置为东经 108° 22′，北纬 37° 21′，海拔 1520m，居黄土高原典型梁状丘陵沟壑腹地。该区属温带大陆性季风气候，平均降雨量 300~400mm，降雨量年际差异较大，年内分布不均。年平均气温 7.8℃，平均无霜 120~140d。土壤为淡灰绵土，质地为砂质壤土，石灰反应强烈，碳酸钙含量 130g/kg左右，土壤 pH 约 8.5。

1.2　试验材料与方法

供试沙棘（*Hippophae rhamnoides* L.）林为 1999 年人工栽植的实生苗，整地方式为水平阶，株行距为 2m×0.50m，位于山地西坡（半阳坡）。2007 年 7~9 月其生长期采用Li-6400 便携式光合仪进行光合气体交换参数的测定，每月 1 次，共观测 3 次。试验时间在晴朗天气 7：00~18：00，选择生长良好植株上的成熟健康叶片，每株 3 片，每片 3次取值，重复 3 株，每 1h 测定 1 次。测定参数有：光合速率（P_n）、蒸腾速率（T_r）、光合有效辐射（PAR）、气孔导度（G_s）、叶面温度（T_l）、气温（T_a）、大气相对湿度（h_s）、胞间 CO_2 浓度（C_i）等。

光响应采用 Li-6400-02B 红蓝光源提供不同的光合有效辐射强度：2000μmol/（m²·s）、1600μmol/（m²·s）、1200μmol/（m²·s）、1000μmol/（m²·s）、800μmol/（m²·s）、

600μmol/(m²·s)、400μmol/(m²·s)、200μmol/(m²·s)、100μmol/(m²·s)、50μmol/(m²·s)、20μmol/(m²·s)、0μmol/(m²·s)，此时空气 CO_2 浓度 380μmol/mol，温度为 30℃，相对湿度为 50%。利用 Li-6400 自动"light-cure"曲线测定功能测定不同光强所对应的净光合速率。

1.3 模型描述——气孔导度与光合速率的耦合关系

气孔导度模型的建立，为从光合机理上模拟植被生产力动态以及探讨土壤-植被-大气连续系统的水分运输和水分平衡状况奠定了理论基础。迄今为止，有关气孔行为的生理机制仍未完全清楚，但在叶片气孔导度对环境因子的响应实验基础上，已建立了一系列的经验性或半经验、半机理性气孔导度模型[5, 6, 23-28]。这些模型是基于不同的假设条件，由不同的数值方程所构成，在模型复杂程度上有很大差异。其中，以 Ball[6] 为代表建立的气孔导度与净光合速率和环境因子的线性相关模型 Ball-Berry，是一种被广泛采用的半经验气孔导度模型。其依据稳定状态下，当叶片表层 CO_2 浓度和大气湿度不变时，气孔导度同净光合速率具有线性关系。Ball 提出的线性气孔导度模型，即 Ball-Berry 模型如下。

$$G_s = m\frac{P_n \cdot h_s}{C_s} + g_0 \qquad (1)$$

式中，G_s 是气孔导度，μmol/(m²·s)；P_n 是净光合速率，μmol/(m²·s)；h_s 和 C_s 分别为大气相对湿度和叶表面 CO_2 浓度，$P_n \cdot h_s/C_s$ 被称为气孔导度指数，m 和 g_0 为经验系数，g_0 为光补偿点处的 G_s 值。由于式（1）中 P_n 也是一个未知量，因而 Ball-Berry 模型需要与叶片的光合模型相耦合，才能得到相应的气孔导度。

植物叶片光合作用与光合有效辐射关系最为密切。因此，可以采用光合作用的非直角双曲线模型计算沙棘叶片的光合速率。该模型是基于叶片光合速率随光强变化呈非直角双曲线型变化的特征来模拟叶片光合作用，其优点是模型仅需要 3 个参数（最大光合速率、表观量子效率和光响应曲线曲率）即可计算叶片光合速率，不仅模拟效果较好，而且便于应用。利用这 3 个参数计算 P_n 的公式如下。

$$P_n = \frac{\alpha I + P_{n\max} - \sqrt{(\alpha I + P_{n\max})^2 - 4\alpha I k P_{n\max}}}{2k} - R_d \qquad (2)$$

式中，α 为表观量子效率，μmol/μmol，I 为是光合有效辐射强度，μmol/(m·s)，$P_{n\max}$ 为最大光合速率，μmol/(m²·s)，k 为是曲率，R_d 为光下呼吸速率，μmol/(m²·s)。

将（2）式代入（1）式，可得

$$G_s = \frac{mh_s}{C_s}\left[\frac{\alpha I + P_{n\max} - \sqrt{(\alpha I + P_{n\max})^2 - 4\alpha I k P_{n\max}}}{2k} - R_d\right] + g_0 \qquad (3)$$

经由式（3），叶片的气孔导度（G_s）可通过环境变量直接计算。

1.4 数据统计与方法

试验数据采用 SAS 统计软件包和 Origin 科技绘图软件进行处理。

2 结果与分析

2.1 沙棘叶片光合速率和气孔导度的日变化特征

图 1 为晴天典型天气状况下（7 月 13 日），沙棘叶片气孔导度和净光合速率的日变化规律。从 7：00 开始，随着光照增强、气温升高，光合速率逐渐增大，一天中第一个峰值大约在 10：00 出现，峰值为 23.59μmol/（m²·s）；10：00 后，相对湿度下降，沙棘叶内外水气压差增大，蒸腾急剧上升，沙棘体内水分出现亏缺，净光合速率逐渐减弱，14：00 左右出现低谷值，出现"午休"现象，此时净光合速率仅为第一次高峰时的 41.95%，而后净光合速率先升后降，16：00 左右形成一个小波峰，峰值为 15.00μmol/（m²·s）。比较 2 个峰值发现，下午的峰值仅为上午峰值的 63.56%，一天中净光合速率的极差值达 8.59μmol/（m²·s）。以上分析说明，沙棘光合作用进程存在明显的"午休"现象。

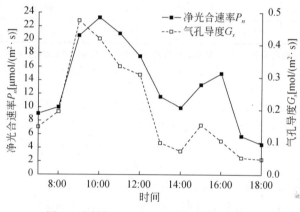

图 1 沙棘光合速率、气孔导度的日变化

从图 1 看出，从 7：00 开始，随着光照的不断增强，气孔受光线的影响而张开，气孔导度不断增大，在 9：00 左右达第一峰值［0.4556mol/（m²·s）］，略早于叶片净光合速率第一个峰值出现的时间。在 11：00～14：00，温度进一步升高，受高温刺激，气孔逐步闭合，气孔导度逐渐降低，在 14：00 左右形成一个低谷，出现"午休"现象；14：00～15：00 温度逐渐降低，气孔导度又逐渐升高，于 15：00 左右形成第 2 个峰值，峰值为 0.153mol/（m²·s）。

2.2 沙棘叶片光合速率与气孔导度的关系

2.2.1 沙棘叶片光合速率与气孔导度的关系

依据 2007 年 7～9 月对沙棘叶片光合速率（P_n）、气孔导度（G_s）、胞间 CO_2 浓度（C_i）、空气 CO_2 浓度（C_a）的同步测定，分析沙棘叶片气孔导度与光合速率的关系。结果表明，二者间存在很好的线性关系，呈极显著正相关（$R^2=0.8954, P<0.0001, n=269$），

沙棘叶片光合能力的下降有一个从气孔限制为主到非气孔限制为主的变化过程。

进一步对 G_s、C_i 与 P_n 之间的关系进行相关分析表明（表 1），P_n 与 G_s、C_i 的简单相关在 8、9 月份均达到极显著水平，P_n 与 G_s 之间呈正相关，而与 C_i 呈负相关，表明在沙棘叶片衰老过程中，与 P_n 下降相伴随的是 G_s 的下降和 C_i 的上升，可以认为沙棘叶片衰老期间非气孔因素是光合作用的主要限制因子。

表 1　不同月份沙棘叶片气孔导度（G_s）、胞间 CO_2 浓度（C_i）与光合速率（P_n）的相关和通径分析

月份	参数	简单相关系数		偏相关系数[①]		对 P_n 的直接效应[②]
		C_i	P_n	C_i	P_n	
7	C_i	—	0.201 01	—	0.096 22	0.082 18
	G_s	0.829 91**	0.467 69**	0.390 62**	0.778 10**	0.926 31**
8	C_i		−0.420 37**	—	−0.576 72**	−0.556 56**
	G_s	0.204 98	0.429 28**	0.407 05**	0.370 29**	0.540 98**
9	C_i		−0.520 12**	—	−0.868 83**	−0.495 16**
	G_s	0.514 44*	0.272 07*	0.594 64**	0.351 52**	0.399 15**

*表示显著差异，**表示极显著差异。①计算 G_s、C_i 和 P_n 中两两之间的偏相关系数时，均设定空气 CO_2 浓度（C_a）和另外一个性状为偏变量；②进行通经分析时，除 G_s、C_i 外，C_a 也作为一个因子考虑。

从表 1 可见，当 P_n 和 C_a 固定时，不同月份 G_s 和 C_i 之间的偏相关性均达到极显著水平，表明气孔导度下降能够显著降低细胞间隙的 CO_2 浓度，不利于细胞间隙和光合羧化位点之间 CO_2 浓度梯度的形成，从而对光合作用构成限制。但根据同一组试验数据计算出的 G_s 和 C_i 之间的简单相关性在 8 月不显著，表明二者之间的相关性并不十分稳定，说明 C_i 受到多种因素的影响，G_s 可能并不是决定 C_i 高低的最主要因素。

从表 1 还可以看出，当 G_s 和 G_a 固定时，8、9 月份沙棘植物叶片 C_i 与 P_n 的偏相关系数的绝对值均高于 G_s 与 P_n 之间的偏相关系数，也说明非气孔因素是影响光合底物供应和光合速率表观的主要因素，其作用程度大于气孔因素。通径分析结果也证明，气孔因素与非气孔因素对光合作用均有显著的直接效应，其中非气孔因素对光合作用的直接效应大于气孔因素的直接效应。

2.2.2　沙棘叶片光合速率与光合有效辐射强度变化的响应

光响应曲线反映了植物光合速率随光照强度增减的变化规律。在 $0 \sim 500 \mu mol/(m^2 \cdot s)$ 时，P_n 随光强的增大几乎呈直线上升趋势，$600 \mu mol/(m^2 \cdot s)$ 达到峰值，超过该光强以后，P_n 上升的幅度逐渐减小，直至达到最大光合速率，即光饱和光合速率（P_{nmax}），其变化符合非直角双曲线规律。利用沙棘叶片光合作用光响应曲线的观测数据对光合速率与光合有效辐射强度进行非直角双曲线性拟合。结果表明，沙棘叶片的净光合速率与光合有效辐射强度之间存在很好的非直角双曲线关系（$R^2 = 0.9902$）。表观光量子效率（α）为 $0.0353 mol/mol$，比自然条件下一般植物的 α（$0.03 \sim 0.07 \mu mol/mol$）低，表明沙棘可能在较弱的光照环境下，利用光的能力较差，耐阴能力较弱。

2.3 沙棘叶片气孔导度数值模拟

依据随机选取的野外同步观测的光合有效辐射、空气温度、水汽压亏损以及气孔导度的瞬时数值和上述气孔导度模型,使用 SAS 软件的非线性参数估算进行曲线拟合,应用麦夸特法(Levenberg-Marquardt)和通用全局优化法确定参数,结果如表 2。

表 2　模型拟合参数表

模型	参数拟合值	相关系数 r
Ball-Berry 模型	m=0.081 65,g_0=0.013 1	0.970 31
非直角双曲线光合模型	$P_{n\max}$=23.3,α=0.030 4,k=0.011 6,R_d=1.48	0.994 8

于是,以 Ball-berry 和非直角双曲线光合模型为基础的沙棘叶片气孔导度模型可表示如下。

$$G_s = \frac{0.081\,65h_s}{C_s}\left[\frac{0.030\,4I+23.3-\sqrt{(0.030\,4I+23.3)^2-0.032\,87I}}{0.023\,2}-1.48\right]+0.013\,1 \quad (4)$$

利用沙棘旱区的气象资料(大气相对湿度 h_s、光合有效辐射强度 I 和空气 CO_2 浓度 G_s)和没有参与模型参数拟合的沙棘叶片气孔导度实测资料,对所建模型进行验证。图 2 给出了沙棘叶片气孔导度模拟值与观测值的关系,其截距为 0 的回归直线斜率为 0.762,方程决定系数 R^2=0.8561,表明模型能较好地模拟沙棘叶片气孔导度的变化。

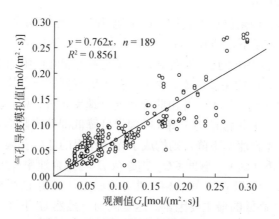

图 2　气孔导度观测值与模拟值的比较

根据比较验证的结果,利用 Ball-berry 和非直角双曲线光合模型所建沙棘叶片气孔导度模型对沙棘叶片气孔导度对光合有效辐射变化的响应进行了模拟计算,从图 3 可以看出,模拟值与实测值间由十分接近的变化规律。

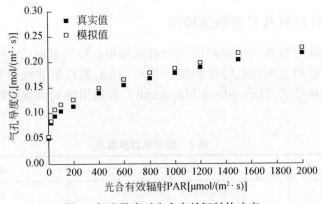

图 3　气孔导度对光合有效辐射的响应

3　结论与讨论

气孔既是光合作用吸收空气中 CO_2 的入口，也是水蒸气逸出叶片的主要出口[1, 2]，因此在调节植物的碳同化和水分散失的平衡中起着关键作用，是土壤－植被－大气连续体间物质与能量交换的重要调控通道。本研究结果表明，在空气温度高，相对湿度小而阳光充足的夏季晴天，沙棘叶片光合日进程是一条不对称的双峰曲线，上、下午各有一个高峰，中午有一个低谷，出现了明显的光合"午休"现象。气孔导度（G_s）的日变化趋势基本与光合速率（P_n）的变化一致。表明沙棘在环境 PAR 与 T_a 未达到高峰时就开始一天中光合作用的高峰，而在中午和下午环境温度高时关闭气孔，从而最大程度地节约水分，提高了抗旱能力。

光合作用受到光合羧化位点处底物 CO_2 浓度和光合器官同化 CO_2 效率两方面的制约[14]。在大气 CO_2 浓度下，CO_2 由叶片向羧化位点的扩散能力决定了羧化位点处 CO_2 的浓度。CO_2 在扩散过程中受到叶界面阻力、气孔阻力和叶肉阻力 3 个阻力的影响，其中后两者是影响 CO_2 扩散的主要因素。由于气孔导度降低即气孔阻力升高，致使光合作用所需底物 CO_2 的供应受到限制，并由此导致光合速率下降，构成气孔限制。由于叶肉细胞间隙和细胞内部 CO_2 扩散能力下降（叶肉导度降低即叶肉阻力升高）以及光合器官羧化能力降低，导致光合速率下降，则构成了光合作用的非气孔限制。本研究中，不同月份沙棘叶片气孔导度（G_s）、胞间 CO_2 浓度（C_i）与光合速率（P_n）的相关分析表明：①在 P_n 和 C_a 固定时，G_s 和 C_i 之间的相关性并不稳定，说明 C_i 受到多种因素的影响，G_s 可能并不是决定 C_i 高低的最主要因素。这是因为，虽然 G_s 下降可以降低 C_i，但如果与此同时叶肉细胞中 CO_2 的传导能力和 P_n 以更快的速度下降，那么即使 G_s 很低，也会造成细胞间隙 CO_2 供过于求，表现出 C_i 上升。②P_n 和 G_s 之间呈正相关关系，而与 C_i 呈负相关关系，表明在沙棘叶片衰老过程中，与 P_n 下降相伴随的是 G_s 的下降和 C_i 的上升。且根据 Farquhar 和 Sharkey[4] 提出的理论，可以认为沙棘植物叶片衰老期间非气孔因素是光合作用的主要限制因子。③在 G_s 和 C_a 固定时，C_i 的高低主要决定于非气孔因素，C_i 与 P_n 之间的偏相关系数或 C_i 对 P_n 的直接通经系数，能够反映非气孔因素与光合作用的直接关系。在 C_i 和 Ca 固定时，G_s 与 P_n 之间的偏相关系数或 G_s 对 P_n 的直接通经系数，能够反映气孔因素与光合作用的直接关系。8、9 月份沙棘植物叶片 C_i 与 P_n 的偏相关系数绝对值均高于 G_s 与 P_n 之间的偏相关系数，说明非气孔性因素是影响沙棘叶片光合底物供应和光合速率表观的主要因素。

本研究结果表明：沙棘叶片气孔导度与光合速率之间存在很好的线性关系，二者间极显著相关（R^2=0.8954，P<0.0001，n=269），表明沙棘叶片气孔导度与光合速率的关系符合 Ball-Berry 模型理论基础。根据植物叶片光合速率与光合有效辐射的关系可用非直角双曲线光合模型描述，本研究提出了基于 Ball-Berry 模型与非直角双曲线光合模型联合求解沙棘叶片气孔导度模拟方法，对该改进的气孔导度模型进行验证比较发现，该模型能较好地模拟沙棘叶片气孔导度的变化，具体形式如下。

$$G_s = \frac{0.081\,65h_s}{C_s}\left[\frac{0.030\,4I+23.3-\sqrt{(0.030\,4I+23.3)^2-0.032\,87I}}{0.023\,2}-1.48\right]+0.013\,1$$

参 考 文 献

［1］蒋高明. 植物生理生态学. 北京：高等教育出版社，2004：93-95.

［2］潘瑞炽. 植物生理学. 5 版. 北京：高等教育出版社，2004.

［3］Cowan I R，Farquhar G D. Stomatal function in relation to leaf metabolism and environment. Symposia Society for Experimental Biology，1977，31：471-505.

［4］Farquhar G D，Sharkey T D. Stomatal conductance and photosynthesis. Annual Review of Plant physiology and Plant Molecular Biology，1982，33：317.

［5］Jarvis P G，Morison J I L. The control of transpiration and photosynthesis by the stomata1//Jarvis P G，Mansfield T A. Stomatal Physiology，Society for Experimental Biology：Seminar Series 8. Cambridge：University Press，1981：247-279.

［6］Ball J T. An Analysis of Stomatal Conductance. Stanford：Stanford University，1988.

［7］Leuning R. A critical appraisal of a combined stomatal—photosynthesis model for C_3 plants. Plant，Cell and Environment，1995，18：339-355.

［8］Mott K A，Buckley T N. Patchy stomatal conductance：emergent collective behavior of stomata. Trends in Plant Science，2000，5（6）：258-262.

［9］Hubbard R M，Ryan M G，Stiller V，et al. Stomatal conductance and photosynthesis vary linearly with plant hydraulic conductance in ponderosa pine. Plant，Cell and Environment，2001，24（1）：113-121.

［10］Monteiro J A F，Prado C H B A. Apparent carboxylation efficiency and relative stomatal and mesophyll limitations of photosynthesis in an evergreen cerrado species during water stress. Photosynthetica，2006，44（1）：39-45.

［11］Paoletti E，Nali C，Lorenzini G. Early responses to acute ozone exposure in two fagus sylvatica clones differing in xeromorphic adaptations：photosynthetic and stomatal processes，membrane and epicuticular characteristics. Environmental Monitoring Assessment，2007，128：93-108.

［12］于强，谢贤群，陈菽芬，等. 植物光合生产力与冠层蒸散模拟研究进展. 生态学报，1999，19（5）：

744-753.

[13] 关义新, 戴俊英, 林艳. 水分胁迫下植物叶片光合的气孔和非气孔限制. 植物生理学通讯, 1995, 31 (4): 293-297.

[14] 许大全. 光合作用气孔限制分析中的一些问题. 植物生理学通讯, 1997, 33 (4): 241-244.

[15] 娄成后, 王学臣. 作物产量形成的生理学基础. 北京: 中国农业出版社, 2000: 114-115.

[16] 李保进, 邢世岩. 叶籽银杏叶的解剖结构及气孔特性. 林业科学, 2007, 43 (10): 34-40.

[17] 王建林, 于贵瑞, 王伯伦, 等. 北方粳稻光合速率、气孔导度对光强和 CO_2 浓度的响应. 植物生态学报, 2005, 29 (1): 16-25.

[18] 王建林, 林荣芳, 于贵瑞. 光和 CO_2 作用下 C_3 和 C_4 作物气孔导度-光合速率耦合关系的差异. 华北农学报, 2008, 23 (1): 71-75.

[19] 阮成江, 李代琼. 黄土丘陵沙棘气孔导度及影响因子. 西北植物学报, 2001, 21 (6): 1078-1084.

[20] 孟函宁, 刘明国, 刘青柏, 等. 阜新地区不同沙棘品种光合及蒸腾特性的研究. 沈阳农业大学学报, 2007, 38 (3): 345-348.

[21] 刘广全, 郭孟华, 王鸿喆. 沙棘干物质形成的光合作用机制. 国际沙棘研究与开发, 2008, 6 (1): 21-26.

[22] 唐道锋, 贺康宁, 朱艳艳, 等. 白榆沙棘光合生理参数与土壤含水量关系研究. 水土保持研究, 2007, 14 (1): 230-233.

[23] Carlson T N. Modeling stomatal resistance: an overview of the 1989 work shop at the Pennsylvania State University. Agricultural and Forest Meteorology, 1991, 54: 103-106.

[24] 王玉辉, 周广胜. 羊草叶片气孔导度对环境因子的响应模拟. 植物生态学报, 2000, 24 (6): 739-743.

[25] 赵文智, 常学礼. 樟子松针叶气孔运动与蒸腾强度关系研究. 中国沙漠, 1995, 15 (3): 241-243.

[26] 王玉辉, 何兴元, 周广胜. 羊草叶片气孔导度特征及数值模拟. 应用生态学报. 2001, 12 (4): 517-521.

[27] 刘颖慧, 高琼, 贾海坤. 半干旱地区 3 种植物叶片水平的抗旱耐旱特性分析——两个气孔导度模型的应用和比较. 植物生态学报, 2006, 30 (1): 64-70.

[28] 周莉, 周广胜, 贾庆宇, 等. 盘锦湿地芦苇叶片气孔导度的模拟. 气象与环境学报, 2006, 22 (4): 42-46.

小陇山林区树种喜光性或耐荫性研究[*]

刘康烈　　袁士钾　　刘应秋　　陈存根

　　森林中某些个体被淘汰时，其接替者将是林冠下的幼苗或幼树。如果优势树种幼树是耐荫的，那么这个林分的区系组成将保持不变。如果这些优势树种不能在自己的林冠庇荫下繁殖，而别的种能够繁殖，那么后者将逐渐取得优势而形成一种新的群落。这样一种优势种的演替，在自然条件下是常见的，这通常包含光的因素[1]。

　　"相当可观的高度，给树木在争取光照的竞争中提供了巨大的优越性"[2]。木本植物在其系统发育中形成喜光的特性，一般都需要在充足的光照下才能正常地生长发育。但不同的树种对光的需要量及适应范围是不同的，特别是对弱光的适应能力有显著的差别，有些树种能够适应较弱的光照，表现出耐荫的特性，而另一些树种则只能在较强的光照下才能正常地发育，不能忍耐荫庇表现出喜光性强的特性。因此，乔木是没有荫性或喜荫树种的。喜光性树种是忍耐荫庇能力极差的树种。树种的耐荫性是指对弱光的适应能力而言，树种的喜光性或耐荫性，其实质是树木对弱光的利用能力，耐荫性强的树种，在光照不足的条件下仍能正常地进行光合作用完成其生长发育。

　　在林业科学上，首先碰到的问题就是关于光的问题。在林业生产中，光是唯一可以借助森林采伐（主伐和抚育间伐）能加以变更的因素，由于光的改变可以改变一系列树木生长的条件，如湿度、温度土壤化学和土壤微生物等。森林学家别克说得好："光是一个杠杆，林学家用这个杠杆按照经济上所需要的方向来调节森林的生活"[2]。因此，研究鉴定树种的喜光性或耐荫性，对于森林采伐更新、森林抚育、育苗，造林设计和树种选择等，几乎全部林业生产作业技术，都具有不言而喻的重要意义，故而也是全世界的林学家和植物生态学家极感兴趣的问题。

1　材料与方法

　　众所周知，树种的喜光性或耐荫性不是一成不变的，它随着树木的年龄和起源，以及其他生活条件如水分、热量、土壤肥力和光质等发生着变异，这就给研究工作带来极大的困难和复杂性，这也是各个学者对同一树种的喜光性鉴定有差异的原因。由于研究方法或鉴定指标，研究地区或试验控制条件的不同，对同一树种的鉴定结果产生分歧。由于树种耐荫性的鉴定难度大和复杂性，致使这个林业上最基本最急需的理论和实践问

　　* 原载于：甘肃林业科技，1984，（3）：8-16.

题的研究至今进展很慢。

笔者在长期的科研、教学和生产实践中，曾用各种方法对树种耐荫性问题作过探索，积累了大量的标本和数据，有成功和失败的经验可循。例如，为鉴定树种的喜光性或耐荫性，设置了 400 多个标准地来研究群落光合生产，测定了 3600 余株标准木的生长和相对树高，做了 2500 多个样本的叶解剖切片，测定了 34 万多组树木光合、呼吸、蒸腾的数据。因而就有可能对各种研究方法进行评价、筛选和改进，按照本项研究设计的方法来对树种的喜光性或耐荫性，进行系统的研究鉴定。

本研究的方法是许多测试方法的组合，基本要点如下。

1）研究对象以本林区的主要成林树种为主，计有：①华北落叶松；②华山松；③油松；④锐齿栎；⑤栓皮栎；⑥山杨；⑦冬瓜杨；⑧鹅耳枥；⑨榛子；⑩青皮槭；⑪漆树；⑫红桦；⑬白桦；⑭光皮桦；⑮核桃；⑯华西枫杨或瓦山枫杨；⑰刺槐；⑱秦岭白蜡；⑲筒果椴；⑳桦叶荚蒾；㉑云杉；㉒大果青杆；㉓鄂西冷杉；㉔秦岭冷杉。

2）林分的光合生产率是在标准地进行分层切割破坏性取样测定的，叶面积是进行实测的。

3）光合呼吸强度是用改进后的 Л. А. ИВАНОВ 同化烧瓶法加气流分析，叶室 5000～10 000ml 吸收液是用 0.02N 的 $Ba(OH)_2$ 溶液，以等浓度的 $H_2C_2O_4$ 溶液滴定，蒸腾用感量 0.1mg 的扭力天平称重法测定，离体 2min，叶面温度用半导体点温计测定。

4）每项指标的测定次数依下式计算。

$$n=10(v/p)^2+5$$

式中，n 为试验次数；v 为变异系数（%）；p 为精确度（%）；观测的数据用 $\overline{X}\pm2\sigma$ 进行筛选和整列。

5）抽样测定严格取一致性，尽量排除其他因素的影响，在同一个地区内，选择海拔、坡向、土壤条件、林分密度、年龄、起源等一致的树木进行比较生态学研究。在同一株试验标准木取叶样测试时，一律选用树冠阳面的中部，部位统一。

林木净光合生产量是采用 Л.А.ИВАНОВ 公式计算的。

$$M+m=f \cdot p \cdot t-a \cdot p' \cdot t'$$

式中，M 为生长期内林木积累的总干物质重量，不包括所含的灰分重量；m 为生长期内林木凋落物干重；f 为生长期内平均光合强度；p 为光合作用的工作面；t 为光合作用持续时间；a 为平均呼吸强度；p' 为呼吸作用的消耗面；t' 为呼吸作用持续时间[3]。

2 结果与分析

2.1 树种的耐荫性与光强度的关系：

一个树种的生长和发育，通常要进行光合作用的积累。光合作用强度要超过其呼吸作用的消耗，才能积累有机物质，树木才能完成正常的生长发育。

在光合作用中叶绿体吸收 CO_2，并放出氧气，与此相平行的是细胞吸收氧用于呼吸作用并放出 CO_2，在进行光合作用的叶中，这两个相反的过程中的一个或另一个，在特定时间可能占优势，如果光合作用速度减低，便可能出现光合作用与呼吸作用相平衡的情况，即达到补偿点[4]。植物的光合作用随光照强度增加而增加，光照降低，植物光合也随之而减弱，直到与呼吸相平衡的光照程度，这个补偿点用来鉴定树种耐荫性的指标[2, 3, 5, 6]，Л.А.ИВАНОВ院士成功地用补偿点法对苏联北方森林树种进行了耐荫序列的研究。

本文采用补偿点法时，起先是在野外相同的立地条件下测定了树木的光合呼吸日进程，各组观测值中，有光合强度与呼吸强度相等的，但这时的光照强度通常是比较高的，而且变动很大不稳定，受水分条件影响特别大，在人工气候室中固然可以控制试验条件，但由于过小的空间只能对少数树种的盒栽幼苗进行鉴定，远远不能满足林业生产对于树种喜光性鉴定的要求。经过长期的摸索，基本上放弃了补偿点法作为鉴定树种喜光性指标的手段。

树木的光合强度与光照强度的关系曲线，随树种的不同而有所差异。通常在补偿点以上的光照强度下，树木的光合作用强度随光照强度增加而增加，在一定的光照强度下，光合作用达到极大值，以后随光照强度加强，光合作用速率增长很少或下降，达到光合速率极大值时的光强度，就是树木的光饱和点[4, 5]。

树木的耐荫性其实质就是树木对弱光的适应能力，在较低的光照强度下能达到最大光合作用的树种（具有较低的光饱和点），是耐荫的树种。光合速率要在强光下才能达到极大值，耐荫性就弱，则是喜光的树种。喜光性树种由于补偿点高，其呼吸强度也高，在呼吸作用上要多消耗一些光合作用的产品。因此，当光照减低时，它们的有机物就入不敷出了。故喜光性树种具有较高的光饱和点。在同一林区，对生长条件和年龄相同的主要成林树种，用同一测定方法，在各种光强度下测定其光合速率，经过统计计算，求出其光饱和点，用光饱和点来鉴定树种的喜光性或耐荫性序列（表1）。

森林是在自然光照下生长发育的，因而也适应光的周期性变化，只是用光饱和点作为鉴定树种生态特性的指标，其数值本身对于林业生产和作业设计无甚作用。

表1　秦岭中西部林区主要成林树种光饱和点测定结果

序号	树种名称	光饱和点（lx）	生长期内平均光合度 [$CO_2 mg/(H \cdot dm^2)$]	序号	树种名称	光饱和点（lx）	生长期内平均光合度 [$CO_2 mg/(H \cdot dm^2)$]
1	华北落叶松	23 000	6.44	13	漆树	10 000	6.11
2	红桦	21 000	4.87	14	核桃	9 500	5.21
3	山杨	20 000	4.22	15	瓦山水胡桃	9 000	5.18
4	白桦	20 000	4.36	16	华山松	9 000	4.34
5	冬瓜杨	19 000	4.41	17	白蜡	8 500	4.96
6	刺槐	18 000	5.83	18	桦叶荚蒾	8 000	4.84
7	栓皮栎	16 000	5.28	19	简果椴	7 000	4.56
8	锐齿栎	14 000	5.24	20	青皮槭	6 500	4.32
9	榛子	13 000	5.05	21	云杉	6 000	4.15
10	油松	12 000	4.17	22	大果青杆	5 500	4.33
11	光皮桦	11 500	4.04	23	鄂西冷杉	5 000	4.74
12	鹅耳枥	11 000	4.76	24	秦岭冷杉	3 000	5.18

但一个林区里主要树种的喜光性序列，在实用上具有很大的价值，可以根据某树种在序列中的地位，来设计育苗、造林、混交方式、抚育间伐更新技术措施。

按照光饱和点法鉴定结果，秦岭中西部林区的主要成林树种喜光性或耐荫性序列如下（按喜光性递减、耐荫性递增排列）：①华北落叶松；②红桦；③山杨；④白桦；⑤冬瓜杨；⑥刺槐；⑦栓皮栎；⑧锐齿栎；⑨榛子；⑩油松；⑪光皮桦；⑫鹅耳枥；⑬漆树；⑭核桃；⑮瓦山枫杨；⑯华山松；⑰秦岭白蜡；⑱桦叶荚蒾；⑲筒果椴；⑳青皮槭；㉑云杉；㉒大果青杆；㉓鄂西冷杉；㉔秦岭冷杉。

2.2 树种的喜光性与叶结构的关系

树木的树干和树冠、叶部构造，都表现它们的耐荫性特征，叶子的构造依光转移是显而易见的[3]，生长在全光下的叶子，强光促成栅状细胞的伸长。相反地，弱光有利于海绵组织的产生[1]。早在 1891 年，林学家苏洛日就用测定树木叶片横切面中栅状薄壁组织的厚度与海绵薄壁组织的厚度及其比值，用来鉴定树种的喜光性和耐荫性，笔者仔细分析了苏洛日方法的缺点，在测定中力求采样条件的一致性。例如采取叶片样本时，一律在阳面树冠的中部采样，并注意树木和叶片的年龄、起源等等。测定结果见表2。

表 2　秦岭中西部林区主要成林树种叶结构指标测定结果

序号	树种名称	栅状组织厚度（μm）	海绵组织厚度（μm）	栅状组织与海绵组织比值	序号	树种名称	栅状组织厚度（μm）	海绵组织厚度（μm）	栅状组织与海绵组织比值
1	华北落叶松	54.6	25.1	2.18	13	榛子	52.6	65.8	0.8
2	红桦	61.5	29.4	2.09	14	漆树	64.5	83.8	0.77
3	山杨	58.5	29.8	1.96	15	核桃	67.8	90.4	0.75
4	白桦	57.8	30	1.91	16	瓦山水胡桃	68.3	92.3	0.74
5	冬瓜杨	58.4	32.8	1.78	17	华山松	38.9	55.6	0.7
6	刺槐	74.7	53.8	1.39	18	桦叶荚蒾	42.6	68.7	0.62
7	栓皮栎	67.1	50.8	1.32	19	筒果椴	32.3	57.7	0.56
8	锐齿栎	66.5	52	1.28	20	青皮槭	44.5	82.4	0.54
9	油松	46.2	37.3	1.24	21	云杉	26.4	51.8	0.51
10	白蜡	107.8	93.7	1.16	22	大果青杆	25.6	53.3	0.84
11	光皮桦	56	55.4	1.01	23	鄂西冷杉	31.4	71.4	0.44
12	鹅耳枥	48.3	54.3	0.89	24	秦岭冷杉	32.5	79.3	0.41

可以看出，用叶解剖法，依叶片栅状组织厚度与海绵组织厚度的比值所排列的树种喜光性序列。除白蜡外，可以说完全符合光饱和点所鉴定的序列，简直是异曲同工。故两种方法互相验证结果说明本文鉴定的喜光性序列基本上是可靠的。

2.3 影响喜光性鉴定因素的分析

树种的喜光性或耐荫性，是一个极其复杂的生态生理过程。植物的生长、发育状况，生活条件的差异都会影响到它自身的生理强度和内部构造。特别是森林树种，在自然条件下通常是以群体生存的，本文研究的植株（标准木）在群落中所处的地位不同，也会有不同的生理速率和叶片构造。这些，给研究工作和抽样方法都带来了很大的困难。前边所述的白蜡，在两个序列中的地位不同，就不是罕见的了。就本文研究范围内出现的一些教训和差异作一个粗略的分析，对于今后的研究者和生产应用不是无益的。

1）植株个体年龄：同一树种不同年龄的植株，其叶片构造和生理强度、喜光性都发生变异。因此，在研究林木喜光性时，要消除年龄的影响，通常年幼的个体，光饱和点较低，栅状薄壁组织与海绵薄壁组织之比值偏小，具有较强的耐荫性和较弱的喜光性。如表 3 所示。

表 3 刺槐不同年龄时的喜光性变异

年龄	平均光合 [$CO_2mg/(H \cdot dm^2)$]	光饱和点（lx）	栅状组织厚度（μm）	海绵组织厚度（μm）	比值	序号
5	5.86	11 500	57.5	64.6	0.89	3
12	5.78	14 000	65.8	56.7	1.16	2
20	5.64	18 000	77.4	54.5	1.42	1

由此可见，林木在幼年阶段都有耐荫的倾向。

2）叶片年龄：不落叶的常绿树种，在同一植株上具有发育年龄不同的叶片或针叶，这些不同年龄的叶片，具有不同的生理强度和叶构造，这在研究测试中取样时应充分注意这些差异，尽量排除干扰。选取发育年龄相同的叶片作测试样品（表 4）。

表 4 不同年龄针叶的生理强度及叶构造比较

树种	针叶年龄	平均光合 [$CO_2mg/(H \cdot dm^2)$]	光饱和点（lx）	栅状组织厚度（μm）	海绵组织厚度（μm）	比值
油松	1	4.24	12 000	46.2	37.3	1.24
	2	3.11	8 000	58.5	40.3	1.45
	3	1.83	—	62.3	37.5	1.66
华山松	1	4.14	9 000	38.9	55.6	0.7
	2	3.16	5 000	44.3	47.6	0.93
	3	2.01	3 000	51.6	46.1	1.12

3）树冠部位：在不同的树冠部位选取的叶片，其构造有极显著的差异（表 5）。故本研究中注意到这种差异，严格要求在树冠南面（阳面）中部选取测试部位，以克服这种干扰。

表5   不同树冠部位叶构造比较

树种	树冠部位	气孔密度（个/cm²）	叶脉密度（mm/cm²）	叶片厚度（μm）	栅状组织厚度（μm）	海绵组织厚度（μm）	比值
刺槐	阳生	755.7	2035	167	75	54	1.39
	阴生	478.2	1396	128	41	64	0.64
简果椴	阳生	688.1	2148	175	58	76	0.77
	阴生	358.7	1862	123	32	58	0.56
白蜡	阳生	264.7	909	234	108	94	1.15
	阴生	176.3	665	160	64	73	0.87

4）立地条件：不同立地条件下生长的周一林木，尽管它们年龄相同，取样部位一致，但它们具有较大的喜光程度差异（表6），由此可见，生长在高地位级中的林木，因其水分和养分条件优越，其喜光性大大减弱。这符合生态因子补偿的规律[3, 5, 6]。这个有趣的现象足可说明：为什么在立地条件好，水肥条件优越时，林冠下更新的幼树健壮生长持续时间长的原因，这在森林经营作业，抚育间伐和更新中有较大的现实意义。

表6   立地条件对树种喜光性的影响

树种	树龄（a）	地位级	平均光合强度[CO₂mg/(H·dm²)]	光饱和点（lx）	栅状组织厚度与海绵组织厚度的比值
油松	18	I	4.41	9000	1.02
	18	IV	4.12	15000	1.58
刺槐	24	II	5.76	18000	1.44
	24	IV	5.45	21000	1.86

因此，在研究中要用立地条件一致的树种来比较，同一栽培条件下进行测试是比较理想的了。

3 结论

1）林区主要成林树种喜光性或耐荫性的研究，在林业科学上和生产实践上都有较重要的作用。特别是喜光性序列，可以作为造林混交设计、森林采伐更新、抚育间伐、林分改造技术设计的依据，它说明了树种相互关系的重要方面。

2）运用光饱和点法和叶解剖法鉴定树种的喜光程度是可行的。尤其是两种方并列运用是可靠的。

3）树种喜光性是一个复杂的生态生理过程，它随着树木的年龄和立地条件等因素发生有规律的变异，在生产实践中和科学研究上可充分应用。

本研究工作仅是一次探索性的尝试，由于水平有限，错误和缺点在所难免，请各位读者批评指正。

参 考 文 献

[1] 欧斯汀. 植物群落的研究. 吴中伦译. 北京：科学出版社，1962.

[2] 伊万诺夫. 树种生活中的光和水分. 刘建良等译. 北京：科学出版社，1957.

[3] 谢尼科夫. 植物生态学. 王汶译. 北京：高等教育出版社，1953.

[4] 克累默尔，考兹洛夫斯基. 树木生理学. 汪振儒等译. 北京：农业出版社，1963.

[5] 拉夏埃尔. 植物生理生态学. 李博等译. 北京：科学出版社，1980.

[6] 聂斯切洛夫. 森林学. 蔡以纯等译. 北京：林业出版社，1957.

贵州省马尾松人工林生物量及分布格局研究*

周 祎 丁贵杰

—— 摘要

　　根据课题组调查的 596 株贵州省马尾松各产区人工林生物量实测样木资料，建立了不同林分类型生物量-蓄积量回归模型，基于所建模型和贵州省二类森林资源连续调查（2005～2007 年）的 140 765 个小班资料，研究了贵州省马尾松人工林生物量及其分布格局。结果表明：马尾松幼龄、中龄、近熟纯林及幼龄、成熟混交林最适模型是幂函数模型，中龄、近熟混交林最适模型是线性方程，成熟纯林最适模型是对数模型。贵州省马尾松人工林总生物量为 43.56Tg，其中，人工纯林 39.19Tg、占人工林总量的 89.99%，人工混交林 4.36Tg、占人工林总量的 10.01%，中龄和近熟林生物量约占总生物量的 79.41%，中、高密度林分生物量占 93.63%；马尾松人工林主要集中分布于贵州省东南部、东部和北部地区，其中黔东南州占到人工林总生物量的 41.77%。

关键词：马尾松；人工林；生物量；森林资源清查；模型；林分类型 ▉

　　马尾松（*Pinus massoniana* L.）以适应性强、速生、丰产，全树综合利用程度高，纤维优良而成为南方荒山造林的首选先锋树种，在提供松脂和造纸原料方面占有十分重要的地位[1-3]。生物量是植被碳库的度量指标之一，是评价生态系统功能的重要参数之一[4]。因此，准确推算森林生物量便成为生态学和全球变化研究的重要内容之一[5]。

　　迄今为止，贵州省已连续进行了 3 次全省范围的、系统的二类森林资源调查，取得了包括人工林和天然林在内的大量宝贵的森林资源资料。自 20 世纪 70 年代末冯宗炜等[6]、李文华[7]率先对我国的森林生物量进行测定以来，关于生物量的研究资料很多，但是，如何充分将森林资源调查资料与已有的森林生物量模拟研究结果相结合的研究却鲜为报道。本文整理了多年来课题组大量关于贵州省马尾松生物量研究资料，建立生物量与蓄积量之间模型，再结合第三次贵州省二类森林资源调查的特点，对贵州省马尾松林分类型进行全覆盖系统分类，从而提高了生物量估算精度，为以后估算生物量提供理

　　* 原载于：贵州林业科技，2016，44（2）：1-7.

论依据及对贵州省碳汇功能评价提供科学参考。

1 材料和方法

1.1 数据来源

1.1.1 生物量及蓄积量样地资料收集

课题组先后在贵州黔中、黔东南、黔南等 20 多个县市，调查测定 596 株贵州省马尾松各产区人工林生物量实测样木资料，其中，人工纯林 453 株、混交林 143 株，幼龄林样木 108 株，中龄林样木 276 株，近熟林样木 149 株，成熟林样木 63 株。样地调查信息包括：地点、经度、纬度、林分起源、林分组成、林龄（a）、郁闭度、林分密度（株/hm²）、林分平均胸径（cm）、林分平均树高（m）、林分蓄积量（m³/hm²）、单株材积（m³）和乔木层生物量（t/hm²）等信息。资料分布情况见表1。

表 1 实测样木资料概况

林龄	样木数（株）	密度（株/hm²）		树高（m）		径阶（cm）	
		最大	最小	最大	最小	最大	最小
幼龄林	108	6700	1425	9.64	4.90	10.21	5.28
中龄林	276	6425	850	13.84	7.70	15.10	7.67
近熟林	149	2730	850	18.54	11.96	19.95	11.75
成熟林	63	1365	744	20.25	14.80	32.30	16.70
纯林	453	6700	850	20.25	4.9	32.30	5.28
混交林	143	4500	744	19.53	5.8	28.6	6.25

1.1.2 贵州省二类资源调查数据

本文采用贵州省 2005～2007 年第三次二类森林资源调查数据，以马尾松为研究对象，其资料包括小班面积和蓄积量等。通过对资料的整理，共筛选出 140 675 个小班数据。研究资料概况见表2。

表 2 研究资料概况

林组	样本数（个）	蓄积量（万 m³）	总面积（万 hm²）	胸径（cm）				树高（m）			
				平均值	标准差	最大值	最小值	平均值	标准差	最大值	最小值
纯林	131 122	5 464.97	55.64	13.30	3.64	60.0	4.0	13.90	3.97	50.0	2.3
混交林	9 553	650.62	5.09	14.20	4.07	56.0	5.0	15.50	4.46	48.0	5.0
合计	140 675	6 114.99	60.73	13.33	3.68	60.0	4.0	14.03	4.02	50.0	2.3

1.2 林分类型的划分

根据贵州省马尾松森林类型和林分特点，结合森林资源二类调查资料，按照林分特点、功能和研究的需要，将马尾松人工林分为以下几种类型（图1），其中，根据林龄组成分为幼龄林（0～10a）、中龄林（11～20a）、近熟林（21～30a）和成熟林（31a以上），根据林分密度大小划分为疏（1000株/hm^{2}以下）、中（1000～3000株/hm^2）和密（3000株/hm^{2}以上）三个等级。

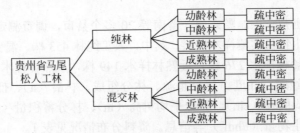

图1 马尾松人工林林分类型的划分

1.3 数据分析

1.3.1 生物量与蓄积量回归模型

根据以往研究经验，选用表3中6种模型，以回归模型估算法，建立马尾松不同林分类型生物量与蓄积量模型，以小班林分为研究对象，加权平均至省级区域，估算马尾松不同林分类型的生物量。选用调整决定系数（R^2）、预估精度（P）、F值3种常用统计指标对模型进行评估和拟合检验。

表3 回归模型

序号	模型	公式	参数
1	线性方程	$y=a+bx$	a, b
2	对数方程	$y=a+b\ln x$	a, b
3	幂函数方程	$y=ax^b$	a, b
4	S曲线模型	$y=e^{(a+b/x)}$	a, b
5	增长曲线模型	$y=e^{(a+bx)}$	a, b
6	指数方程	$y=ae^{bx}$	a, b

1.3.2 林分生物量估算

根据建立的不同林分生物量-蓄积量回归模型，结合已整理的贵州省马尾松林资源二类调查数据，将蓄积量带入回归模型中，即可求得马尾松不同林分类型生物量。

1.3.3　数据的统计与分析

本研究所有统计分析、图形制作和数据处理都是在 Excel 2007 和 SPSS18.0 中进行的。

2　结果与分析

2.1　马尾松人工林生物量–蓄积量模型建立与选择

研究表明，6 种回归模型中，除混交中龄林以外，其余林分类型的预估精度 P 均小于 0.01，达到极显著水平。其中人工纯林的幼龄林、中龄林、近熟林、混交幼龄林和混交成熟林以选用幂函数模型拟合效果最好，混交中龄林、近熟林选择线性方程拟合效果比较好，纯林成熟林选择对数模型较好，拟合结果见表 4。据实测数据和模型理论值绘制了图 2，可看出，纯林成熟林和混交幼龄林，生物量随着蓄积量的增加有迅速增大的趋势，随后增大速度减缓；其余林分类型生物量随蓄积量增加而增大，呈显著的线性关系。

表4　马尾松人工林不同林分类型生物量–蓄积量回归模型

林分类型		模型	公式	R^2	F	P
纯林	幼龄	3	$y=1.156x^{0.871}$	0.816	81.074	0.000
	中龄	3	$y=1.809x^{0.793}$	0.880	382.663	0.000
	近熟	3	$y=1.476x^{0.858}$	0.897	305.717	0.000
	成熟	2	$y=102.115\ln x-394.258$	0.954	397.111	0.000
混交林	幼龄	3	$y=10.505x^{0.378}$	0.877	56.840	0.000
	中龄	1	$y=0.302x+43.01$	0.740	11.377	0.000
	近熟	1	$y=0.563x+20.667$	0.937	133.495	0.000
	成熟	3	$y=5.576x^{0.641}$	0.968	396.539	0.000

注：表中数字代表模型序号。

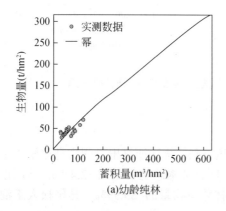

(a)幼龄纯林

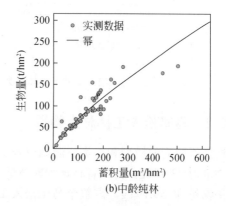

(b)中龄纯林

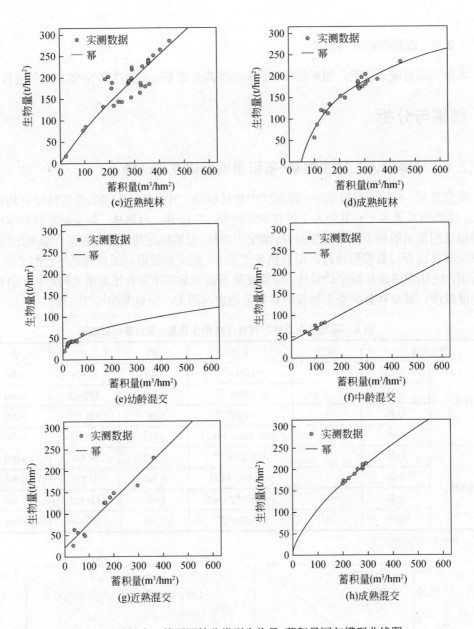

图2 马尾松人工林不同林分类型生物量-蓄积量回归模型曲线图

2.2 马尾松人工林总生物量

根据所建立的模型和二类资源调查各小班资料,统计计算出贵州省马尾松人工林的总生物量为43.56Tg,占全省林地和非林地中所有林木总生物量的12.41%;马尾松人工纯林生物量为 39.19Tg,占整个马尾松人工林总生物量的 89.99%;马尾松人工混交林4.36Tg,占马尾松人工林总生物量的10.01%。

2.3 贵州省马尾松生物量地理分布格局

图3和表5是贵州省各市（州）级行政区马尾松人工林生物量情况。由图4和表5可知，马尾松人工林主要集中于黔东南、遵义、黔南、贵阳和铜仁地区，生物量占到了全省的91.81%，其中，黔东南占到了全省的41.77%，黔西南和六盘水市均不足1%。

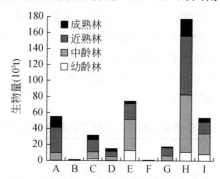

图3 贵州省各市州马尾松人工林生物量

注：A，贵阳市；B，六盘水市；C，遵义市；D，安顺市；E，铜仁市；F，黔西南州；
G，黔东南州；H，毕节市；I，黔南州。下图同。

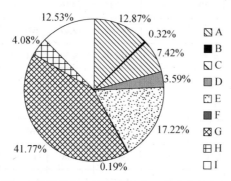

图4 贵州省各市州马尾松人工林生物量比例

表5 贵州省各地级行政区马尾松人工林生物量

地级行政区	总生物量（万t）	占全省比例（%）
贵阳市	560.38	12.87
六盘水市	13.99	0.32
遵义市	323.37	7.42
安顺市	156.19	3.59
铜仁市	750.18	17.22
黔西南州	8.46	0.19
黔东南州	1819.38	41.77
毕节市	177.87	4.08
黔南州	545.65	12.53
合计	4355.48	100.00

2.4　贵州省马尾松人工林不同类型及龄组生物量

表 6 是贵州省马尾松人工林不同林龄及密度等级生物量概况。按林组看：中龄林（38.88%）和近熟林（40.53%）生物量最大，占整个人工林的 79.41%，其次是成熟林（12.65%），最少的是幼龄林（7.93%）。纯林中，近熟林（37.03%）>中龄林（34.50%）>成熟林（11.38%）>幼龄林（7.08%）。混交林中，成熟林（1.28%）>中龄林（4.38%）>近熟林（3.51%）>幼龄林（0.85%）。林分密度等级中，中密度生物量最大，占到 54.85%，其次是高密度占 38.78%，疏密度占生物量最少，为 6.37%；其中林分生物量排在前 4 位的分别是中密度的近熟纯林（19.81%）和中龄纯林（19.16%）以及高密度的近熟纯林（15.41%）和中龄纯林（12.47%）。

表 6　贵州省马尾松人工林不同林龄分密度生物量

林组		小计		幼龄林		中龄林		近熟林		成熟林	
		生物量（万 t）	百分比（%）	生物量（万 t）	百分比（%）	生物量（万 t）	百分比（%）	生物量（万 t）	百分比（%）	生物量（万 t）	百分比（%）
纯林	疏	253.56	5.82	28.42	0.65	125.3	2.88	78.64	1.81	21.2	0.49
	中	2139.84	49.13	189.39	4.35	834.35	19.16	862.86	19.81	253.24	5.81
	密	1525.99	35.04	90.62	2.08	543.09	12.47	671.18	15.41	221.10	5.08
小计		3919.39	89.99	308.43	7.08	1502.74	34.50	1612.68	37.03	495.54	11.38
混交林	疏	23.82	0.55	3.28	0.08	12.69	0.29	6.76	0.16	1.08	0.02
	中	249.25	5.72	23.36	0.54	114.01	2.62	84.76	1.95	27.14	0.62
	密	163.05	3.74	10.52	0.24	63.86	1.47	61.29	1.41	27.38	0.63
小计		436.12	10.01	37.16	0.85	190.56	4.38	152.81	3.51	55.6	1.28
合计		4355.51	100.00	345.59	7.93	1693.3	38.88	1765.49	40.53	551.14	12.65

3　结论与讨论

3.1　生物量估算结果及分布格局

贵州省马尾松人工林生物总量为 43.56Tg，其中纯林 39.19Tg，混交林 4.36Tg，纯林生物量远远大于混交林生物量，主要是由于纯林面积和蓄积量大，且单产较高所致。贵州省马尾松人工林平均生物量为 199.51t/hm²，高于我国（84.08t/hm²）[8] 和西南地区（148.66t/hm²）[9] 森林植被平均生物量，但却远低于（鼎湖山）我国典型南亚热带的生物量 380t/hm² [10]，这可能是由于贵州地处丘陵多山地区，土地贫瘠原因所致。从不同林龄组成看，马尾松人工林幼龄林、中龄林、近熟林及成熟林生物量分别为 45.90t/hm²、

123.43t/hm^2、200.34t/hm^2、268.75t/hm^2，这与丁贵杰等[11]、刘茜[12]研究结果相差不大。马尾松在全省分布极不均匀，人工林主要集中于黔东南、遵义、黔南、贵阳和铜仁地区，这些区域占贵州省马尾松人工林面积的 64.33%，但林分生物量占全省马尾松总生物高达 91.81%，说明这些区域较适合马尾松生长，是马尾松的高产区。

贵州省马尾松人工林生物量以中密度所占比例最大（54.83%），其次是高密度（38.79%），低密度林最少（6.37%），如果要提高森林生物量就应当改善林分结构，减少低密度林分。

3.2 生物量估算的不确定性

二类资源请查资料，信息量大、覆盖广、系统性强，对于研究区域内大尺度森林生物量帮助很大，通过已研究资料获取信息，分别建立不同林分生物量-蓄积量模型，能够很好地提高生物量预估精度，也具有实用性强、操作简便易行等优点，但对于估算森林生物量也存在许多不确定性，具体表现如下。

（1）二类资源清查数据的完整性与准确度

我国森林资源清查的误差已小于 5%[13]，但野外测定生物量，会有误差，且这个误差无法评估[14]。由于森林资源调查数据不包括地下部分、枯死木、倒木和凋落物等，所以计算的乔木蓄积量和生物量要比林分的实际生物量要小很多，这对进一步准确估算森林的碳汇会较大影响，今后应加强和补充这些内容的研究，为科学准确估算森林生产力、生物量和碳汇提供科学依据。

（2）个别群体的样本数量有限

回归方程要精确反映实际问题，提高精确度，就需要有足够多的样本数量。本研究人工混交林样本数量略显不足，特别是混交中龄林样本只有 6 个，这在一定程度上会影响对这部分群体估计的准确性，所以今后应加强马尾松人工混交林生物量的研究，特别是中龄林。

（3）环境因素对生物量的影响

生物量是植物对能量积累的主要表现形式[15]，其分配方式受约于外界环境[16]，植物在生长发育的过程中，立地条件及周边环境条件（光照、水分、养分、土壤特性）对其生长发育影响很大。由于受资料完整性的限制，本研究无法全面考虑这些因素，这也会影响生物量估算的准确性。因此，以后在研究蓄积量与生物量的关系模型中，以及利用小班资料估算生物量时，均应把立地指数或立地环境因素引入相关方程。

（4）经营过程和人为干扰对生物量的估算也有较大影响

研究表明，不同经营管理措施，如造林密度、间伐、施肥、整地等营林措施，对生物量都有着至关重要的影响。所以，为了提高大尺度森林生物量的预估精度，就要科学考虑人为经营对林分生长力和生物量的影响，就应该把人为干扰引入相关模型。

参 考 文 献

[1]丁贵杰. 马尾松人工林生物量及生产力的变化规律III. 不同立地生物量及生产力变化. 山地农业生物学报，2000，（6）：411-417.

[2] 丁贵杰,王鹏程. 马尾松人工林生物量及生产力变化规律研究Ⅱ. 不同林龄生物量及生产力. 林业科学研究,2002,15(1):54-60.

[3] 丁贵杰. 马尾松人工林生物量和生产力研究Ⅰ. 不同造林密度生物量及密度效应. 福建林学院学报,2003,23(1):34-38.

[4] 黄玫,季劲钧,曹明奎,等. 中国区域植被地上与地下生物量模拟. 生态学报,2006,26(12):4156-4163.

[5] 方精云,陈安平,赵淑清,等. 中国森林生物量的估算:对 Fang 等 Science 一文(Science,2001,291:2320~2322)的若干说明. 植物生态学报,2002,26(2):243-249.

[6] 冯宗炜,陈楚莹,张家武,等. 湖南会同地区马尾松林生物量的测定. 林业科学,1982,18(2):127-134.

[7] 李文华. 森林生物生产量的概念及其研究的基本途径. 资源科学,1978,(1):71-92.

[8] 方精云,刘国华,徐嵩龄. 我国森林植被的生物量和净生产量. 生态学报,1996,16(5):497-508.

[9] 于维莲,董丹,倪健. 中国西南山地喀斯特与非喀斯特森林的生物量与生产力比较. 亚热带资源与环境学报,2010,5(2):25-30.

[10] 彭少麟,张祝平. 鼎湖山地带性植被生物量、生产力和光能利用效率. 中国科学(B 辑 化学 生命科学 地学),1994,(5):497-502.

[11] 丁贵杰,吴协保,齐新民,等. 马尾松纸浆材林经营模型系统及优化栽培模式研究. 林业科学,2002,38(5):7-13.

[12] 刘茜. 不同龄组马尾松人工林生物量及生产力的研究. 中南林学院学报,1996,(4):47-51.

[13] Fang J Y,Liu G H,Xu S L. Forest biomass of China:an estimation based on the biomass volume relationship. Ecological Applications,1998,8(4):1084-1091.

[14] 邓蕾,上官周平. 基于森林资源清查资料的森林碳储量计量方法. 水土保持通报,2011,31(6):143-147.

[15] 汪珍川,杜虎,宋同清,等. 广西主要树种(组)异速生长模型及森林生物量特征. 生态学报,2015,35(13):4462-4472.

[16] Mokany K,Raison R J,Prokushkin A S. Critical analysis of root:shoot ratios in terrestrial biomes. Global Change Biology,2006,12(1):84-96.

林木分布格局多样性测度方法：以阔叶红松林为例*

惠刚盈　张弓乔　赵中华　胡艳波　白　超

┌── 摘要

　　林木分布格局是森林结构的重要组成部分，直接影响森林生态系统的健康与稳定，维持森林结构多样性被认为是保护生物多样性的最佳途径。本研究探讨了林木分布格局多样性测度方法，以期为揭示森林结构多样性提供理论依据。格局多样性研究的关键在于选择合适的生物多样性测度方法和具有分布属性的格局指数。本研究通过统计角尺度分布频率和 Voronoi 多边形边数分布频率，运用 Simpson 指数分别计算角尺度多样性和 Voronoi 多边形边数分布多样性，作为表达林木分布格局多样性指数的方法，并以我国东北吉林蛟河的 3 个 100m×100m 的阔叶红松林长期定位监测标准地为例，分析林木分布格局的多样性。结果表明：无论是角尺度分布还是 Voronoi 多边形的边数分布都接近常态分布。角尺度分布中随机分布林木的频数最多，占 55% 以上；Voronoi 多边形的类型多达 10 个以上，50% 以上的林木有 5～6 株最近相邻木。利用 Simpson 指数衡量林木格局多样性，角尺度分布与 Voronoi 多边形的边数分布都显示出聚集分布的林分比随机分布林分的格局多样性高。研究还发现，两种格局判定方法的 Simpson 指数值有所不同，角尺度分布的多样性数值明显低于 Voronoi 多边形的边数分布的多样性数值，主要原因是二者的等级数量不同。可见，林木分布格局多样性研究应选择具有分布属性的格局指数，但由于各指数反映格局的角度不同，所以在分析比较不同林分格局多样性时应采用相同的格局分析方法。

关键词：分布格局多样性；角尺度分布；Voronoi 多边形边数分布；Simpson 指数

　　生物多样性是生物与周围环境形成的生态复合体以及与此相关的各种生态过程的总和，具有十分重要的价值，是人类生存的物质基础[1]。生物多样性不仅影响森林生态系统的结构与功能，而且决定着森林生态系统的稳定性。研究森林生物多样性可以

---

* 原载于：生物多样性，2016，24（3）：280-286.

更好地认识群落的组成变化和发展趋势，同时可以揭示干扰的影响。对于生物（物种）多样性的测度通常采用 Shannon-Wiener 和 Simpson 指数[2-4]。

生物多样性保护是森林可持续经营的关键目标[5-7]，维持森林结构多样性或生境复杂性常被认为是保护生物多样性的最佳途径。自 20 世纪 90 年代初以来，生物多样性与生态系统功能关系（BEF）开始受到科学界的重视。BEF 研究对生物多样性保护和生态系统管理都具有重要意义[8]。

林分空间结构与森林生态系统的过程和功能密切关联，天然林尤其是结构和组成高度异质的原始林，其生物多样性显著高于人工经营的林分，具有较强的抵御环境干扰和自我修复的能力[9, 10]，能提供许多物质产品和观赏休闲空间，具有土壤保护能力以及景观美学价值。因此，有人建议将天然林作为森林经营管理的模板，以期实现生态可持续发展[11]。研究天然林的结构、动态以及由此引起的种间或物种和环境因子之间的共存关系，可使我们进一步在森林更新、植被恢复、树种组成等方面获得重要发现[12]。

森林结构主要通过位置（点格局）、林木大小和树种多样性来表达。除树种和林木大小多样性外，林木分布格局多样性是森林结构的重要组成部分，直接影响森林生态系统的健康与稳定。已有很多文献从格局分析方法、不同森林类型的格局特征以及格局的生态过程等方面对林分整体分布格局进行了研究[13-19]，但有关格局多样性的研究还鲜有报道，主要原因可能是缺乏相关研究的方法。由于环境的异质性，林分中各林木及其相邻木之间的相对位置表现出聚集、均匀或随机关系，群落的水平结构呈现镶嵌性，从而构成了林分在水平分布上的多样性即格局多样性，正是由于这种丰富的多样性才孕育了森林群落的各种复杂的生命现象和生态过程[20]。因此，对于林木格局的研究不应该仅仅限于经典的格局分析，而应该更进一步分析格局多样性，以便发掘不同点格局的细微特征变化对林木生态过程的影响。本研究试图通过实例介绍林木分布格局多样性的测度方法。

1 方法

1.1 样地概况

分析数据来源于吉林省蛟河阔叶红松松（Pinus koreansis）林固定实验地（43°51′N～44°05′N，127°35′E～127°51′E）。样地 1、2、3 的大小均为 100m×100m，密度分别为 756 株/hm²、800 株/hm² 和 1186 株/hm²。该实验地植被类型属于长白山温带针阔混交林，主要树种有水曲柳（Fraxinus mandschurica）、红松、胡桃楸（Juglans mandshurica）、千金榆（Carpinus cordata）、杉松（Abies holophylla）等。实验地内所有胸径≥5cm 的林木都已挂牌标号，用全站仪（TOPCON-GTS-602AF，日本拓普康）测定并记录林木坐标、树种、胸径、树高、冠幅和健康状况，同时调查林分的郁闭度、坡度、林分平均高、幼苗更新和枯立木情况等。

1.2 数据分析方法

格局多样性研究的关键在于选用合适的生物多样性测度方法和确定具有分布属性的格局指数。

Shannon-Wiener 指数[21]和 Simpson 指数[22]是目前应用最为广泛的生物多样性测度指数[2]。由于 Shannon-Wiener 指数取值的非归一化，而 Simpson 指数（D）是取值为 0～1 的归一化指数。又因为格局归一化的指数易于理解，且可与其他归一化指标进行比较，故本研究采用 Simpson 指数计算格局多样性。尽管用于林木分布格局评估的方法很多，但能用于其多样性研究的方法并不多见。本研究采用角尺度和 Voronoi 多边形方法。角尺度方法既可用角尺度分布也可用其均值表达格局[23-25]，其均值在 [0.475，0.517] 为随机分布，大于 0.517 为聚集[24]。Voronoi 多边形方法虽然不能直接用边数的均值进行林木格局判断，但其边数分布的标准差可用来确定林木分布格局类型，其值在 [1.264，1.402] 为随机分布，小于 1.264 为均匀分布，大于 1.402 为聚集分布[26]。

1.2.1 角尺度分布多样性

角尺度定义为α角（对象木与其最近 2 株相邻木组成的夹角）<标准角α_0（$\alpha_0=72°$）的个数占所考察的 4 个夹角的比例[23]。其可能的取值和含义见图 1。角尺度 W_i 的计算公式为

$$W_i = \frac{1}{4}\sum_{j=1}^{4} Z_{ij} \tag{1}$$

式中，当第 j 个α角<标准角α_0时，$Z_{ij}=1$；否则，$Z_{ij}=0$。

角尺度分布多样性（D_w）：通过统计林分中角尺度 W_i 的频数，计算其相对频率 x_i，用 Simpson 指数计算 D_w。

$$D_w = 1 - \sum_{i=1}^{5} x_i^2 \tag{2}$$

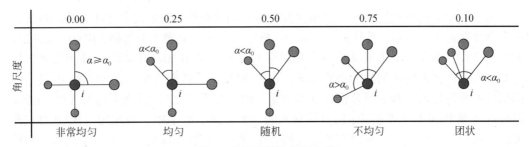

图 1 角尺度的取值和含义

注：i 为第 i 株参照树。

1.2.2 Voronoi 多边形分布多样性

假设林分中每株林木都为单个点，则可得到林分唯一的 Delaunay 三角网，该三角网包含了相邻木间的距离信息和角度信息，边长长度等于参照树与其相邻木的距离。Delaunay 三角网具有唯一的对偶结构 Voronoi 图，两株相邻林木对应的 Voronoi 多边形共享一条边，也就是公共边。如图 2 中，实线代表 P_1～P_6 这 6 个点的 Delaunay 三角网，虚线表示相对应的 Voronoi 图。对于非样地边缘林木，其 Voronoi 多边形公共边的条数代表了该林木的相邻木数目，这也是本研究 Voronoi 多边形边数分布的基础理论依据。

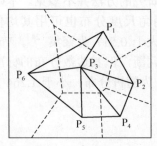

图 2　6 个点的 Delaunay 三角网及其对应的 Voronoi 图

注：P1～P6 为 6 株林木的点位。

Voronoi 多边形的边数分布（D_v）：统计林分唯一对应的 Voronoi 图中林木对应边数（s）的频数，计算其相对频率 x_i，用 Simpson 指数计算 D_v。

$$D_v = 1 - \sum_{i=3}^{s} x_i^2 \qquad (3)$$

2　结果

2.1　林木格局角尺度分布

图 3 展示了阔叶红松林 3 个样地角尺度分布的多样性。3 个天然林样地林木格局角尺度总体接近正态分布。所分析的林分中，角尺度分布的全部 5 个等级（W_i=0.00，0.25，0.50，0.75，1.00）中均有林木存在。随机分布林木（W_i=0.50，即最近 4 株相邻木随机分布于所分析林木的四周）的频数最多，占 55%以上，特别均匀（W_i=0.00，即最近 4 株相邻木很均匀地分布于所分析林木的周围）的只有不足 1%，特别不均匀（W_i=1.00，即最近 4 株相邻木全部分布于所分析林木的一侧）的不足 10%，较均匀（W_i=0.25，即最近 4 株相邻木中仅有 1 株没有独立占据一个方位，其他 3 株均匀地分布于周围）和较不均匀（W_i=0.75，即最近 4 株相邻木中有 3 株没有独立占据一个方位）的结构组合计为 40%左右。样地 1、2、3 的平均角尺度分别为：0.536、0.492、0.499。样地 1 为聚集分布，样地 2 和 3 为随机分布。

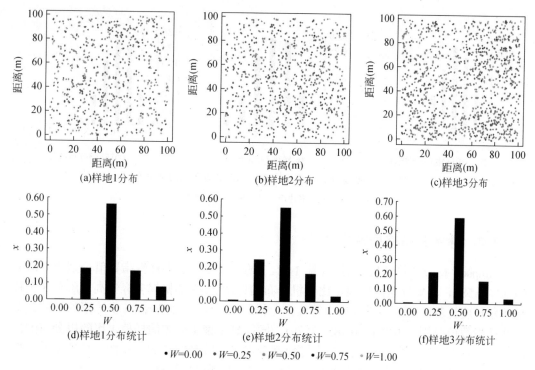

图3　吉林蛟河天然阔叶红松林的角尺度分布

注：W 为角尺度，x 为相对频率。

（见彩图 A）

2.2　林木格局 Voronoi 多边形的边数分布

图4展示了阔叶红松林3个样地的 Voronoi 多边类型多达10个以上，50%以上的林木有5～6株最近相邻木，1%～2%的林木仅有3株最近相邻木，有10～13株最近相邻木的只有不到1%。3个天然林样地的 Voronoi 多边形的边数分布也接近正态分布，其标准差分别为1.404、1.287和1.322。样地1为聚集分布，样地2和3为随机分布。

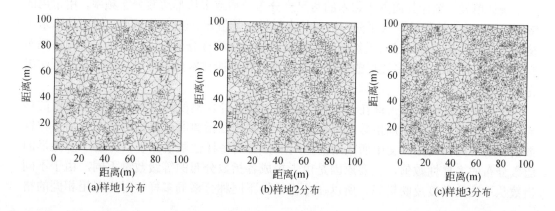

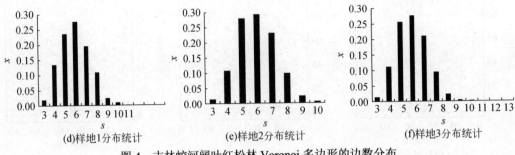

图 4　吉林蛟河阔叶红松林 Voronoi 多边形的边数分布

注：s 为 Voronoi 多边形对应边数，x 为相对频率。

2.3　林木分布格局多样性

Simpson 指数计算结果表明，样地 1、2、3 的角尺度分布多样性指数值分别为 0.614、0.608、0.580，聚集分布的样地 1 比随机分布的样地 2、3 的格局多样性高。所有 3 个样地按角尺度计算的格局多样性属中等偏上。样地 1、2、3 的 Voronoi 多边形的边数分布多样性指数值分别为 0.801、0.785、0.791，同样显示聚集分布的样地 1 比随机分布的样地 2、3 的格局多样性高。所有 3 个样地都表现出了较高的边数多样性。总体来看，聚集分布林分（样地 1）比随机分布林分（样地 2、样地 3）的林木格局多样性略高。

3　讨论

林木水平分布格局多样性反映的是林分中各种结构等级数量及其分布的均匀性。传统研究大多注重林木格局的判定，并没有深入研究表征林木分布格局的细微结构特征的分布。角尺度方法是通过判断林木与其相邻木之间组成的角度与标准角之间的关系来确定林木分布格局；Voronoi 多边形边数分布则是通过林木与其最近相邻木组成唯一多边形的边数的标准差来确定林木分布格局类型。这 2 种方法均采用了林分中各个结构等级的分布频率，可以用来表达林木分布格局的多样性。本研究中，将林分中每株林木作为一个统计单元，统计其周围相邻木的角尺度分布类型或多边形边数分布频率，用常用的 Simpson 指数来计算林木水平分布格局的多样性；其值在 0~1，值越大，说明林木水平格局的多样性越高。通过对天然阔叶红松林的格局多样性分析发现，其林木分布格局多样性较高，用 Voronoi 多边形的边数分布标准差判定的林木分布格局与角尺度分析结果完全一致。

格局多样性研究的关键在于选择合适的生物多样性测度方法和具有分布属性的格局指数。显然，不同格局指数采用相同的生物多样性指数所计算出的林木格局多样性数值有所不同，比如，文中所采用的角尺度分布的多样性数值低于 Voronoi 多边形的边数分布的多样性数值，主要原因是由于构成各指数分布的等级数量不同。由于不同指数从不同的角度反映格局，所以在分析比较不同林分格局多样性时应采用相同的格局分析方法。

参 考 文 献

［1］马克平，钱迎倩. 生物多样性保护及其研究进展（综述）. 应用与环境生物学报，1998，4（1）：95-99.

［2］Krebs C J. Ecological Methodology. California：Benjamin/ Cummings Menlo Park，1999：1-100.

［3］Purvis A，Hector A. Getting the measure of biodiversity. Nature，2000，405：212-219.

［4］Hui G Y，Hu Y B，Xu H. BeziehungenzwischenBaumdimensionen und kleinräumiger Strukturviel falt in einemMischwald in Nordostchina. AllgemeineForst undJagdzeitung，2006，177（10/11）：199-205.

［5］高宝嘉，李东义. 残次油松林群落特征与生物多样性恢复. 生态学报，1999，19（5）：647-653.

［6］雷相东，唐守正. 林分结构多样性指标研究综述. 林业科学，2002，38（3）：140-145.

［7］Spiecker H. Silvicultural management in maintaining biodiversity and resistance of forests in Europe temperate zone. Journal of Environmental Management，2003，67（1）：55-56.

［8］马克平. 生物多样性与生态系统功能的实验研究. 生物多样性，2013，21（3）：247-248.

［9］McNaughton S J. Diversity and stability of ecological communities：a comment on the role of empiricism in ecology. The American Naturalist，1977，111（979）：515-525.

［10］Stapanian M A，Cline S P，Cassell D L. Evaluation of a measurement method for forest vegetation in a large-scale ecological survey. Environmental Monitoring and Assessment，1997，45（3）：237-257.

［11］Kuuluvainen T. Natural variability of forests as a reference for restoring and managing biological diversity in boreal Fennoscandia. Silva Fennica，2002，36（1）：97-125.

［12］Kuuluvainen T，Penttinen A，Leinonen K，et al. Statistical opportunities for comparing stand structural heterogeneity in managed and primeval forests：an example from boreal spruce forest in southern Finland. Silva Fennica，1996，30（2-3）：315-328.

［13］Clark P J，Evans F C. Distance to nearest neighbor as a measure of spatial relationships in populations. Ecology，1954，35（4）：445-453.

［14］Ripley B D. Modeling spatial patterns（with discussion）. Journal of the Royal Statistical SocietySeries B（Methodological），1977，39：172-212.

［15］Pommerening A. Approaches to quantifying forest structures. Forestry，2002，75（3）：305-324.

［16］Aguirre O，Gadow K，Jiménez J. An analysis of spatial forest structure using neighborhood-based variables. Forest Ecology and Management，2003，183：137-145.

［17］Hui G Y，Gadow K. Quantitative Analysis of Forest Spatial Structure. Beijing：China Science and Technology Press，2003：16-18.

［18］Kint V，van Meirvenne M，Nachtergale L，et al. 2003. Spatial methods for quantifying forest stand structure development：a comparison between nearest-neighbor indices and variogramanalysis. Forest Science，2003，49（1）：36-49.

［19］惠刚盈. 基于相邻木关系的林分空间结构参数应用研究. 北京林业大学学报，2013，35（4）：1-8.

［20］李俊清. 森林生态学. 北京：高等教育出版社，2006.

［21］Shannon C E，Weaver W. The Mathematical Theory of Communication. Urbana：University of Illinois

Press，1959：2-200.

[22] Simpson E H. The measurement of diversity. Nature，1949，163（4148）：688.

[23] 惠刚盈，Gadow K，Albert M. 一个新的林分空间结构参数——大小比数. 林业科学研究，1999，12（1）：1-6.

[24] 惠刚盈，Gadow K，胡艳波. 林分空间结构参数角尺度的标准角选择. 林业科学研究，2004，17（6）：687-692.

[25] Zhao Z H，Hui G Y，Hu Y B，et al. Testing the significance of different tree spatial distribution patterns based on the uniform angle index. Canadian Journal of Forest Research，2014，44（11）：1417-1425.

[26] 张弓乔，惠刚盈. Voronoi 多边形的边数分布规律及其在林木格局分析中的应用. 北京林业大学学报，2015，37（4）：1-7.

天然混交林最优林分状态的 π 值法则*

惠刚盈　张弓乔　赵中华　胡艳波　刘文桢　张宋智　白　超

—— 摘要

　　为了提出一个全新的林分状态合理性评价方法，为森林经营决策奠定科学基地，依据多指标综合评价原则，提出基于单位圆的林分状态评价方法，并利用该方法对我国天然锐齿栎混交林和红松阔叶林进行林分状态分析。结果表明，现实林分状态优良程度取决于林分状态指标所构成的闭合图形的面积大小，该面积与最优林分状态值（期望值）之比就是对现实林分状态质量最为恰当的度量。而最优林分状态值（期望值）恒等于单位圆面积 π，此即为最优林分状态的 π 值法则。与常用的多指标体系比较分析的专业图表雷达图的本质区别在于，本文所提出的单位圆方法能够直接给出最优林分状态期望值。研究给出现实林分状态的计算公式并划定 5 个等级区间，指出林分状态可从林分空间结构（林分垂直结构和林分水平结构）、林分年龄结构、林分组成（树种多样性和树种组成）、林分密度、林分长势、顶极树种（组）或目的树种竞争、林分更新、林木健康 8 方面加以描述，这 8 个方面能够表征林分主要的自然属性，而对应的每个指标值都是可操作的并能够及时收集到准确的数据。为凸显指标的先进性和实用性，文中提到的多数指标均采用最新研究成果并给出可选的测度方法。林分状态指标的归一化处理是林分状态评价的关键，应用本文提出的方法对我国天然红松阔叶林和锐齿栎混交林的林分状态进行分析发现，评价结果直观可靠，符合现实林分的客观实际。本文提出的基于单位圆的林分状态评价方法，特别是其中的最优林分状态的 π 值法则，可为森林经营决策奠定了科学基础，也可为不同地区不同类型森林健康质量评价提供了分析工具。

关键词：天然混交林；林分状态；π 值法则；单位圆

　　天然林是森林生态系统的主体，具有较高的生物多样性、较复杂的群落结构、较丰富的生境特征和较高的生态系统稳定性，在保障农牧业生产条件、维持生物多样性、保

---

* 原载于：林业科学，2016，52（5）：1-8.

护生态环境、减缓自然灾害、调节全球碳平衡和生物地球化学循环等方面起着极其重要和不可替代的作用[1]。国际上开展了许多有关天然林的研究[2]，热点之一就是对复杂结构天然林的经营模拟，其前提就是量化描述森林状态，这种对森林状态的精确定量描述可以帮助人们更好的理解森林生态系统的发展历史、现状和将来的发展方向[3, 4]。

状态是指生物、非生物或事物所表现出来的形态，刻画的是物质、事情或生物系统所处的状况。林分状态指林分在自然中所处的状况，用以表征林分的自然属性，林分状态的合理与否直接关系到森林经营的必要性和紧迫性。林分状态评价是人们参照一定标准对林分的价值或优劣进行评判比较的一种认知过程，同时也是一种决策过程。评价是决策的前提，没有评价就没有决策，评价的质量直接影响到决策的质量[5]。森林是一个复杂的生态系统，对森林的评价通常采用多指标的综合评价方法，而多指标综合评价的前提是确定科学的评价指标体系，只有科学、合理的评价指标体系，才有可能得出科学、公正的综合评价结论[6]。同样，只有明确了最优林分状态，才有可能对现实林分状态做出合理评价，也才有可能对其进行有的放矢的经营调节。综合评价指标体系构造时必须注意全面性、科学性和可操作性原则：全面性即评价指标体系必须反映被评价问题的各个方面；科学性即整个综合评价指标体系从元素构成到结构，从每个指标计算内容到计算方法都必须科学、合理、准确；可操作性即一个综合评价方案的真正价值只有在付诸现实才能够体现出来。这就要求指标体系中的每个指标都必须是可操作的，必须能够及时收集到准确的数据，对于指标收集困难的应该是设法寻找替代指标、寻找统计估算的方法。由于评价森林的对象和目的不同，所以出现了各种各样的评价指标体系，如森林可持续经营标准与指标体系[7]、森林健康评价指标体系[8-10]、森林多功能评价体系[11]、森林自然度评价体系[12]、林分经营迫切性评价体系[13]以及林分经营模式评价体系[14]等。

评价的方法也多种多样，如专家评价法[6, 15]、层次分析法[16]、乘除法[17]、模糊综合评价法[18]和雷达图分析方法[19]等。本研究试图给出基于单位圆的林分状态评价方法，并应用该方法对我国天然红松阔叶林和锐齿栎混交林的林分状态进行评价。

1 材料与方法

1.1 材料

研究采用甘肃小陇山天然锐齿栎混交林和吉林蛟河天然红松阔叶林长期每木定位试验样地数据（表1）。甘肃小陇山地处秦岭山脉西端，属暖温带向北亚热带过渡地带。试验林分位于甘肃省小陇山林业实验局林区百花林场蔓坪工区小阳沟 57 林班（104°22′E～105°43′E，33°30′N～34°49′N），海拔 1700m。林分结构复杂，树种多样，属以锐齿栎（*Quercusaliena* var. *acuteserrata*）为优势种群的高度自然化的松栎混交林，主要有辽东栎（*Quercus liaotungensis*）、华山松（*Pinus armandii*）和山核桃（*Carya cathayensis*）30 多个树种。吉林蛟河地处长白山张广才岭支脉（127°35′E～127°51′E，43°51′N～44°05′N），属温带气候带。试验林分位于吉林蛟河林业实验局东大坡经营区

54 林班，相对海拔 600m。林分类型以红松（*Pinus koraiensis*）、杉松（*Abies holophylla*）、臭冷杉（*Abies nephrolepis*）和鱼鳞云杉（*Picea jezoensis* var. *microsperma*）等为主，由 20 多个树种组成的针阔混交林。

表 1　样地基本特征

样地	林分类型	树种组成	树种个数	坡度（°）	坡向	海拔（m）	郁闭度	断面积（m²/hm²）	林分平均胸径（cm）	密度（株/hm²）
小阳沟（1）	锐齿栎天然林	5 锐 2 榆 3 其他	33	12	西北坡	1720	0.8	27.9	19.5	933
小阳沟（2）	锐齿栎天然林	3 锐 2 榆 1 太白械 4 其他	35	12	西北坡	1700	0.8	25.3	19.6	842
东大坡52 林班	红松阔叶林	1 椴 1 色木 8 其他	20	17	西北坡	660	0.8	31.3	18.1	1186
东大坡54 林班	红松阔叶林	3 核桃楸 2 沙松 1 色木 4 其他	22	8	西北坡	600	0.8	31.9	22.1	800

1.2　方法

（1）林分状态的表达

众所周知，林分通常既有疏密之分，也有长势之别；林分中的林木既有高矮、粗细之分，也有幼树幼苗、小树大树之别，更有树种、竞争能力和健康状况的差异，林木并非杂乱无章地堆积而是有其内在的分布规律。这就是人们对森林的直观认识，也是人们对森林结构和活力等自然属性的认知。可见，林分状态可从林分空间结构（林分垂直结构和水平结构）、林分年龄结构、林分组成（树种多样性和树种组成）、林分密度、林分长势、顶极树种（组）或目的树种竞争、林分更新、林木健康等方面加以描述[20]（图 1）。

（2）林分状态指标及其取值

表达林分状态的指标复杂多样，既有定性指标也有定量指标，且每个指标的取值和单位差异很大。所以，首先要对所选的描述林分状态的指标进行赋值、标准化和正向处理（数值越大越好），使其变成［0，1］的无量纲数值。

林分空间结构用垂直结构和水平结构衡量。垂直结构用林层数表达[21]，林层数按树高分层。树高分层可参照国际林业研究机构联盟（International Union of Forest Research Organization，IUFRO）的林分垂直分层标准[22]，即以林分优势高为依据把林分划分为 3 层，上层为树高≥2/3 优势高的林木，中层为树高介于 1/3～2/3 优势高的林木，下层为树高≤1/3 优势高的林木。可采用下面 2 种方法之一来计算林层数：①按树高分层统计——如果各层的林木株数≥10%，则认为该林分林层数为 3，如果只有 1 个或 2 个层的林木株数≥10%，则林层数对应为 1 或 2；②按结构单元统计——统计由参照树及其最近 4 株相邻树所组成的结构单元中，该 5 株树按树高可分层次的数目，统计各结构单元林层数为 1、2、3 层的比例，从而估计出林分整体的林层数。林层数≥2.5，表示多层，赋值为 1；林层数<1.5，表示单层，赋值 0；林层数在

[1.5，2.5），表示复层，赋值 0.5。

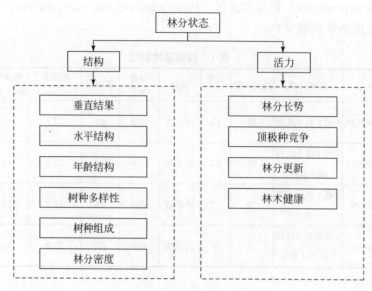

图 1　林分状态指标体系

　　林分水平结构用林木点格局来表达[23]，随机分布赋值 1，团状分布赋值 0.5，均匀分布赋值 0。可采用距离法[24]或 Voronoi 多边形[25]或角尺度[26]等方法来分析。

　　林分年龄结构是植物种群统计的基本参数之一，通过年龄结构的研究和分析，可以提供种群的许多信息。统计各年龄组的个体数占总个体数的百分比，其从幼到老不同年龄组的比例关系可表述为年龄结构图解（年龄金字塔或生命表），分析种群年龄组成可以推测种群发展趋势[27]。如果一个种群具有大量幼体和少量老年个体，则说明该种群是迅速增长的种群；相反，如果种群中幼体较少而老年个体较多，则说明该种群是衰退的种群；如果一个种群各个年龄级的个体数几乎相同或均匀递减，出生率接近死亡率，则说明这个种群处在平衡状态，是正常稳定型种群。也就是说，从年龄金字塔的形状可辨识种群发展趋势，钟形是稳定型，赋值 1；正金字塔形是增长型，赋值 0.5；倒金字塔形是衰退型，赋值 0。在进行乔木树种年龄结构研究时，由于许多树木材质坚硬，难以用生长锥确定树木的实际年龄，或者为了减少破坏性，常常用树木的直径结构代替年龄结构来分析种群的结构和动态[28]。森林种群年龄结构的研究在森林生态学领域取得了许多成果，发现了许多规律，种群稳定的径级结构类似于稳定的年龄结构，天然异龄林分的典型直径分布是小径阶林木株数极多，频数随着直径的增大而下降，即株数按径级的分布呈倒 J 形[29]。倒"J"表示典型异龄林[21]，赋值 1；单峰表示几乎为同龄林，赋值 0；多峰表示不完整异龄林，赋值 0.5。

　　林分组成通过树种多样性和树种组成系数描述。树种多样性用 Simpson 指数[30]，或修正的混交度均值（$\overline{M'}$）表达[31]。

$$\overline{M'} = \frac{1}{5N}\sum\left(M_i n_i'\right)$$

式中，N 为林木株数；M_i 为第 i 株树的混交度；n_i' 为第 i 株树所处的结构单元中树种个数。$\overline{M'}$ 值在 [0，1]，越大越好。

树种组成系数依树种断面积与林分总断面积的比值计算，用十分法表示，统计大于 1成的树种数：$\geqslant 3$ 表示多优势树种混交林，赋值 1；$=2$ 表示混交林，赋值 0.5；<2 赋值 0。

林分密度通过林分拥挤度（K）描述[32]。林分拥挤度用来表达林木之间拥挤在一起的程度，用林木平均距离（L）与平均冠幅（CW）的比值表示，即

$$K = \frac{L}{CW}$$

显然，$K>1$，表明林木之间有空隙，林冠没有完全覆盖林地，林木之间不拥挤；$K=1$，表明林木之间刚刚发生树冠接触；只有当 $K<1$ 时，表明林木之间才发生拥挤，其程度取决于 K 值，K 越小越拥挤。林分拥挤度在 [0.9，1.1] 表示密度适中，赋值 1，其他赋值 0。

林分长势用林分优势度或林分潜在疏密度表达[33]。林分优势度用下式来表示。

$$S_d = \sqrt{P_{U_i=0} \times \frac{G_{\max}}{G_{\max} - \overline{G}}}$$

式中，$P_{U_i=0}$ 为林木大小比数取值为 0 等级的株数频率[26]；$G_{\max}$ 为林分的潜在最大断面积，这里将其定义为林分中 50% 较大个体的平均断面积与林分现有株数的积；$\overline{G}$ 为林分断面积。林分优势度的值通常在 [0，1]，越大越好；若偶尔出现 $S_d>1$ 时，令其等于 1。

林分疏密度是现实林分断面积与标准林分断面积之比。鉴于"标准林分"在实际应用中的难度，所以本文用林分潜在疏密度替代传统意义上的林分疏密度，用 $B_0 = \overline{G}/G_{\max}$ 表示，其值在 [0，1]，越大越好。

顶极种竞争通过顶极或目的树种的树种优势度表达。树种优势度用相对显著度（D_g）或树种空间优势度 [$D_{sp} = \sqrt{D_g \cdot (1 - \overline{U}_{sp})}$] 表达[13]，其中，$\overline{U}_{sp}$ 为树种大小比数均值。树种优势度的值在 [0，1]，越大越好。

林分更新采用《森林资源规划设计调查技术规程》（国标 GB/T 26424—2010）来评价，即以苗高>50cm 的幼苗数量来衡量，幼苗数量$\geqslant 2\,500$ 表示更新良好，赋值 1；幼苗数量<500 表示更新不良，赋值 0；幼苗数量为 [500，2500）表示更新一般，赋值 0.5。

健康林木（没有病虫害且非断梢、弯曲、空心等）比例，$\geqslant 90\%$，赋值 1；$<90\%$，赋值 0。

（3）林分状态的单位圆分析

采用单位圆分析方法进行林分状态综合评价。单位圆的绘制方法是：首先，画一个半径为 1 的圆；然后，将圆的 360° 分成 n 个扇形区，分别代表 n 个林分状态指标，如林分空间结构（林分垂直结构和水平结构）、林分年龄结构、林分组成（树种多样性和树种组成）、林分密度、林分长势、顶极树种（组）或目的树种竞争、林木健康和林分更新等（图 2）；再次，从 n 个扇形区的圆心开始以放射线形式分别画出相应的指标线，并标明指标名称；最后，把现实林分的相应指标值用点标在放射线上，依次连接相邻点，形成的闭合图形即代表现实林分状态。需要指出的是，为使相邻点连

线构成闭合图形，必须对指标值进行大小排序（指标值相同的不分次序），将排序后的指标分成最大值为 1 和非 1 两类，最大值之间维持圆弧连接，最大值与其他值用线段连接，如此形成的图形就是现实林分状态的综合表达，其图形面积就是对现实林分状态的合理估计。显然，当所有林分状态指标的取值都为 1 时，构成的闭环面积最大，且恒等于单位圆面积 π，可视为最优林分状态的期望值。该期望值与林分状态指标有多少或指标是什么无关，这就是最优林分状态的 π 值法则。所以，现实林分状态与最优林分状态值之比就是对现实林分状态好坏的恰当描述，用公式表达为

$$\omega = \frac{s_1 + s_2}{\pi} = \frac{\frac{\pi(m-1)}{n} + \sum_{i=1}^{n-m+1} s_{2i}}{\pi}, \quad m \geq 1$$

或

$$\omega = \frac{s_2}{\pi} = \frac{\sum_{i=1}^{n} s_{2i}}{\pi}, \quad m = 0$$

式中，ω 为现实林分状态值；s_1 为闭合图形中扇形面积和；s_2 为闭合图中三角形面积和；n 为指标个数（$n \geq 2$）；m 为指标值等于 1 的个数；$s_{2i} = (L_1 L_2 \sin\theta)/2$，$L_1$、$L_2$ 分别为三角形部分的相邻指标值；θ 为相邻指标构成的夹角。

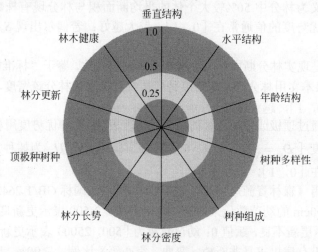

图 2　林分状态单位圆

　　ω 值为 [0，1] 的数值，依据 ω 的大小可将现实林分分为 5 类：状态极佳，$\omega \geq 0.70$；状态良好，ω 为 [0.55～0.70]；状态一般，ω 为 [0.40～0.55]；状态较差，ω 为 [0.25～0.40]；状态极差，$\omega < 0.25$。

2　结果与分析

　　利用本文所提出的方法对我国天然锐齿栎混交林和红松阔叶林的林分状态进行分析，结果见表 2。由表 2 可知，所分析的 4 块天然林直径分布均为倒 J 形，表明林分年龄结构状态良好；而 4 块天然林的林分拥挤度均处于不合理的范围；林木健康和林木水

平分布格局，除小阳沟（2）外，其他 3 块样地均表现出健康和随机的良好状态；东大坡 54 林班的林分在垂直结构方面优于其他 3 块样地。其他指标各有所不同，综合分析见图 3。图 3 表明，东大坡 54 林班（$\omega=0.584$）的林分状态处于良好等级；小阳沟（1）（$\omega=0.501$）和东大坡 52 林班（$\omega=0.414$）的林分状态处于中等；而小阳沟（2）（$\omega=0.358$）的林分状态较差。这与现地观感一致[20]。

表 2　不同类型天然林林分状态特征

样地	林分类型	空间结构		年龄结构	林分组成		林分密度	林分长势		顶极种竞争	林分更新	林分健康
		垂直	水平	直径分布	树种多样性	组成系数	林木拥挤度	林分优势度	潜在疏密度	树种优势度	幼苗数量	健康林木比例
小阳沟（1）	锐齿栎天然林	1.9/0.5	0.492/1	J 形/1	0.593	2/0.5	0.663/0	0.638	0.545	0.537	8100/1	96.5%/1
小阳沟（2）	锐齿栎天然林	1.9/0.5	0.533/0	J 形/1	0.584	3/1	0.554/0	0.562	0.545	0.401	7480/1	87.1%/0
东大坡 52 林班	红松阔叶林	2.2/0.5	0.499/1	J 形/1	0.549	2/0.5	0.660/0	0.683	0.548	0.314	2300/0.5	90.9%/1
东大坡 54 林班	红松阔叶林	2.5/1	0.491/1	J 形/1	0.625	3/1	0.643/0	0.688	0.538	0.484	720/0.5	92.9%/1

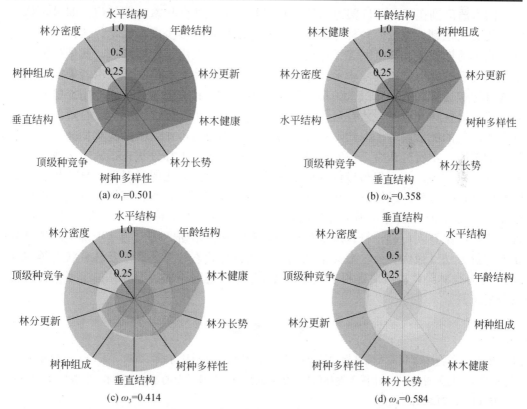

(a) $\omega_1=0.501$　　(b) $\omega_2=0.358$

(c) $\omega_3=0.414$　　(d) $\omega_4=0.584$

图 3　不同类型天然林林分状态单位圆

注：ω_1：小阳沟（1）；ω_2：小阳沟（2）；ω_3：东大坡 52 林班；ω_4：东大坡 54 林班。

3　结论与讨论

研究认为，林分状态可从林分空间结构（林分垂直结构和水平结构）、林分年龄结构、林分组成（树种多样性和树种组成）、林分密度、林分长势、顶级树种（组）或目的树种竞争、林分更新、林木健康 8 方面加以描述，这 8 方面能够表征林分主要的自然属性，且对应的每个指标都是可操作的并能够及时收集到准确的数据。为凸显指标的先进性和实用性，文中提到的多数指标均采用最新研究成果并给出了可选的测度方法。林分状态指标的归一化处理是林分状态评价的关键。表达林分状态的指标复杂多样，既有定性指标也有定量指标，且每个指标的取值和单位差异很大。所以，必须对所选的描述林分状态的指标进行赋值、标准化和正向处理（数值越大越好），使其变成 $[0,1]$ 的无量纲数值，从而为基于单位圆的林分状态合理性评价方法奠定基础。与常用的多指标体系比较分析的专业图表雷达图[11, 19]相比，本文所提出的单位圆方法首先需要依据指标值的大小进行排序，便于形成闭合图形；另外，指标之间的连接方式不同，雷达图采用折线连接，而本文所提出的方法最大值之间维持弧线连接，而最大值与其他值则用线段连接，从而在计算面积时采用扇形面积和三角形相结合的方法。二者的本质区别在于：单位圆方法能够直接给出最优林分状态的期望值，即最优林分状态的 π 值法则，无论何种林分，也无论描述的指标有多少或指标是什么，均不影响林分状态的期望值，其值恒等于单位圆面积 π；而若采用雷达图方法，其期望值只是个无限逼近的近似值，且依赖于指标数量的多少。当然，单位圆方法也能像雷达图那样通过标定 3 个同心圆（最大、最小和平均值圆）而具有更为广泛的应用。显然，只有明确了最优林分状态，才有可能对现实林分状态做出合理评价，也才有可能对其进行有的放矢的经营调节，因此，最优林分状态的期望值可作为衡量现实林分状态质量优劣的参照。本研究认为，现实林分状态优良程度取决于林分状态指标所构成的闭合图形的面积大小，该面积与最优林分状态值（期望值）之比即是对现实林分状态最为恰当的度量，可见，最优林分状态 π 值法则对于现实林分状态合理性评价至关重要。应用文所提出的方法对我国天然红松阔叶林和锐齿栎混交林的林分状态进行分析发现，评价结果直观可靠，符合现实林分的客观实际。本研究提出的基于单位圆的林分状态评价方法（最优林分状态 π 值法则、现实林分状态计算公式以及林分状态等级区间），可为森林经营决策奠定科学基础，也可为不同地区不同类型森林健康质量评价提供分析工具。

参　考　文　献

[1] 唐守正，刘世荣. 我国天然林保护与可持续经营. 中国农业科技导报，2000，2（1）：42-46.

[2] 刘世荣，马姜明，缪宁. 中国天然林保护、生态恢复与可持续经营的理论与技术. 生态学报，2015，35（1）：212-218.

[3] Kint V，Lust N，Ferris R，et al. Quantification of forest stand structure applied to Scots pine（*Pinus sylvestris* L.）forests. Investigacion Agraria Sistemas Y Recursos Forestales，2000，9（S1）：147-163.

[4] Franklin J F，Spies T A，Pelt V R，et al. Disturbances and structuraldevelopment of natural forestecosystems with silvicultural implications，using Douglas-fir forests as an example. Forest Ecology and Management，2002，155（1-3）：399-423.

[5] 苏为华. 多指标综合评价理论与方法问题研究. 厦门：厦门大学博士学位论文，2000.

[6] 王宗军. 综合评价的方法、问题及其研究趋势. 管理科学学报，1998，1（1）：73-79.

[7] 张守攻，朱春全，肖文发. 森林可持续导论. 北京：中国林业出版社，2001.

[8] 王得祥，徐钊，柴宗政，等. 秦岭山地森林健康经营与实践. 杨凌：西北农林科技大学出版社，2015.

[9] 余新晓，甘敬，李金海. 森林健康评价、监测与预警. 北京：科学出版社，2010.

[10] 张会儒，雷相东. 典型森林类型健康经营技术研究. 北京：中国林业出版社，2014.

[11] 殷鸣放，郑小贤，殷炜达. 森林多功能评价与表达方法. 东北林业大学学报，2012，40（6）：23-25.

[12] 赵中华. 基于林分状态特征的森林自然度评价研究. 北京：中国林业科学研究院博士学位论文，2009.

[13] 惠刚盈，von Gadow K，胡艳波，等. 结构化森林经营. 北京：中国林业出版社，2007.

[14] 惠刚盈，赵中华，袁士云，等. 森林经营模式评价方法——以甘肃小陇山林区为例. 林业科学，2011，47（11）：110-120.

[15] 洪伟，林思祖. 计量林学研究. 成都：电子科技大学出版社，1993.

[16] Saaty T L. The Analytic Hierarchy Process. New York：McGraw-Hill，1980.

[17] 钱颂迪. 运筹学. 北京：清华出版社，1990.

[18] 水本雅晴. 模糊数学及其应用. 北京：科学出版社，1988.

[19] 吕杏. 网络信息化在高校资产管理中的应用. 中山大学学报论丛，2007，27（4）：l66-167.

[20] 惠刚盈，赵中华，张弓乔. 基于林分状态的天然林经营措施优先性研究. 北京林业大学学报，2016，38（1）：1-10.

[21] 惠刚盈，赵中华，胡艳波. 结构化森林经营技术指南. 北京：中国林业出版社，2010.

[22] Kramer H. Waldwachstumslehre. Hamburg und Berlin：Verlag Paul Parey，1988.

[23] Ripley B D. Modeling spatial patterns（with disccusion）. Journal of the Royal Statistical Society B，1977，39：172-212.

[24] Clark P J，Evans F C. Distance to nearest neighbor as a measure of spatial relationships in populations. Ecology，1954，35（4）：445-453.

[25] 张弓乔，惠刚盈. Voronoi 多边形的边数分布规律及其在林木格局分析中的应用. 北京林业大学学报，2015，37（4）：1-7.

[26] 惠刚盈，克劳斯·冯佳多. 森林空间结构量化分析方法. 北京：中国科学技术出版社，2003.

[27] 曲仲湘，吴玉树，王焕校，等. 植物生态学. 北京：高等教育出版社，1983.

[28] 宋永昌. 植被生态学. 上海：华东师范大学出版社，2001.

[29] Meyer H A. Structure，growth and drain in balanced uneven-aged forests. Journal Forestry，1952，50（2）：85-92.

[30] Simpson E H. The measurement of diversity. Nature，1949，163（4148）：688.

[31] 惠刚盈，胡艳波. 混交林树种空间隔离程度表达方式的研究. 林业科学研究，2001，14（1）：177-181.

[32] 张连金，惠刚盈，孙长忠. 马尾松人工林首次间伐年龄的研究. 中南林业科技大学学报，2011，31（6）：22-27.

[33] 赵中华，惠刚盈，胡艳波，等. 基于大小比数的林分空间优势度表达方法及其应用. 北京林业大学学报，2014，36（1）：78-82.

Genetic consequences of fragmentation in "*arbor vitae*", eastern white cedar (*Thuja occidentalis* L.), toward the northern limit of its distribution range[*]

Xu Huaitong   Francine Tremblay   Yves Bergeron   Véronique Paul

Chen Cungen

Abstract

We tested the hypothesis that marginal fragmented populations of eastern white cedar (EWC) are genetically isolated due to reduced pollen and gene flow. In accordance with the central-marginal model, we predicted a decrease in population genetic diversity and an increase in differentiation along the latitudinal gradient from the boreal mixed-wood to northern coniferous forest in Eastern Canada. A total of 24 eastern white cedar populations were sampled along the north-south latitudinal gradient for microsatellite genotyping analysis. Positive F_{is} values and heterozygote deficiency were observed in populations from the marginal ($F_{is}=0.244$; $P_{HW}=0.0042$) and discontinuous zones ($F_{is}=0.166$; $P_{HW}=0.0042$). However, populations from the continuous zone were in HW equilibrium ($F_{is}=-0.007$; $P_{HW}=0.3625$). There were no significant latitudinal effects on gene diversity (H_s), allelic richness (AR), or population differentiation (F_{st}). Bayesian and NJT (neighbour-joining tree) analyses demonstrated the presence of a population structure that was partly consistent with the geographic origins of the populations. The

* 原载于: Ecology and Evolution, 2012, 2 (10): 2501-2515.

impact of population fragmentation on the genetic structure of EWC is to create a positive inbreeding coefficient, which was two to three times higher on average than that of a population from the continuous zone. This result indicated a higher occurrence of selfing within fragmented EWC populations coupled with a higher degree of gene exchange among near-neighbour relatives, thereby leading to significant inbreeding. Increased population isolation was apparently not correlated with a detectable effect on genetic diversity. Overall, the fragmented populations of EWC appear well-buffered against effects of inbreeding on genetic erosion.

Keywords: Boreal forest; genetic diversity; latitudinal gradient; distribution limit; northern edge; microsatellite genotyping ▇

1 Introduction

Climate is among the most important ecological processes that strongly shape the range and genetic diversity of a species[1-5]. The well-documented central-marginal model[6], which is also referred to as the abundant-center model[7, 8], predicts geographical variation in population genetic structure across a species' range[9, 10]. Populations at the edge of their distribution range are subject to ecological marginality, which may affect population genetic diversity due to harsher environmental conditions (e.g., limited resources for growth and mating), isolation and fragmentation[4, 6, 11]. Fragmented populations may be prone to genetic loss and increased genetic differentiation through drift[12-14]. However, these responses are unlikely to be universal. Long-lived plant species, such as trees, may be buffered against genetic effects for decades or centuries[15-17]. Tree species combine life-history traits that promote a high level of gene flow between populations, the maintenance of a high within-population gene diversity and low population differentiation[18]. Thus, the genetic consequences of recent alterations to mating systems in remnant fragments are sometimes not detectable for a long time[19].

In the boreal forests of Canada, many tree species reach their continuous distribution range at the transition between the southern mixed-wood forests, which are dominated by balsam fir [*Abies balsamea* (L.) Miller], and the northern coniferous forest, which is dominated by black spruce [*Picea mariana* (Miller) B.S.P.]. The present-day transition between these two boreal zones is controlled by both climate and fire[20]. Mixed-wood forests are characterised by smaller and fewer severe fire events than are coniferous forests[21]. Large and severe fires induce high tree mortality that results in a disadvantage to mixed-wood forest species, which generally need survivor seed trees to reinvade burned areas[20, 22, 23].

Paleoecological records indicate that the presence of mixed-wood forest species in the coniferous forest possibly represents the remnants of formerly larger populations and would thus result from the fragmentation of those initial populations. In western Québec, post-glacial colonisation occurred rapidly after the retreat of proglacial Lake Ojibway (8400 cal. BP) and involved all of the tree species that are presently found within the area [24-26]. Since 7000 cal. BP, balsam fir and black spruce have dominated the mixed-wood and coniferous forests, respectively [24, 27, 28]. The decline in the number of mixed-wood forest species could be related to the climatic shift that characterized the beginning of the Neoglacial period and the establishment of cooler and drier summers coincident with an increase in fire frequency in the coniferous forest 3000 cal. BP [24, 29].

Eastern white cedar (*Thuja occidentalis* L.) (Fig. 1) is ill-adapted to fire and needs a protected area to reinvade burned areas. This species does not regenerate easily after fire, and population fragmentation following such a disturbance greatly limits its natural distribution. Eastern white cedar (EWC) reaches its northernmost distribution limit in the James Bay region of Québec at the ecotone of the mixed-wood and coniferous forest, at which point its distribution becomes increasingly sporadic as one moves northward along a latitudinal gradient.

(a) Eastern white cedar   (b) Foliage and cone of eastern white cedar

Fig.1　Eastern white cedar (*Thuja occidentalis* L.)

In this study, we examined the impact of population fragmentation on the genetic diversity of EWC toward the northern edge of its range. Previous genetic studies have been based on studying allozymes and showed contrasting results. Lamy et al. [30] reported the presence of a substantial level of genetic substructuring (F_{st}=0.073) within six EWC populations. In contrast, Perry and others showed that six northern populations were not differentiated (F_{st}=0.016) and, indeed, were in Hardy-Weinberg equilibrium [31-34].

Our main hypothesis is that populations of EWC are more genetically isolated toward the northern edge of this species' range, due to reduced pollen and gene flow between populations. We tested whether population differentiation increases and genetic diversity decreases from continuous to discontinuous and to the peripheral part of the species' distribution range. Understanding the genetic structural pattern of ecotonal populations is important because remnant marginal stands that have been eroded from larger populations that were present during the early Holocene might be at the forefront of range expansion driven by climatic changes. The amount and structure of genetic variation within these remnant populations will likely affect their potential to respond to climatic changes.

2 Methods

2.1 Study area and materials

Eastern white cedar，which is native to North America，is a wind-pollinated，monoecious，evergreen conifer species [35]. An abundant seed crop occurs every 3-5 years，with cones opening in the autumn，but seeds may continue to fall throughout winter. Sexual maturity is generally reached at an early age，but effective seed dispersal is observed after age 20 years. Most seeds are disseminated by wind，with seed dispersal distances with estimates ranging from 45 to 60m [35]. Eastern white cedar is a long-lived species，which can live up to 800 years in Quebec [36].

The study area is located in the Abitibi-Témiscamingue and Nord-du-Québec regions of Quebec and is divided into three bioclimatic zones based on the abundance of EWC. The continuous zone falls into the balsam fir [*Abies balsamea* （L.） Mill.] and yellow birch （*Betula alleghaniensis* Britton） bioclimatic domain and represents an area where eastern white cedar is common. The discontinuous zone is in the balsam fir and white birch （*Betula papyrifera* Marsh.） bioclimatic domain and marks the northern edge of the continuous distribution，where eastern white cedar becomes less common in the forest matrix. The marginal zone is in the black spruce [*Picea mariana* （Mill.） B. S. P.] and feather moss bioclimatic domain，where only a few isolated populations are found. The site occupation rates by EWC along the gradient were estimated to 55%，9% and 3% in the continuous，discontinuous and marginal zones，respectively [37].

A total of 24 populations were selected：eight in the continuous zone （Témiscamingue，CZ1 to CZ8），seven in the discontinuous zone（Abitibi, DZ1 to DZ7）and nine in the marginal zone（Chibougamau，MZ1 to MZ4；James Bay，MZ5 to MZ9）（Table 1）. Population sizes range from less than one hundred individuals in marginal and discontinuous zones to thousands of individuals in the continuous zone，with the exception of two marginal populations （MZ6，MZ2） that had 8 and 11 trees，respectively. The distance between one population and its nearest neighbour ranges from about 2 to 70km，except for populations in Chibougamau （MZ1-MZ4），which were located about 300km from others in the marginal zone. Between 15 and 30 trees were randomly selected in each site，for a total of about 180 trees per zone；we retained marginal populations MZ6 and MZ2 in the analysis. Foliage was collected from individual trees in each population and used for DNA analysis.

Table 1　Genetic variability in 24 EWC populations

Location	Pop	Latitude(°N)	Longitude(°W)	N	AR	N_a	N_e	H_o	H_e
				Marginal zone（MZ）					
Chibougamau	MZ1	49.875 4	−74.392 8	21	6.1	8.0	4.6	0.655	0.756
	MZ2	49.909 16	−74.322 6	11	6.4	7.0	5.2	0.727	0.794
	MZ3	49.953 51	−74.229 1	20	6.6	8.0	6.1	0.463	0.826
	MZ4	49.641 76	−74.334 1	18	6.9	8.3	6.4	0.639	0.840
James Bay	MZ5	48.927 72	−78.885 8	30	6.6	9.5	6.2	0.661	0.815
	MZ6	49.423 17	−79.211	8	5.3	5.3	4.0	0.813	0.740
	MZ7	49.858 53	−78.607 2	20	6.3	8.3	5.2	0.638	0.797
	MZ8	49.883 49	−78.646 1	25	6.7	10.0	5.1	0.680	0.798
	MZ9	49.856 09	−78.644 9	24	6.1	8.8	4.9	0.740	0.781
	Mean	—	—	20	6.3	8.1	5.3	0.668	0.794
	Pooled	—	—	177	11.5	11.5	7.8	0.657	0.867
				Discontinuous zone（DZ）					
Abitibi	DZ1	48.540 2	−78.641 9	30	6.0	8.3	4.9	0.683	0.789
	DZ2	48.470 15	−79.452 4	24	6.1	8.3	4.8	0.625	0.789
	DZ3	48.479 79	−79.436 8	25	5.4	7.5	4.2	0.720	0.753
	DZ4	48.431 61	−79.401 8	28	5.4	8.0	4.1	0.759	0.743
	DZ5	48.262 96	−78.574 8	25	6.0	8.3	5.1	0.620	0.759
	DZ6	48.431 01	−79.384 2	25	6.4	8.5	5.3	0.630	0.805
	DZ7	48.201 32	−79.419 1	19	5.2	6.5	4.0	0.882	0.728
	Mean	—	—	25	5.8	7.9	4.6	0.703	0.767
	Pooled	—	—	176	11.8	11.8	6.3	0.697	0.834
				Continuous zone（CZ）					
Témiscamingue	CZ1	47.429 22	−78.678 5	30	5.6	7.8	4.4	0.842	0.771
	CZ2	47.416 69	−78.682 1	27	5.2	6.8	3.9	0.796	0.712
	CZ3	47.395 57	−78.731 6	26	4.6	6.0	3.5	0.827	0.714
	CZ4	47.345 05	−79.392 6	15	4.6	5.0	3.6	0.850	0.721
	CZ5	47.311 1	−78.515 5	23	5.5	7.3	4.3	0.870	0.744
	CZ6	47.453 95	−78.587 7	30	6.2	8.8	5.6	0.883	0.801

Continued

Location	Pop	Latitude(°N)	Longitude(°W)	N	AR	N_a	N_e	H_o	H_e
	CZ7	47.418 94	−78.678 4	29	6.9	9.5	6.4	0.793	0.826
Témiscamingue	CZ8	47.415 79	−78.711 7	18	6.1	8.0	5.0	0.778	0.780
	Mean	—	—	25	5.6	7.4	4.6	0.830	0.759
	Pooled	—	—	198	12.5	13.5	6.3	0.831	0.823

Note: N_a, average number of alleles per locus; N_e, average number of effective alleles per locus; H_o, observed heterozygosity; H_e, expected heterozygosity; AR, allelic richness; N, number of individuals genotyped per population.

2.2 DNA extraction, microsatellite loci amplification and genotyping

Foliage samples were ground, and genomic DNA was extracted using the GenElute Plant Genomic DNA Miniprep Kit (Sigma-Aldrich, St. Louis, MO, USA). Amplification was performed by a gradient polymerase chain reaction (PCR) in a total volume of 10 μl using a 96-well GeneAmp PCR System 9700 (Applied Biosystems, California, USA). Each reaction mixture contained 2.5 μl of DNA extract, 2.5mmol/L $MgCl_2$, 1 pmol each of forward and reverse primers, 0.2 μl of 10mmol/L dNTP Mix, 1 μl 10X NovaTag Hot Start Buffer and 0.25 U NovaTag Hot Start DNA Polymerase (Novagen PCR Kit, Madison). The best results were obtained by performing a touchdown PCR that decreased the annealing temperature by 0.2℃ every other cycle. At the end of each cycle, we added a final 72℃ extension step. Loci developed by O'Connell and Ritland[38] for *Thuja plicata* and by Nakao et al.[39] for *Chamaecyparis obtusa* were utilized for microsatellite genotyping. Four loci exhibited high polymorphism (Table 2). Prior to electrophoresis, 0.5 μl of fluorescent dye-labelled PCR products were mixed with 0.25 μl of internal standard (MapMarker−1000) and 10 μl of deionized formamide. The loading products were heat denatured at 95℃ for 3 min, immediately placed on ice for 5 min, and separated using capillary electrophoresis on an ABI Prism 3130 Genetic Analyzer (Applied Biosystems). Microsatellites were sized and genotyped using GeneMapper 3.7 (Applied Biosystems).

Table 2 Primer characteristics, frequencies of null alleles(r), and F-statistics over all populations at each locus

Locus	Primer sequences (5'-3')	Repeats of cloned allele	Size range (bp)	Alleles (n)	r	F_{st}	F_{st} (INA)	F_{is}
TP9	TCTCCTTGTCTTGGATTTGG CGGAAAGTAGTCTCATTATCAC	(AC) >20	123-433	12	0.131	0.124	0.109	0.146
TP10	TAGTTGTGTCCATTCAGGCAT GCTCTTATCTTCTTTTAGGGC	(GT) 4 GC (GT) 12	136-156	10	0	0.031	0.038	−0.211

Continued

Locus	Primer sequences (5'-3')	Repeats of cloned allele	Size range (bp)	Alleles (n)	r	F_{st}	F_{st} (INA)	F_{is}
TP11	GCTCTTATCTTCTTTTAGGGC CCTGATCCGCTTTGATGGGT	(CT) 12 (CA) 16	140- 256	15	0.131	0.061	0.064	0.22
TP12	GATAAGAGGCATCACTCGAG CCGGATCATTAAGGGCTCTA	(CA) 29	130- 258	17	0.104	0.083	0.083	0.143
All loci	—	—	—	—	—	0.0756	0.0724	—

Note: r, frequencies of null alleles; F_{is}, inbreeding coefficient; F_{st}, population differentiation; F_{st} (INA) was estimated by harbouring and excluding the null allele.

2.3 Descriptive statistics

Micro-Checker software [40] was used to detect null alleles and large allele dropouts at each locus for each population. We used the program FreeNA to estimate the frequencies of putative null alleles [r] and genetic differentiation [F_{st}] with and without ignoring the null alleles at each locus [41]. Allele frequency, allele number and genetic estimates within populations including the average number of alleles per locus [N_a], average number of effective alleles per locus [N_e], observed heterozygosity [H_o], and expected heterozygosity [H_e] were calculated using GenAlex v. 6.2 [42]. We also calculated allelic richness [AR] using rarefaction and the inbreeding coefficient [F_{is}] at each locus. The calculations were performed using FSTAT v. 2.9.3 [43]. We also calculated the aforementioned genetic estimates on pooled samples for each zone. Hardy-Weinberg equilibrium was tested in each population. We also ran a global test of Hardy-Weinberg equilibrium for pooled samples from three distribution zones and for all pooled samples as a group. Bonferroni correction [44] was applied when testing the significance of heterozygosity deficit and heterozygosity excess. All of the HW equilibrium tests were performed in FSTAT v. 2.9.3 [43].

2.4 Latitudinal effects on genetic estimates

We tested for latitudinal effects by comparing differences in population genetic estimates among the three zones (marginal, discontinuous, and continuous). The genetic estimates that we compared included AR, H_o [45], gene diversity [H_s] [45], F_{is} [46], F_{st} [46], relatedness [R_{el}], and corrected relatedness [R_{elc}]. We applied Hamilton's [47] measure of relatedness, which was calculated using an estimator that was strictly equivalent to the one proposed by Queller and Goodnight [48]. To avoid bias in relatedness when inbreeding exists, we applied the corrected relatedness of Pamilo [49, 50]. All calculations and subsequent comparisons using a permutation procedure (10 000 iterations) were performed using FSTAT v. 2.9.3 software followed the statistics of its documentation [43].

2.5　Population genetic structure

To reveal genetic structure，and test if the samples could be clustered according to their respective distribution zones，we used STRUCTURE v. 2.3.2 software[51]. Individuals were assigned to a number of assumptive clusters（assumptive groups）（K）ranging from 1 to 15 with an admixture model and the option of correlated allele frequency[52]. All parameters were set following the user's manual. To choose an appropriate run length，we performed a pilot run that showed that burn-in and MCMC（Markov chain Monte Carlo）lengths of 300 000 each were sufficient to obtain consistent data. Increasing the burn-in or MCMC lengths did not improve the results significantly. Ten replicate runs for each value of K were carried out. The most likely value of K was selected by plotting ΔK following the ad hoc statistics[53]. The STRUCTURE results were graphically displayed using DISTRUCT[54]. A neighbour- joining tree analysis[55] was also used to analyse the genetic structure of our samples. The neighbour-joining tree was visualised using TreeView software[56] based on Nei's standard[45] genetic distance，D_s，calculated using the program POPULATIONS v. 1.2.30（http：//bioinformatics. org/~tryphon/populations/）. The neighbour- joining tree was bootstrapped 1000 times.

We determined the overall level of genetic differentiation using analysis of molecular variance（AMOVA）[57]. The genetic distance matrix based on pairwise F_{st}[46] was used to carry out the AMOVA using Arlequin v. 3.11[58]，with 10 000 permutations. AMOVA was performed without grouping populations，with grouping populations by assigning them to three geographic zones，and with grouping populations by assigning them to a number of genetic groups that were identified by STRUCTURE v. 2.3.2[51]. We also performed a separate AMOVA on data from each of the three distribution zones. The geographic distance matrix was calculated using PASSaGE2 software[59]. A Mantel test[60] was applied to analyse the correlation between the geographic distance and Nei's standard genetic distance[45]. All Mantel tests were performed using GenAlex v. 6.2[42].

2.6　Population genetic bottleneck

We tested for a recent population genetic bottleneck using the program BOTTLENECK v. 1.2.02[61]. An infinite allele model（IAM）and one-step stepwise mutation model（SMM）were applied in the bottleneck program[62]. As all loci were in-between，we finally used the option of a two-phase model（TPM）[63] with 95% SMM and 5% IAM and a variance of 12，as recommended by Piry et al.[61]. Wilcoxon's test，which is better adapted to a dataset with few polymorphic loci（our case），has a robustness similar to the sign test and is as powerful as the standardised differences test，was used to test the significance of the heterozygosity excess[61]. A graphical descriptor was also used to distinguish between stable and bottlenecked populations[64]. We complemented the results of heterozygosity excess and mode-shift tests with Bayesian MSVAR[65-67]. MSVAR assumes that microsatellite data evolve by a stepwise mutation model and it relies on MCMC simulation to estimate the posterior distribution of parameters that describe the demographic history [65]. The parameters of interest in our study were current population size (N_0), ancestral population size at the time population started to decline or expand(N_1), and time(in generations)since population started to decline or expand (T). The change in population size was determined by the ratio r ($r=N_0/N_1$) where $r<1$ indicates decline, $r = 1$ indicates stability, and $r>1$ indicates expansion [65]. As the generation time for EWC is unknown, we used a value of 20 years, given that its effective seed dispersal is observed after age 20 [35]. The exponential model was applied. The length of run for chains was determined by Raftery-Lewis statistic [68, 69]. Two-hundred million iterations were sufficiently long for each chain to converge, with every 10 000th sample points being stored. The first 10% of data points were discarded from chains as burn-in to achieve stable simulations. The output was analysed with CODA 0.14-7 package implemented in R version 2.15.0 (http://cran. r-project. org/).

3　Results

3.1　Descriptive statistics

The number of alleles per locus ranged from 10 (Locus TP10) to 17 (Locus TP12) (Table 2). Our results showed that all four loci were highly polymorphic (Table 3). The number of alleles per locus ranged from 8 at locus TP10 in the populations from the discontinuous distribution zone to 17 at locus TP12 in populations from the continuous distribution zone (Table 2). All loci exhibited positive F_{is} except for locus TP10 (Table 2). MICRO-CHECKER detected the presence of null alleles at loci TP9, TP11 and TP12, and there was no evidence for large allele dropout or scoring errors due to stuttering. Null alleles occurred at very low frequencies, and similar levels of genetic differentiation (F_{st}) were obtained when either excluding or not excluding the null alleles (Table 2).

Table 3　Allele frequencies and the number of alleles (N) by group

Locus	Allele	Marginal	Discontinuous	Continuous
	N	9	11	12
	123	—	0.023	0.010
	139	0.081	0.099	0.066
	141	—	0.060	0.020
TP9	143	0.073	0.054	0.038
	147	—	0.020	0.003
	159	0.048	0.014	0.010
	211	0.132	0.045	0.010
	215	0.126	—	0.013

Continued

Locus	Allele	Marginal	Discontinuous	Continuous
TP9	257	0.135	0.210	0.250
	259	0.039	0.014	0.073
	431	0.174	0.213	0.303
	433	0.191	0.247	0.205
	N	9	8	10
TP10	136	0.051	0.043	0.053
	138	0.056	0.031	0.033
	140	0.056	—	0.008
	142	0.062	0.023	0.003
	144	0.149	0.205	0.285
	146	0.202	0.284	0.152
	148	0.292	0.301	0.348
	150	0.126	0.085	0.101
	152	0.006	0.028	0.010
	156	—	—	0.008
	N	14	13	15
TP11	140	0.098	0.188	0.028
	142	0.025	0.017	0.013
	158	0.045	0.040	0.008
	160	0.062		0.005
	166	0.157	0.122	0.258
	180	0.059	0.034	0.109
	182	0.034	0.006	0.071
	200	0.065	0.009	0.043
	202	0.053	0.048	0.040
	212	0.090	0.139	0.093
	214	0.045	0.031	0.015
	220	—	0.003	0.035
	222	0.183	0.233	0.255
	224	0.039	—	0.008
	256	0.045	0.131	0.020
	N	14	15	17
TP12	130	0.045	0.043	0.015
	138	0.081	0.023	0.030

Continued

Locus	Allele	Marginal	Discontinuous	Continuous
TP12	140	0.143	0.119	0.086
	142	0.216	0.250	0.096
	144	0.174	0.102	0.061
	146	0.025	0.006	0.028
	148	0.062	0.057	0.063
	150	0.056	0.037	0.030
	156	0.039	0.102	0.061
	158	0.062	0.020	0.018
	160	—	0.009	0.015
	202	0.037	0.014	0.018
	214	0.048	0.102	0.005
	240	—	0.037	0.146
	242	—	—	0.058
	256	0.006	0.080	0.184
	258	0.006	—	0.086
N (total allele)		46	47	54
The Rate of Rare Alleles (Frequency<1%)		0.065	0.106	0.148

At the population level, AR averaged 5.9 and ranged from 4.6 (CZ3, CZ4) to 6.9 (MZ4, CZ7). N_a ranged from 5.3 (MZ6) to 10.0 (MZ8), with an average of 7.8. The mean N_e was 4.9, with lowest value being 3.5 (CZ3) and the highest being 6.4 (MZ4, CZ7). H_o had a mean value of 0.7 and was lowest in population MZ3 (0.463) and highest in population CZ6 (0.883). The mean H_e was 0.77, ranging from 0.712 (CZ2) to 0.826 (MZ3, CZ7) (Table 1).

When populations were pooled, AR was quite similar among the three distribution zones (11.5, 11.8, and 12.5), as was Na. H_o showed an increase from the marginal zone (0.657) to the discontinuous zone (0.697), further, to the continuous zone (0.831) (Table 1). The populations from the continuous distribution zone had the highest proportion of rare alleles (frequency<1%; 0.148) and the highest total number of alleles (54) across the loci; the populations with the second highest proportion were from the discontinuous distribution zone (0.106; 47), and the populations with the least were from the marginal distribution zone (0.065; 46) (Table 3). Only populations from the continuous distribution zone had private alleles (one at locus TP10 and TP12) (Table 3).

3.2 Latitudinal effects on genetic estimates

Among the 24 populations, seven (four marginal: MZ3, MZ4, MZ5, MZ7; three discontinuous：DZ2，DZ5，DZ6）showed a significant deficiency of heterozygotes and a departure from Hardy-Weinberg equilibrium（data not shown）. None of the populations from the continuous distribution zone exhibited significant departure from HW equilibrium（data not shown）. When populations were pooled，the global HW test revealed a significant departure from equilibrium and a slight heterozygote deficiency（F_{is}=0.145；P_{HW}=0.0125）. Positive F_{is} values and heterozygote deficiency were also observed in populations from the marginal（F_{is}=0.244；P_{HW}=0.0042）and discontinuous（F_{is}=0.166；P_{HW}=0.0042）distribution zones. However，populations from the continuous zone were in HW equilibrium（F_{is}=-0.007；P_{HW}=0.3625）（Table 4）.

Table 4　Hardy-Weinberg equilibrium test.

Region	F_{is}	Heterozygosity deficit	Heterozygosity excess	P value
Marginal zone	0.244	*	N/A	0.0042
Discontinuous zone	0.166	*	N/A	0.0042
Continuous zone	−0.007	N/A	ns	0.3625
Global	0.145	*	N/A	0.0125

Note：N/A=not applicable，ns=not significant，＊P＜0.05. Bonferroni corrections were applied.

　　The difference in H_o among the populations from the three zones was highly significant（P=0.003），as were differences for F_{is}（P=0.002）and R_{elc}（P=0.005）. We did not find any significant differences for AR，H_s，F_{st} and R_{el} among the populations from the three zones（Table 5）.

Table 5　Comparisons of genetic estimate differences among populations from three zones.

	AR	H_o	H_s	F_{is}	F_{st}	R_{el}	R_{elc}
Marginal zone	6.334	0.657	0.823	0.202	0.060	0.096	−0.505
Discontinuous zone	5.805	0.697	0.786	0.112	0.070	0.119	−0.253
Continuous zone	5.589	0.831	0.777	−0.070	0.066	0.132	0.130
P values	ns	**	ns	**	ns	ns	**
	（0.072）	（0.003）	（0.153）	（0.002）	（0.926）	（0.702）	（0.005）

Note：ns=not significant；＊P＜0.05，＊＊P＜0.01，＊＊＊P＜0.001；P values were obtained after 1000 permutations；AR，allelic richness；H_o，observed heterozygosity；H_s，gene diversity；F_{is}，inbreeding coefficient；F_{st}，population differentiation；R_{el}，relatedness；R_{elc}，corrected relatedness.

　　Further comparisons revealed that the difference in H_o was not significant between populations from the marginal and discontinuous zones. It was significantly different between the discontinuous and continuous zones（P=0.010）and between the marginal and continuous zones（P=0.001）（data not shown）. Similarly，the differences between populations for F_{is} and R_{elc} were only significant between the discontinuous and continuous zones（F_{is}，P=0.027；R_{elc}，P=0.052）and between the marginal and continuous zones（F_{is}，P=0.001；R_{elc}，P=0.001）（data not shown）.

3.3　Genetic structure patterning

Bayesian analysis demonstrated the presence of population structure. The three clusters detected by STRUCTURE are displayed in orange, yellow, and blue. The largest cluster (yellow) includes 14 populations crossing the three zones (MZ5, MZ6, MZ7, MZ8, MZ9, DZ1, DZ2, DZ3, DZ4, DZ5, CZ5, CZ6, CZ7 and CZ8). The cluster depicted in blue includes five populations: four from southern sites in Témiscamingue (CZ1 to CZ4) and one from the discontinuous zone (DZ7). The cluster depicted in orange includes four populations from the northern sites (MZ1 to MZ4) and DZ6 in the discontinuous zone (Fig. 2). Most of the individuals from the marginal Chibougamau populations and population DZ6 from the discontinuous zone (Abitibi) were assigned to only one cluster. Similarly, almost all individuals from the Témiscamingue populations (CZ1 to CZ4) were assigned to only one cluster.

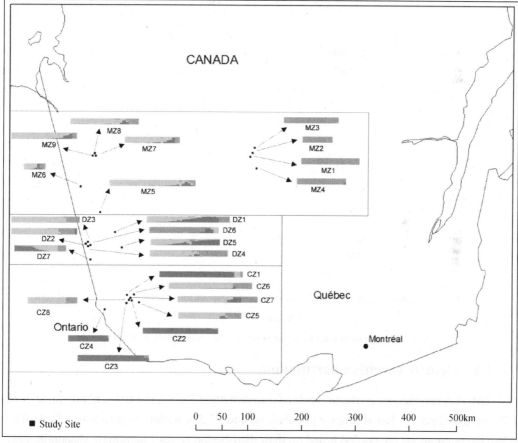

Fig.2　Study site, geographical origin, and genetic structure of *Thuja occidentalis* populations deduced by
STRUCTURE at *K* =3

Note: Orange cluster: MZ1, MZ2, MZ3, MZ4, and DZ6; yellow: MZ5, MZ6, MZ7, MZ8, MZ9, DZ1, DZ2, DZ3, DZ4, DZ5, CZ5, CZ6, CZ7, and CZ8; blue: CZ1, CZ2, CZ3, CZ4, and DZ7.

（见彩图B）

The results of the NJT that were based on Nei's（Nei，1987）standard genetic distance（D_s）were partially consistent with the geographic origins of the populations（Fig. 3）. Four clusters can be identified at increased confidence levels（bootstrap values ≥ 50）. Two of these clusters were also identified using STRUCTURE. MZ1，MZ2，MZ3，MZ4 and DZ6 were assigned to one cluster，while CZ1，CZ3，CZ2，and CZ4 were assigned to another cluster.

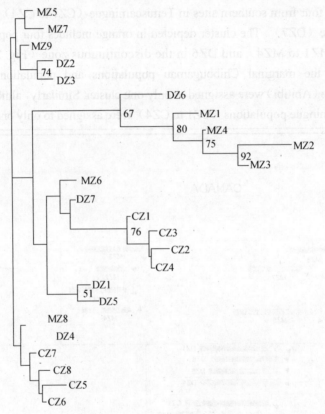

Fig.3　Neighbour- joining tree of *Thuja occidentalis* populations based on Nei's standard genetic distance，D_s[45]

Note：The numbers indicate the bootstrap values；only values≥50% are presented.

3.4　Genetic variation partitioning

AMOVA revealed a significant level of differentiation among the EWC populations，with 7.7% of the variation found among populations and 92.3% within populations（Table 6）. When the populations are pooled based on their distribution zones（marginal，discontinuous，continuous），1.5% of the variability occurred among zones and 6.6% occurred among populations within a zone. When the populations are pooled according to the results obtained with STRUCTURE［MZ1，MZ2，MZ3，MZ4，and DZ6（orange）；MZ5，MZ6，MZ7，

MZ8, MZ9, DZ1, DZ2, DZ3, DZ4, DZ5, CZ5, CZ6, CZ7, and CZ8 (yellow);
CZ1, CZ2, CZ3, CZ4, and DZ7 (blue)], the variation among groups was estimated to be
7.1% and 3.4% among populations within groups. The level of variation among populations
within zones was generally similar (6.0%, 7.0%, and 6.6%). The variance explained by
individuals within populations from the continuous zone is negative (-6.5%) and can be
interpreted as being zero, which indicates an absence of genetic structure.

**Table 6 AMOVA analysis for 24 populations, for populations pooled by zones (continuous,
discontinuous, and marginal), for populations pooled in groups identified by STRUCTURE, and for
populations at the level of each zone**

Source of variation	Sum of squares	Variance components	Percentage variation	P value
All populations				
Among populations	176.034	0.12952	7.69904	0.00000
Within populations	904.304	0.12401	92.30096	0.00000
Pooled by zones				
Among zones	33.492	0.02610	1.51048	0.00059
Among populations within zones	142.543	0.11134	6.61151	0.00000
Within populations	904.304	0.12401	91.87801	0.00000
Groups by clusters (3) identified by STRUCTURE				
Among groups	84.830	0.12628	7.12498	0.00000
Among populations within groups	91.204	0.05736	3.39239	0.00000
Within populations	904.204	0.12401	89.48263	0.00000
Populations at the level of each zone Marginal				
Among populations	48.625	0.10511	6.00038	0.00000
Among individuals	334.361	0.33193	18.94962	0.00000
Discontinuous				
Among populations	46.001	0.11803	6.98706	0.00000
Among individuals	295.332	0.17632	10.43782	0.00000
Continuous				
Among populations	47.917	0.10980	6.60170	0.00000
Among individuals	274.611	-0.10815	-6.50205	1.00000

The correlation between genetic and geographic distances was positive and significant
when all 24 populations were included in the analysis (Mantel test: $r = 0.645$, $P = 0.001$).
However, this correlation became non-significant when the populations from Chibougamau
(which are geographically distant from all other sampled populations, >300 km from the

populations of James Bay)were excluded from the analysis($r=-0.0002$, $P=0.571$)(Fig. 3). Moreover, no significant correlation between geographic and genetic distances was detected when the IBD(isolation by distance)was tested at the level of each zone(data not shown).

3.5 Population genetic bottleneck

A genetic bottleneck was detected by heterozygosity excess test in only one marginal population(MZ4)under both TPM and SMM models. However, population MZ4 had a normal L-shaped allelic distribution, indicating that the bottleneck was not recent or that the population is not completely isolated. Bayesian MSVAR detected a population decline in marginal population MZ8($r=0.87$). Several populations(MZ3, MZ4, and MZ5)had r-ratios slightly below 1, which indicated a slight decline in population size(Table 7). The remaining populations showed a signal of recent expansion($r>1$)(Table 7).

Table 7　Results of MSVAR analysis of population expansion or decline

Parameter	N_0	S. E.	Lower Bound	Upper Bound	N_1	S. E.	Lower Bound	Upper Bound	T	S. E.	Lower Bound	Upper Bound	r-ratio
Marginal Zone（MZ）													
MZ1	4.35	0.0066	3.19	5.42	4.15	0.0115	1.80	6.75	4.43	0.0148	1.29	7.91	1.05
MZ2	4.37	0.0065	3.23	5.54	4.21	0.0128	1.43	7.42	4.39	0.0150	1.45	8.07	1.04
MZ3	4.43	0.0082	2.85	6.27	4.75	0.0117	2.68	7.61	4.67	0.0180	1.08	8.67	0.93
MZ4	4.33	0.0060	3.30	5.39	4.50	0.0117	2.33	7.27	4.29	0.0154	1.32	8.24	0.96
MZ5	4.43	0.0077	3.11	6.19	4.66	0.0127	2.31	7.60	4.42	0.0175	1.21	8.61	0.95
MZ6	4.47	0.0054	3.46	5.45	3.82	0.0108	1.55	6.42	4.48	0.0120	1.74	7.25	1.17
MZ7	4.45	0.0057	3.46	5.42	3.87	0.0107	1.17	5.79	4.31	0.0133	1.71	7.72	1.15
MZ8	4.36	0.0083	2.73	6.33	5.02	0.0114	3.27	7.81	4.70	0.0191	1.12	8.91	0.87
MZ9	4.47	0.0047	3.61	5.27	3.35	0.0099	1.09	4.65	3.99	0.0115	1.57	6.79	1.33
Discontinous Zone（DZ）													
DZ1	4.66	0.0030	3.98	5.30	2.41	0.0062	1.01	3.69	3.78	0.0060	2.42	5.04	1.94
DZ2	4.55	0.0043	3.79	5.33	3.25	0.0086	1.62	4.37	4.09	0.0091	2.17	5.94	1.40
DZ3	4.47	0.0053	3.47	5.45	3.56	0.0095	1.41	4.67	4.44	0.0100	2.38	6.52	1.26
DZ4	4.56	0.0033	3.85	5.25	3.29	0.0047	2.24	4.33	4.40	0.0063	2.99	5.72	1.39
DZ5	4.51	0.0032	3.81	5.20	2.62	0.0061	1.31	3.98	3.70	0.0067	2.09	5.03	1.72
DZ6	4.47	0.0029	3.82	5.07	3.05	0.0077	1.55	4.30	3.74	0.0067	2.34	5.09	1.46
DZ7	4.67	0.0030	4.01	5.35	2.57	0.0047	1.58	3.59	4.11	0.0047	3.10	5.15	1.82
Continuous Zone（CZ）													
CZ1	4.48	0.0037	3.76	5.13	2.72	0.0092	0.85	4.23	3.75	0.0092	1.53	5.22	1.65
CZ2	4.18	0.0057	3.18	5.10	3.46	0.0103	0.95	4.95	4.11	0.0117	1.58	6.81	1.21
CZ3	4.28	0.0053	3.33	5.23	3.17	0.0091	0.99	4.43	4.24	0.0114	1.83	6.81	1.35

Continued

Parameter	N_0	S. E.	Lower Bound	Upper Bound	N_1	S. E.	Lower Bound	Upper Bound	T	S. E.	Lower Bound	Upper Bound	r-ratio
Continuous Zone (CZ)													
CZ4	4.30	0.0071	3.00	5.65	3.56	0.0111	0.97	5.56	4.64	0.0141	1.63	7.86	1.21
CZ5	4.28	0.0073	2.93	5.67	4.19	0.0117	1.85	6.97	4.53	0.0155	1.16	7.89	1.02
CZ6	4.54	0.0073	3.20	6.05	4.35	0.0098	2.58	6.63	4.94	0.0159	1.54	8.46	1.04
CZ7	4.72	0.0122	2.51	7.62	4.50	0.0064	3.31	5.64	4.30	0.0166	1.04	8.32	1.05
CZ8	4.74	0.0107	2.98	7.37	4.41	0.0078	3.06	6.06	4.94	0.0151	1.77	8.33	1.07

Note: N_0, current effective population size; N_1, ancestral effective population size; T, time in generations since population size changes; Lower and upper bound are presented as 90% Highest Probability Density intervals.

4　Discussion

Microsatellite markers revealed a significant effect of habitat fragmentation on the genetic structure in EWC populations. Populations from the marginal and discontinuous distribution ranges showed an excess of homozygotes, whereas populations from the continuous range were in HW equilibrium. Therefore, the impact of population fragmentation on the EWC genetic structure is the existence of a positive inbreeding coefficient, which was, on average, nearly 2 to 3 times higher than that of populations from the continuous zone (Table 5). This pattern could also partially reflect historical events (e. g. , effects of post-glacial migration and colonization) as the farthest north population experienced population decline [4, 70]. This result indicated the presence of a higher occurrence of selfing within fragmented EWC populations that was coupled with a higher degree of gene exchange among near-neighbour relatives, leading to significant inbreeding. In their review, Aguilar et al. [14] reported a trend of increased inbreeding due to habitat fragmentation; however, they reported a non-significant overall effect on F_{is}, possibly because the fragmentation was too recent. In many published studies, the sampled adults were established before fragmentation occurred [13, 71, 72]. Indeed, the effect of population fragmentation on inbreeding coefficients can be detectable only after the first generation of progeny has been established.

The presence of a high level of self-fertilisation in EWC has been reported in previous studies [30, 32]. Lamy et al. [30] showed that mating patterns are biased towards higher selfing in recently fragmented, small EWC populations. This life-history characteristic contrasts with most coniferous species, which are generally much more affected by inbreeding [19, 73-78]. A high level of inbreeding, maintained over several generations, is expected to lead to progressive genetic erosion, higher between-population differentiation and an overall decrease in genetic diversity. This pattern was not observed in this study. Genetic variation among populations was similar in the marginal, discontinuous and continuous populations (6.0%, 7.0% and 6.6%, respectively), as were the levels of genetic diversity (H_s, Table 5), except that only populations from continuous zones had private alleles. This is probably because the fragmentation has not progressed long enough to have detectable effects on progressive genetic erosion. Long-lived trees may be buffered against genetic erosion for centuries [15-17].

The global level of differentiation among EWC populations was relatively high and similar to that reported by Lamy et al. [30] (7.7% vs. 7.3%) in populations sampled over a much smaller geographic area (180 km^2). It was also higher than those values that were reported in EWC populations by Matthes-Sears et al. [79] (1.9%) and Perry et al. [31] (1.6%). Most alleles were distributed in populations throughout the three zones. Populations from the continuous distribution zone harboured the highest proportion of rare alleles (frequency < 1%), with a decreasing trend towards the northern range margins. Yet, no significant differences were observed in allelic richness among populations from the three bioclimatic zones, indicating that populations residing in the discontinuous or marginal distribution ranges have not experienced a great decrease in population size or, if so, have overcome previous bottlenecks [80, 81]. The evidence of population decline was detected in marginal populations (MZ3, MZ4, MZ5, and MZ8). However, the detection power of our bottleneck analysis was weak due to the limited number of polymorphic microsatellite loci available for the EWC. Our results were still comparable to other studies that detected significant bottlenecks based on four polymorphic loci [82, 83]. Genetic bottleneck effects could also be obscured by immigration events.

The majority of studies that have examined geographic variation in genetic diversity have used a 'categorical approach' in which only groups of peripheral and central populations were sampled [84]. Yet, the 'categorical approach' has also been blamed for confounding geographical position with region compared to 'continuous sampling approach'. Our study relaxed this confounding by sampling along a latitudinal transect that encompasses central, intermediate, and peripheral populations. The geographic distribution of EWC along the latitudinal gradient was estimated from the analysis of a large inventory database (a total of 5476 sample plots) and found to decrease from 55% to 9% to 3% from the continuous to the discontinuous to the marginal zones, respectively [37]. This pattern conforms to the 'abundant centre model', which predicts an increase in the spatial isolation of populations from the range center toward the range limits [7, 84]. This increase in population isolation was apparently not correlated with a detectable effect on genetic diversity. One plausible explanation involves the life-history characteristics of EWC. Selfing species naturally retain most of their genetic diversity within populations, and their level of population genetic diversity is less affected by restricted gene flow. Moreover, the ability of EWC to reproduce vegetatively, via layering, may buffer the genetic effects of fragmentation by delaying the time between generations [85]. A parallel study conducted at the same sites showed higher levels of layering in populations in the north (marginal and discontinuous zones) than in the south (continuous zone), with equivalent seed production along the gradient[37]. Finally, the effect of inbreeding on genetic erosion may also be buffered by selection against homozygotes in young EWC individuals, which will eliminate a higher proportion of these individuals before they become adults.

4.1 Population structure

Both Bayesian and NJT analyses detected a certain level of genetic structure among the 24 EWC populations. Interestingly, the four marginal populations (MZ1, MZ2, MZ3, and MZ4) from Chibougamau and one population (DZ6) from Abitibi were assigned to one cluster, even though more than 400 km separated DZ6 from the Chibougamau marginal populations. One explanation may be that these populations followed the same post-glacial migration route. Apparently, the four populations from Témiscamingue (CZ1, CZ2, CZ3, and CZ4)belonged to the same cluster, indicating that gene flow(via seed or pollen dispersal) was high among them. Some sub-branches of the NJT were significant (bootstrapped values ≥50), such as the sub-branch clustering of DZ1 and DZ5 or that of DZ2 and DZ3.These populations that clustered together are genetically closer and may have followed similar post-glacial migration routes. Fourteen populations (marginal: MZ5, MZ6, MZ7, MZ8, and MZ9; discontinuous: DZ1, DZ2, DZ3, DZ4, and DZ5; and continuous: CZ5, CZ6, CZ7, and CZ8) were assigned into a single (yellow) cluster.

4.2 Conservation implications

Our results converged to demonstrate that spatial isolation of marginal EWC populations is not associated with low genetic diversity. Therefore, increased inbreeding does not lead to a loss of genetic variation in northern EWC populations, and therefore they have the potential to respond and adapt to environmental changes. The actual distribution and expansion of white cedar at the northern edge of its range has been limited by climate in association with fires [37]. This limitation illustrates the complexity of the species' population dynamics and the difficulty of predicting future EWC distributions in a changing environment. If climate favours improved regeneration of this species and its northward migration, peripheral populations could play a major role as seed sources and in the further movement of the geographic range in response to climate changes. In contrast, if global warming triggers an increase in fire frequency[86], the EWC distribution could be negatively affected and reduced to lower latitudes. In such a context of uncertainty, the precautionary principle should apply, and marginal populations should be protected to allow continuity of natural evolutionary processes.

Acknowledgements

This work forms part of the PhD thesis of H. Xu. We would like to acknowledge Marie-Hélène Longpré and Danielle Charron for logistical support and Dr. Marc Mazerolle for statistical advice. Special thanks go to industrial supervisors from the company Tembec: Louis Dumas, Sonia Légaré, and Genevieve Labrecque. We thank two anonymous referees for their comments, which helped improve this manuscript. We also thank Dr. W. F. J. Parsons for correcting the references to match the journal. This research was supported by an Industrial Innovation Doctoral Scholarship from NSERC (Natural Sciences and Engineering Research Council of Canada), a BMP innovation doctoral scholarship from FRQ-NT the (Fonds de recherché du Québec- Natures et technologies)and Tembec, and a scholarship from FERLD (Forêt d'enseignement et de recherche du lac Duparquet) to H. Xu. This research was also funded by a NSERC strategic grant (STPGP 336871) to F. Tremblay.

Reference

[1] Hewitt G. 2000. The genetic legacy of the quaternary ice ages. Nature, 2010, 405: 907-913.

[2] Thomas C D, Cameron A, Green R E, et al. Extinction risk from climate change. Nature, 2004, 427: 145-148.

[3] Sexton J P, Mcintyre P J, Angert A L, et al. Evolution and ecology of species range limits. Annual Review of Ecology Evolution and Systematics, 2009, 40: 415-436.

[4] Hoban S M, Borkowski D S, Brosi S L, et al. Range-wide distribution of genetic diversity in the North American tree Juglans cinerea: a product of range shifts, not ecological marginality or recent population decline. Molecular Ecology, 2010, 19: 4876-4891.

[5] Provan J, Maggs C A. Unique genetic variation at a species' rear edge is under threat from global climate change. Proceedings of the Royal Society B: Biological Sciences, 2011, 279 (1726): 39-47.

[6] Diniz-Filho J A F, Nabout J C, Bini L M, et al. Niche modelling and landscape genetics of Caryocar brasiliense ("Pequi" tree: Caryocaraceae) in Brazilian Cerrado: an integrative approach for evaluating central-peripheral population patterns. Tree Genetics and Genomes, 2009, 5 (4): 617-627.

[7] Sagarin R D, Gaines S D. The 'abundant centre' distribution: to what extent is it a biogeographical rule? Ecology Letters, 2002, 5: 137-147.

[8] Sagarin R D, Gaines S D, Gaylord B. Moving beyond assumptions to understand abundance distributions across the ranges of species. Trends in Ecology and Evolution, 2006, 21 (9): 524-530.

[9] Loveless M D, Hamrick J L. Ecological determinants of genetic structure in plant populations. Annual review of ecology and systematics. 1984, 15 (1): 65-95.

[10] Yakimowski S B, Eckert C G. Populations do not become less genetically diverse or more differentiated towards the northern limit of the geographical range in clonal Vaccinium stamineum (Ericaceae). New Phytologist, 2008, 180 (2): 534-544.

[11] Tollefsrud M M, Sønstebø J H, Brochmann C, et al. Combined analysis of nuclear and mitochondrial markers provide new insight into the genetic structure of North European Picea abies. Heredity, 2009, 102: 549-562.

[12] Ellstrand N C, Elam D R. Population genetic consequences of small population size: implications for plant conservation. Annual Review of Ecology and Systematics, 1993, 24: 217-242.

[13] Young A, Boyle T, Brown T. The population genetic consequences of habitat fragmentation for plants. Trends in Ecology and Evolution, 1996, 11 (10): 413-418.

[14] Aguilar R, Quesada M, Ashworth L, et al. Genetic consequences of habitat fragmentation in plant populations: susceptible signals in plant traits and methodological approaches. Molecular Ecology, 2008, 17 (24): 5177-5188.

[15] Templeton A R, Levin D A. Evolutionary consequences of seed pools. The American Naturalist, 1979, 114 (2): 232-249.

[16] Cabin R J. Genetic comparisons of seed bank and seedling populations of a perennial desert mustard, Lesquerella fendleri. Evolution; International Journal of Organic Evolution, 1996, 50 (5): 1830-1841.

[17] Piotti A. The genetic consequences of habitat fragmentation: the case of forests. Iforest Biogeoscience and Forestry, 2009, 2 (1): 75-76.

[18] Hamrick J L, Godt M J W, Sherman-Broyles S L. Factors influencing levels of genetic diversity in woody plant species. New Forests, 1992, 6: 95-124.

[19] Gamache I, Jaramillo-Correa J P, Payette S, et al. Diverging patterns of mitochondrial and nuclear DNA diversity in subarctic black spruce: imprint of a founder effect associated with postglacial colonization. Molecular Ecology, 2003, 12 (4): 891-901.

[20] Bergeron Y, Gauthier S, Flannigan M, et al. Fire regimes at the transition between mixedwood and coniferous boreal forest in northwestern Quebec. Ecology, 2004, 85 (7): 1916-1932.

[21] Hély C, Flannigan M, Bergeron Y, et al. Role of vegetation and weather on fire behavior in the Canadian mixedwood boreal forest using two fire behavior prediction systems. Canadian Journal of Forest Research, 2001, 31 (3): 430-441.

[22] Asselin H, Fortin M J, Bergeron Y. Spatial distribution of late-successional coniferous species regeneration following disturbance in southwestern Québec boreal forest. Forest Ecology and Management, 2001, 140 (1): 29-37.

[23] Albani M, Andison D W, Kimmins J P. Boreal mixedwood species composition in relationship to topography and white spruce seed dispersal constraint. Forest Ecology and Management, 2005, 209 (3): 167-180.

[24] Carcaillet C, Bergeron Y, Richard P J H, et al. Change of fire frequency in the eastern Canadian boreal forests during the Holocene: does vegetation composition or climate trigger the fire regime? Journal of Ecology, 2001, 89 (6): 930-946.

[25] Liu K B. Holocene paleoecology of the boreal forest and Great Lakes-St. Lawrence forest in northern Ontario. Ecological Monographs, 1990, 60 (2): 179-212.

[26] Richard P. Postglacial history of the vegetation, south of Lake Abitibi, Ontario and Quebec.

Géographie Physique Et Quaternaire，1980，34（1）：77-94.

[27] Gajewski K，Garralla S，Milot-Roy V. Postglacial vegetation at the northern limit of lichen woodland in northwestern Québec. Géographie physique et Quaternaire，1996，50（3）：341-350.

[28] Garralla S，Gajewski K. Holocene vegetation history of the boreal forest near Chibougamau，central Quebec. Canadian Journal of Botany，1992，70（7）：1364-1368.

[29] Ali A A，Carcaillet C，Bergeron Y. Long-term fire frequency variability in the eastern Canadian boreal forest：the influences of climate vs. local factors. Global Change Biology，2009，15（5）：1230-1241.

[30] Lamy S，Bouchard A，Simon J-P. Genetic structure，variability，and mating system in eastern white cedar（*Thuja occidentalis*）populations of recent origin in an agricultural landscape in southern quebec. Canadian Journal of Forest Research，1999，29：1383-1392.

[31] Perry D J，Knowles P. Inheritance and linkage relationships of allozymes of eastern white cedar（*Thuja occidentalis*）in northwestern Ontario. Genome，1989，32（2）：245-250.

[32] Perry D J，Knowles P. Evidence of high self-fertilization in natural populations of eastern white cedar（*Thuja occidentalis*）. Canadian Journal Botany，1990，68（3）：663-668.

[33] Perry D J，Knowles P. Short-note：are inferred out-crossing rates affected by germination promptness? Silvae Geneica，1991，40：35-36.

[34] Perry D J，Knowles P，Yeh F C. Allozyme variation of *Thuja occidentalis* L. in Northwestern Ontario. Biochemical Systematics and Ecology，1990，18（2）：111-115.

[35] Fowells H A. Silvics of forest trees of the United States.（Agriculture handbook, no. 271）. Washington D.C.：U.S. Department of Agriculture, Forest Service，1965.

[36] Archambault S，Bergeron Y. An 802-year tree-ring chronology from the Quebec boreal forest. Canadian Journal of Forest Research，1992，22（5）：674-682.

[37] Paul V. Les facteurs écologiques limitant la répartition nordique du thuja de l'est（*Thuja occidentalis* L.）. Master in Biology Master's thesis，Université du Québec en Abitibi-Témiscamingue，2011.

[38] O'connell L M，Ritland C E. Characterization of microsatellite loci in western redcedar（*Thuja plicata*）. Molecular Ecology，2000，9（11）：1920-1922.

[39] Nakao Y，Iwata H，Matsumoto A，et al. Highly polymorphic microsatellite markers in *Chamaecyparis obtusa*. Canadian Journal of Forest Research，2001，31（12）：2248-2251.

[40] Van Oosterhout C，Hutchinson W F，Wills D P M，et al. MICRO-CHECKER：software for identifying and correcting genotyping errors in microsatellite data. Molecular Ecology Notes，2004，4（3）：535-538.

[41] Chapuis M P，Estoup A. Microsatellite null alleles and estimation of population differentiation. Molecular Biology and Evolution，2007，24（3）：621-631.

[42] Peakall R，Smouse P E. GENALEX 6：genetic analysis in Excel. Population genetic software for teaching and research. Molecular Ecology Notes，2006，6（1）：288-295.

[43] Goudet J. FSTAT，a program to estimate and test gene diversities and fixation indices（version 2.9.3）. http：//www2.unil. ch/popgen/softwares/fstat. htm. [2011-3-8].

[44] Rice W R. Analyzing tables of statistical tests. Evolution，1989，43（1）：223-225.

[45] Nei M. Molecular Evolutionary Genetics. New York：Columbia University Press，1987.

[46] Weir B S, Cockerham C C. Estimating F-statistics for the analysis of population structure. Evolution, 1984, 38 (6): 1358-1370.

[47] Hamilton W D. Selection of selfish and altruistic behavior in some extreme models//Dillon E A. Man and Beast: Comparative Social Behavior. Washington D.C.: Smithsonian Institution Press, 1971: 59-91.

[48] Queller D C, Goodnight K F. Estimating Relatedness Using Genetic Markers. Evolution, 1989, 43 (2): 258-275.

[49] Pamilo P. Genotypic correlation and regression in social groups: multiple alleles, multiple loci and subdivided populations. Genetics, 1984, 107 (2): 307-320.

[50] Pamilo P. Effect of inbreeding on genetic relatedness. Hereditas, 1985, 103 (2): 195-200.

[51] Pritchard J K, Stephens M, Donnelly P. Inference of population structure using multilocus enotype data. Genetics, 2000, 155 (2): 945-959.

[52] Falush D, Stephens M, Pritchard J K. Inference of population structure using multilocus genotype data: linked loci and correlated allele frequencies. Genetics, 2003, 164 (4): 1567-1587.

[53] Evanno G, Regnaut S, Goudet J. Detecting the number of clusters of individuals using the software STRUCTURE: a simulation study. Molecular Ecology, 2005, 14 (8): 2611-2620.

[54] Rosenberg N A. DISTRUCT: a program for the graphical display of population structure. Molecular Ecology Notes, 2004, 4 (1): 137-138.

[55] Saitou N, Nei M. The neighbor-joining method: a new method for reconstructing phylogenetic trees. Molecular Biology and Evolution, 1987, 4: 406-425.

[56] Page R D M. TreeView: an application to display phylogenetic trees on personal computers. Computer Applications in the Biosciences, 1996, 12 (4): 357-358.

[57] Excoffier L, Smouse P E, Quattro J M. Analysis of molecular variance inferred from metric distances among DNA haplotypes: application to human mitochondrial DNA restriction data. Genetics, 1992, 131 (2): 479-491.

[58] Excoffier L, Laval G, Schneider S. Arlequin ver. 3.0: an integrated software package for population genetics data analysis. Evolutionary Bioinformatics Online, 2005, 1 (4A): 47-50.

[59] Rosenberg M S, Anderson C D. PASSaGE: pattern analysis, spatial statistics and geographic exegesis. Version 2. Methods in Ecology and Evolution, 2011, 2: 229-232.

[60] Mantel N. The detection of disease clustering and a generalized regression approach. Cancer Research, 1967, 27: 209-220.

[61] Piry S, Luikart G, Cornuet J-M. BOTTLENECK: a computer program for detecting recent reductions in the effective population size using allele frequency data. Journal of Heredity, 1999, 90(4): 502-503.

[62] Cornuet J M, Luikart G. Description and power analysis of two tests for detecting recent population bottlenecks from allele frequency data. Genetics, 1996, 144 (4): 2001-2014.

[63] Di R A, Peterson A C, Garza J C, et al. Mutational processes of simple-sequence repeat loci in human populations. Proceedings of the National Academy of Sciences of the United States of America, 1994, 91 (8): 3166-3170.

[64] Luikart G, Allendorf F W, Cornuet J M. et al. Distortion of allele frequency distributions provides a test

for recent population bottlenecks. Journal of Heredity, 1998, 89 (3): 238-247.

[65] Beaumont M A. Detecting population expansion and decline using microsatellites. Genetics, 1999, 153 (4): 2013-2029.

[66] Storz J F, Beaumont M A. Testing for genetic evidence of Population expansion and contraction: an empirical analysis of microsatellite DNA variation using a hierarchical Bayesian model. Evolution, 2002, 56 (1): 154-166.

[67] Girod C, Vitalis R, Leblois R, et al. Inferring population decline and expansion from microsatellite data: a simulation-based evaluation of the msvar method. Genetics, 2011, 188 (1): 165-179.

[68] Raftery A E, Lewis S M. One long run with diagnostics: implementation strategies for Markov chain Monte Carlo. Statistical Science, 1992, 7 (4): 493-497.

[69] Raftery A E, Lewis S M. The number of iterations, convergence diagnostics and generic Metropolis algorithms//Gilks W R, Spiegel-Halter D J, Richardson S. Practical Markov Chain Monte Carlo. London: Chapman and Hall, 1995: 115-130.

[70] Dudaniec R Y, Spear S F, Richardson J S, et al. Current and historical drivers of landscape genetic structure differ in core and peripheral salamander populations. PLoS ONE, 2012, 7 (5): e36769.

[71] Lowe A J, Boshier D, Ward M, et al. Genetic resource impacts of habitat loss and degradation: reconciling empirical evidence and predicted theory for neotropical trees. Heredity, 2005, 95 (4): 255-273.

[72] Kettle C J, Hollingsworth P M, Jaffré T, et al. Identifying the early genetic consequences of habitat degradation in a highly threatened tropical conifer, *Araucaria nemorosa* Laubenfels. Molecular Ecology, 2007, 16 (17): 3581-3591.

[73] Gapare W J, Aitken S N, Ritland C E. Genetic diversity of core and peripheral Sitka spruce (*Picea sitchensis* (Bong.) Carr) populations: implications for conservation of widespread species. Biological Conservation, 2005, 123 (1): 113-123.

[74] Plessas M E, Strauss S H. Allozyme differentiation among populations, stands, and cohorts in Monterey pine. Canadian Journal of Forrest Research, 1986, 16 (6): 1155-1164.

[75] Beaulieu J, Simon J P. Mating system in natural populations of eastern white pine in Quebec. Canadian Journal of Forest Research, 1995, 25 (10): 1697-1703.

[76] Gauthier S, Simon J P, Bergeron Y. Genetic structure and variability in jack pine populations: effects of insularity. Canadian Journal of Forest Research, 1992, 22 (12): 1958-1965.

[77] Ledig F T, Bermejo-Velazquez B, Hodgskiss P D, et al. The mating system and genic diversity in Martinez spruce, an extremely rare endemic of Mexico's Sierra Madre Oriental: an example of facultative selfing and survival in interglacial refugia. Canadian Journal of Forest Research, 2000, 30 (7): 1156-1164.

[78] Mitton J B. Conifers//Tanksley S D, Orton T J. Isozymes in Plant Genetics and Breeding, Part B. Amsterdam: Elsevier, 1983: 443-472.

[79] Matthes-Sears U, Stewart S C, Larson D W. Sources of allozymic variation in Thuja occidentalis in southern Ontario, Canada. Silvae Genetica, 1991, 40: 100-105.

[80] Nei M, Maruyama T, Chakraborty R. The bottleneck effect and genetic variability in populations. Evolution, 1975, 29: 1-10.

[81] Leberg P L. Estimating allelic richness: effects of sample size and bottlenecks. Molecular Ecology, 2002, 11 (11): 2445-2449.

[82] Aizawa M, Yoshimaru H, Saito H, et al. Range-wide genetic structure in a north-east Asian spruce (*Picea jezoensis*) determined using nuclear microsatellite markers. Journal of Biogeography, 2009, 36 (5): 996-1007.

[83] Heuertz M, Teufel J, González-Martínez S C, et al. Geography determines genetic relationships between species of mountain pine (*Pinus mugo complex*) in western Europe. Journal of Biogeography, 37 (3): 541-556.

[84] Eckert C G, Samis K E, Lougheed S C. Genetic variation across species' geographical ranges: the central-marginal hypothesis and beyond. Molecular Ecology, 2008, 17 (5): 1170-1188.

[85] Honnay O, Bossuyt B. Prolonged clonal growth: escape route or route to extinction? Oikos, 2005, 108 (2): 427-432.

[86] Bergeron Y, Cyr D, Girardin M P, et al. Will climate change drive 21st century burn rates in Canadian boreal forest outside of its natural variability: collating global climate model experiments with sedimentary charcoal data. International Journal of Wildland Fire, 2010, 19 (8): 1127-1139.

秦岭太白红杉林分布及太白山高山林线特征的定量分析[*]

许林军　彭　鸿　陈存根　唐红亮　杨亚娟

摘要

采用正交试验设计在秦岭太白山设置了 12 个太白红杉林分，同样方法对太白红杉种群进行了调查，用正交分析法和 Data Processing System 数据处理软件对影响太白红杉林分布的 5 个生态因子进行了分析。结果表明：5 个生态因子中，海拔梯度的变化是影响太白红杉林分布的主导因子，5 个生态因子在影响太白红杉林分布中的作用地位是：海拔 > 坡度 > 土壤厚度 > 坡向 > 风向。并对描述太白红杉林的 5 个指标进行了主成分分析，并对高山林线进行了定量描述，胸高直径是描述太白红杉林的主要成分，海拔 3400m 是太白山太白红杉郁闭林的上限。

关键词：太白红杉；正交分析；生态因子；主成分；高山林线

太白红杉（*Larix chinensis*）是松科（Pinaceae）落叶松属（*Larix*）红杉组植物，是我国特有种，属国家二级保护植物[1]。现仅分布于我国秦岭地区海拔 2870～3500m（北坡）及 2870～3440m（南坡）[2] 的高山、亚高山地带，是秦岭高山林线森林的主要建群种。高山林线（alpine timberline）是森林和高山冻原带之间包括树岛（tree island）矮曲木的生态过渡带[3]。高山林线对气候变化比较敏感，被认为是全球气候变化的"监测器"[4]，近年来已经成为全球变化的研究热点之一。本文采用正交试验设计的思想并运用多元统计分析技术，对影响太白红杉林分布的生态因子进行了研究，试图阐明海拔是影响太白红杉林分布的主导因子，还对高山林线进行了定量描述，以期对高山林线和区域气候变化的研究提供参考。

1　研究区概况与方法

1.1　自然概况

太白红杉仅分布于陕西秦岭的高山、亚高山地带第四纪及现代冰缘堆积物上，尤以

* 原载于：西北植物学报，2005，25（5）：968-972.

秦岭主峰太白山较为集中，上接亚高山灌丛，下接巴山冷杉林带。本次研究区域主要集中于陕西秦岭太白山国家森林公园和太白山国家级自然保护区境内，位于 33°49′N～34°08′N，107°22′E～107°52′E，海拔 2700～3600m，制高点拔仙台海拔为 3767.2m，区内年平均降雨量北坡为 500～956mm，南坡为 800～1100mm；年均温 5.9～7.5℃ [2, 5]。秦岭太白山由于低温多雨，年降水量大于蒸发量，土壤形成过程以淋溶过程为主，并且受冷湿气候影响，以坡积碎石为成土母质，土壤类型主要为山地暗棕壤、亚高山和高山草甸森林土，森林线附近土层厚不及30cm，而在太白红杉分布的下限地区土层厚达80cm左右，腐殖质深厚，pH 为 6～6.8 [5]。太白山地表多起伏，太白红杉分布于各个坡向，并且坡度变化较大，最小的坡度为 5°左右，最大的坡度达 70°以上。

1.2 研究方法

1.2.1 样方调查

生物圈陆地生态系统不同气候带的植被类型及其分布规律，主要受水热条件两个主导因子控制。但是在同一地区相同气候带的条件下，同样具有不同的植被类型和分布特征，再简单地用水热条件解释其原因，就会遇到许多困难，特别是森林生态系统 [6]。查阅大量资料并结合野外调查，初步结果显示，影响研究区太白红杉林更新的因子有光、热、水、气、土，其中区内年平均降雨量北坡为 500～956mm，南坡为 800～1100mm，所以水分不足以造成太白红杉林分布的差异，因而在分析中可以排除。而其他因素可用海拔、坡向、坡度、土壤厚度和风向 5 个生态因子来描述。因此，在此次研究中把海拔分为 3 个水平，其他因子都分为 2 个水平（表 1），设计一种具有 12 个处理（3 水平 1 因素+2 水平 4 因素）的标准正交表。按照正交设计表，在太白山选择样地进行调查。每个样地符合 5 个因子的正交水平处理组合，每个样地至少设置 2 个 10m×10m 的样方，每个样方内设置 3 个 5m×5m 的灌木调查样方和 5 个 1m×1m 的草本样方。这样调查样方共 216 个。对太白红杉每木检尺，调查灌木、草本记载其种类、数量、盖度、株数、高度等常规项目。

表 1　因子水平划分标准

因子水平	因子				
	海拔（m）	坡向	坡度（°）	土壤厚度（cm）	风向
1	2900～3100	阳坡	0～35	0～30	迎风
2	3100～3300	阴坡	35	30	背风
3	3300～3500				

1.2.2 数据分析

对太白红杉林的分布主要从种群的胸高直径、高度、年龄、胸高断面积和物种丰富度几个指标进行描述，它们决定着太白红杉林在时间和空间上的分布。

在室内准确鉴定样方内标本到种，统计样地内的物种数，种的丰富度以物种数计算，取其平均值。

太白红杉属于国家二级珍稀濒危保护植物[1]，因此不能用解析木和生长锥法测其年龄，因而采用间接测量法，根据个体胸高直径和年龄的关系，在对太白红杉进行客观描述时存在着一致性，按照经验回归方程 $y=29.397e^{0.0615x}$，式中 y 为个体年龄，x 为个体的胸高直径，根据此式计算出太白红杉种群每个处理的平均年龄[7]；个体胸高断面积以胸高直径处圆面积计算，调查和计算结果详见表2；表2中各数据皆为调查计算后的均值。

表2 调查和计算结果表

样地号	胸径（cm）	高度（m）	年龄（a）	胸高断面积（cm²）	物种丰富度	海拔（m）	坡向	坡度（°）	土壤厚度（cm）	风向
1	17.85	7.69	86.84	238.97	28	2910	阳坡	37	48	迎风坡
2	19.3	8.26	94.82	279.37	27	2950	阳坡	48	25	背风坡
3	29.7	8.53	138.07	461.57	25	3110	阴坡	23	55	背风坡
4	17.78	7.98	86.47	237.1	28	2964	阴坡	32	25	迎风坡
5	24.2	13.1	127.6	439.23	19	3300	阳坡	31	37	迎风坡
6	17.83	7.33	86.73	238.43	19	3268	阳坡	5	10	背风坡
7	14.14	5.96	69.36	149.95	20	3200	阴坡	80	44	迎风坡
8	8.59	5.34	49.55	55.34	17	3294	阴坡	60	20	背风坡
9	9.96	4.21	53.84	74.4	27	3325	阳坡	15	35	背风坡
10	8.93	3.30	50.58	59.81	13	3448	阳坡	50	29	迎风坡
11	9.13	3.35	51.19	62.52	16	3407	阴坡	45	35	背风坡
12	5.37	2.73	40.76	21.63	14	3468	阴坡	5	14	迎风坡

2 结果与分析

2.1 主导因子分析

经方差分析证明，海拔梯度变化对太白红杉林的胸高直径、树高、胸高断面积、年龄和物种丰富度的影响存在着显著性差异（表3，$P<0.05$），坡向、坡度、土壤厚度和风向对它们无显著影响，可知，影响太白红杉林分布的主导因子是海拔梯度。土壤厚度影响太白红杉林种群平均胸径的生长发育，阴阳坡决定着太白红杉林的平均高度（从直观上看，太白红杉林种群阴阳坡的平均树高分布存在着明显差异，阴坡一般较阳坡高，与实际相符合），坡度大小影响太白红杉林在发育时间上的分布，坡度的大小还影响着土壤厚度，坡度越大，土壤厚度越小。坡向、坡度和土壤厚度之间存在着一定的交互作用（但是在正交分析中，它们的 F 值均小于1，所以设置为空白因子，未予以考虑）。土壤厚度对太白红杉林种群的物种丰富度有一定的影响，随着海拔的升高，土壤厚度越来越小，在林线附近土壤厚度不足 30cm，并且物种数越来越少。风向对太白红杉林的分布不存在着显著影响，可能是太白红杉林分布于高海拔地区，该区山脉的连绵起伏，多形成环绕风，对太白红杉种子的传播分布不会产生太大影响。

表3 正交分析结果表

变异来源	自由度 df	F 值					显著水平				
		胸径（cm）	高度（m）	年龄（a）	胸高断面积（cm²）	物种丰富度	胸径（cm）	高度（m）	年龄（a）	胸高断面积（cm²）	物种丰富度
海拔	2	8.30	8.82	6.49	6.49	6.60	0.03	0.02	0.04	0.04	0.03
坡向	1	0.70	2.57	0.98	0.98	0.87	0.43	0.16	0.42	0.37	0.39
坡度	1	3.00	2.56	3.28	3.28	0.62	0.14	0.17	0.16	0.13	0.47
土壤厚度	1	3.07	1.61	2.39	2.39	1.49	0.13	0.26	0.17	0.18	0.27
风向	1	0.16	0.36	0.01	0.01	0.42	0.70	0.57	0.87	0.95	0.55

2.2 生态因子排序

以方差分析中的 F 值作为比较它们对太白红杉林分布影响指标，F 值越大，说明它对太白红杉林分布的影响作用越大，通过对生态因子的 F 值的平均值进行分析，依此可对生态因子进行排序。设：$\bar{r}(海拔)=1/5(8.3+8.82+6.49+6.49+6.60)$，于是有 [$\bar{r}$（海拔），$\bar{r}$（坡向），$\bar{r}$（坡度），$\bar{r}$（土壤厚度），$\bar{r}$（风向）]＝[7.34，1.22，2.548，2.19，0.192]。则它们对太白红杉林分布影响大小顺序为海拔＞坡度＞土壤厚度＞坡向＞风向。

2.3 主成分分析

以表2中的数据进行（胸径、树高、年龄、胸高断面积和物种丰富度）主成分分析，主成分分析法是将 p 个指标构成的 p 维系统简化为一维系统，由于变量个数太多，且彼此之间存在着一定相关性，这样可能会使得观测数据在一定程度上形成重叠，因此采用综合指标来描述。分析结果详见表4。

表4 主成分分析结果表

特征向量	特征值	百分率（%）	累计百分率（%）
胸径（cm）	4.123 93	82.478 55	82.478 55
高度（m）	0.701 63	14.032 53	96.511 07
年龄（a）	0.168 38	3.367 50	99.878 57
胸高断面积（cm²）	0.005 74	0.114 78	99.993 36
物种丰富度	0.000 33	0.006 64	100.000 00

主成分分析表明，种群平均胸高直径在5个特征向量中的贡献率最高，达82.5%，是描述太白红杉林分布的主成分。各个成分的主次地位是：胸径＞树高＞年龄＞胸高断面积＞物种丰富度。林木的胸径分布，是反映该林分是否合理和研究该群落是否遭受干扰破坏的重要指标[8]，也就是说，种群的林木胸径分布是描述种群的重要指标。不仅因为在实际测量过程中胸径较其他成分操作简便并且精度相对高，主要原因是，胸径是自然环境因子对太白红杉林林木影响的综合表现。

2.4 太白红杉林种群平均胸径沿海拔截尾单峰曲线型变化趋势

胸径是描述太白红杉林的主要成分，因此用胸径和海拔对太白红杉林做回归分析，可以描述太白红杉林沿海拔在空间和时间上的分布。根据正交实验设计的调查结果，把海拔按照大小排成序列，列出对应的胸径，对数据进行多项式的拟合，做出数据拟合曲线（图1）。回归方程：$y=19\,419.438\,9+18.062\,49x+0.005\,574x^2+0.000\,001x^3$，$R^2=0.7652$，显著水平 $P=0.0067$，达到极显著水平（$P<0.01$）。

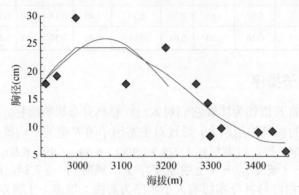

图1　海拔和胸径拟合曲线图

2.5 高山林线的定量描述

太白红杉纯林在海拔 3000～3100m 处，种群平均胸径最大，是太白红杉林分布的最优区域，生长最好，立地条件最适合太白红杉林的分布，可见海拔 3000～3100m 是太白红杉林种子的分布中心，也是太白红杉林的起源中心。海拔 2900m 以下太白红杉林虽然也有分布，但是多形成太白红杉、巴山冷杉（*Abies fargesii* Franch）和牛皮桦（*Betula utilis* var. *sinensis*）的混交林，在有些地段巴山冷杉和牛皮桦分布在高海拔处，而太白红杉却分布在低海拔处，呈现"倒置现象"的奇特景观，这是由于在现代冰缘气候控制下，山体岩石进行着强烈的寒冻风化，形成倒石流，破坏了原生冷杉林，又由于其规模和厚度的有限性，所以成片、块状，太白红杉和牛皮桦阳性树种侵入破坏后的冷杉林形成了次生演替的结果。在海拔 3400m～3500m 太白红杉林种群平均胸径几乎不再变化，海拔 3400m 高度是太白红杉纯郁闭林的上界，与唐志尧等在"太白山高山林线植被的数量分析"中的结果一致。海拔 3400m～3500m 是太白红杉林和亚高山灌木的生态交错带（ecotone），也就是高山林线处（alpine timberline），海拔 3600m 以上是高山草甸。

3 结论

通过对太白红杉种群的胸径、树高、年龄、胸高断面积和物种丰富度 5 个指标的方差分析表明，海拔高度是影响太白红杉林分布的主导因子，坡向、坡度和土壤厚度对太白红杉林的分布有一定的影响，但均不显著；风向几乎对太白红杉林的分布没有影响。

通过对影响太白红杉林分布的生态因子排序，它们影响的大小顺序为：海拔>坡度>土壤厚度>坡向>风向；通过主成分分析，它们在描述太白红杉林分布中的地位是：胸径>树高>年龄>胸高断面积>物种丰富度。

定量分析表明，太白山高山带植被存在着 3 条界线：海拔 3000～3100 是太白红杉林的种子和物种的起源中心；3400m 为郁闭林上限；3400～3500m 是太白红杉和亚高山灌丛的生态交错带，与前人关于太白山林线的研究相吻合[9]。

参 考 文 献

[1] 狄维忠，于兆英. 陕西省第一批濒危植物. 西安：西北大学出版社，1987：35-55.

[2] 陕西省林业厅. 太白山自然保护区综合考察论文集. 西安：陕西师范大学出版社，1989：5-109.

[3] Bliss L C. Alpine // Chabot B F，Mooney H A. Physiological Ecology in North America Plant Communities. New York：Champan & Hall，1985：41-65.

[4] Scuderi L A. Late-Holocene timberline variation in the southern Sierra Nevada. Nature，1987，325（6101）：242-243.

[5] 张文辉，王延平，康永祥，等. 太白红杉种群结构与环境的关系. 生态学报，2004，24（1）：41-47.

[6] 刘玉成，杜道林，岳泉. 缙云山森林次生演替中优势种群的特性与生态因子的关联度分析. 植物生态学报，1994，18（3）283-289.

[7] 许林军，彭鸿，陈存根. 太白红杉林径级和龄级结构的研究. 西北植物学报，2005，25（3）：460-465.

[8] Li Y D. Community characteristics of tropical mountain rain forest in Jianfengling，HaiNan Island. Journal of Tropical and Subtropical Botany，1997，5（1）：18-26.

[9] 唐志尧，戴君虎，黄永梅. 太白山高山林线植被的数量分析. 山地学报，1999，（4）：294-299.

秦岭太白红杉林的群落学特征及类型划分[*]

陈存根　彭　鸿

摘要

根据 37 块标准地的调查资料，系统研究了太白红杉林的群落学特征，并通过 K-means 聚类分析对群落进行了分类。秦岭太白红杉林可划分为 3 个林型组（即灌木太白红杉林、草类太白红杉林、藓类太白红杉林）和 16 个林分类型。应用 NMDS 排序技术，分析了太白红杉林下草本植物生态种组的特点，探讨了各林分类型与环境因子的关系，从而为保护经营这一珍稀植物群落提供了科学依据。

关键词：太白红杉；K-means 聚类分析；群落学特征；林分类型；NMDS 排序；生态种组

太白红杉（*Larix Chinensis* Beissn）是我国的特有树种，属国家三类保护植物，仅分布于陕西秦岭的太白山、玉皇山和光头山海拔 2700~3400m 的亚高山地区，在涵养水源、保持水土和保护生物多样性方面发挥着重要作用。但是，由于分布区山高路远，生境严酷，对这一群落的研究仅限于考察性的描述，系统的样地调查较少[1, 2]，尤其缺乏定量分析。因之深入研究太白红杉林的群落特征并进行类型划分，对于科学地保护经营这一珍稀群落，在理论和实践上都具有重要意义。

1　研究区的自然概况

太白山海拔 2700m 以上的亚高山地带是太白红杉的集中分布区，本研究主要在这一植被带内进行。太白山系秦岭主峰，海拔 3767m，由东西太白、主脊跑马梁和一系列南北排列的峰岭及深切河谷组成。

由于地处暖温带与亚热带的交界地区，冬季受蒙古冷气团控制，夏季受太平洋副高亚影响，南北坡气候特点迥异，加之山体陡峻高大，气候垂直变化明显（表 1）。

由于低温多雨，土壤形成以冰冻、淋溶过程为主。土壤为花岗岩、页岩母质上发育的浅薄高山草甸土、高山泥炭草甸土和亚高山草甸森林土，养分缺乏，土壤贫瘠，生产力低。

---

* 原载于：林业科学，1994，30（6）：487-496.

表1 太白山亚高山区的气候特征

月份	温度（℃）			日平均相对湿度（%）	降水天数(d)(雨雪凇)	无雪天数(d)	无霜天数（d）
	日平均	最高	最低				
5（后半月）	10.4	25.0	2.5	94	6	114	121
6	12.4	27.5	3.0	82	10		
7	14.1	27.5	6.5	85	13	融雪末期5月20日积雪始期9月11日	末霜日期5月9日始雪日期9月7日
8	11.2	23.0	3.6	65	12		
9（前半月）	9.8	19.6	2.8	88	5		
平均	11.6	24.5	3.7	83	11.5		

注：观测地点为北坡放羊寺，海拔3050m。

2 研究方法

根据太白红杉群落的种面积曲线，确定乔木调查样地面积200m²，灌木200m²，草本植物4m²。共设置林分乔木调查样地37个，在样地内每木检尺，并记载种名、冠幅、生活力等特征。在乔木样地内进行灌木调查，记录种名，并逐种量测平均高、株（丛）冠幅和株（丛）数；对匍匐灌木，测量其盖度。在乔木样地内共设置148个4m²的样方，调查活地被物，并按Braun-Blanquet多盖度等级法测量了盖度和群聚度。

在样地调查的同时，调查了海拔、坡向、坡度、母质、土壤等因子。在每个样地内随机布点4个，测量凋落物积累量，并挖取土壤剖面，按剖面层次，取混合土样于室内分析有机质含量。结合土壤剖面调查，测定了土壤湿度。

对上述调查资料，进行了统计分析。

3 结果与讨论

3.1 太白红杉林的聚类分析和类型划分

调查结果表明，太白红杉群落共由295种植物组成，分属54科157属，其中乔木4种，灌木33种，草本236种，蕨类4种，藓类12种，地衣6种，植物资源丰富，且含有相当数量的珍稀植物和药用植物。

从太白红杉林的林下植被组成可知，其林下植物主要为灌木、草本和藓类。由于这3类植物区别明显，故太白红杉林可据此划分为灌木-太白红杉林、草类-太白红杉林和藓类-太白红杉林3大林型组。

对37块样地上生态优势种的盖度值按上述3大林型组分别进行中心化处理，并用下式表示。

$$d_{jk} = \left[\sum_{i=1}^{n} \left(x_{ij} - x_{ik} \right)^2 \right]^{1/2}$$

式中，$i=1$, 2, $\cdots$, n, 表示种数；j、$k=1$, 2, $\cdots$, 37, 表示样地数；x_{ij}、x_{ik} 为第 i 个种在第 j 和第 k 个样地上的盖度值。

计算各样地的欧式距离，用欧氏距离系数计算群落的相似系数，并用 K-means 聚类分析进行类型划分[3]。现按类型分述如下。

3.1.1　灌木-太白红杉林型组（*Lariceta fruticosa*）

经单因素方差分析，可划分为 10 个林型（表 2）。从表 2 可知，代表这 10 个林型的灌木生态优势种都具有最大的组间离差平方和与较小的组内离差平方和。

表 2　灌木太白红杉林的 K-means 聚类分析（变量单因素方差分析）

种名	组间离差平方和	自由度	组内离差平方和	自由度	均方比	概率
Potantilla arbuscula	25.15	9	7.855	24	8.536	0
Rhododendron capitatum	30.02	9	2.98	24	26.87	0
Sabina squamata var. *wilsonii*	32.08	9	0.922	24	92.79	0
Lonicera webbiana	29.56	9	3.444	24	22.89	0
Ribes glaciale	26.57	9	6.432	24	11.01	0
Rhododendron clementinae subsp. *aureodorsale*	33	9	0	24		
Arctous ruber	28.44	9	4.559	24	16.64	0
Vaccinium vitis-idaea var. *minus*	24.76	9	8.237	24	8.017	0
Salix cupularis	28.51	9	4.488	24	16.94	0
Rhododendron purdomii var. *nanum*	33	9	0	24		
Spiraea mongolica	22.75	9	10.25	24	5.922	0
Spiraea alpina	20.01	9	12.99	24	4.109	0.003
Sinarundinaria nitida	33	9	0	24		
Rosa tsinglingensis	20.99	9	12.02	24	4.657	0.001
Lonicera macrophylla	17.3	9	15.68	24	2.939	0.017

林分类型	各样地至群落形心的欧式距离											
金背杜鹃-太白红杉林	0.33	0.45	0.54	0.38	0.54	—	—	—	—	—	—	—
华西银腊梅-太白红杉林	—	—	—	—	—	0.22	0.22	—	—	—	—	—
头花杜鹃-太白红杉林	—	—	—	—	—	—	—	0.41	0.46	0.52	0.43	—
香柏-太白红杉林	0.41	0.48	0.39	0.37	0.35	0.6	0.51	—	—	—	—	—
红北极果-太白红杉林	—	—	—	—	—	—	—	0.26	0.26	—	—	—
高山柳-太白红杉林	—	—	—	—	—	—	—	—	—	0.32	0.32	—
华西忍冬-太白红杉林	0.42	0.44	0.6	0.58	0.34	—	—	—	—	—	—	—
箭竹-太白红杉林	—	—	—	—	—	0	0	—	—	—	—	—
蒙古绣线菊-太白红杉林	—	—	—	—	—	—	—	0.56	0.46	0.49	0.55	—
爬枇杷-太白红杉林	—	—	—	—	—	—	—	—	—	—	—	0

a. 金背杜鹃-太白红杉林［*Laricetum rhododendronosum（clementinalosum）*］ 广泛分布于阴坡半阴坡。下木几乎仅为金背杜鹃（*Rhododendron clementinae* subsp. *aureodorsale*）组成，密集高大。个别样地零星分布有华西忍冬（*Lonicera webbiana*）、秦岭蔷薇（*Rosa tsinglingensis*）、华西银腊梅（*potentilla arbuscula*）等；草本植物以大叶碎米荠（*Cardamine macrophylla*）、齿叶千里光（*Senecio winklerianus*）、独叶草（*Kingdonia uniflora*）、山酢浆草（*Oxalis griffithii*）为主，盖度不足 20%；死地被物厚达15cm。林下无更新。阴湿地段，有藓类植物侵入。林分生产力较高；林分平均高 8.2m，平均胸径 18.3cm，蓄积量 72.5m³/hm²。该林型上接爬枇杷-太白红杉林，下接冷杉或桦木林。

b. 华西银腊梅-太白红杉林（*Laricetum potentillosum*） 分布于阳坡半阳坡，面积较小。下木除优势种华西银腊梅外，还有蒙古绣线菊（*Spiraea mongolica*）、高山绣线菊（*S. alpina*）、华西忍冬、刚毛忍冬（*Lonicera hispida*）等。草本植物以嵩草（*Kobresia graminifolia*）、球穗蓼（*Polygomum sphaerostachyum*）、缘毛卷耳（*Cerastium furcatum*）等为主。生境阳光充足，林木生长迅速，林分平均高 8.5m，平均胸径 17.0cm，蓄积量82.5m³/hm²。

c. 头花杜鹃-太白红杉林［*Laricetum rhododendronosum（capitatulosum）*］ 分布于海拔 3300m 以上。头花杜鹃（*Rhododendron capitatum*）以较大优势度呈垫状覆盖地表，其他下木种类还有华西忍冬、华西银腊梅、香柏（*Sabina squamata* var. *wilsonii*）等；草本植物稀疏，以嵩草、太白银莲花（*Anemone taipaiensis*）、丝叶苔草（*Carex capilliformis*）等占优势。太白红杉生长较好，林分平均高 8.9m，平均胸径 16.8cm，蓄积量 84.0m³/hm²。该林型上接头花杜鹃灌丛，下接华西忍冬-太白红杉林。

d. 香柏-太白红杉林（*Laricetum sabinosum*） 分布于半阴坡和半阳坡。优势灌木为香柏，其次为华西忍冬、秦岭蔷薇、冰川茶藨子（*Ribes glaciale*）、细枝茶藨子（*R. tenue*）、刚毛忍冬等；草本层发达，计有丝叶苔草（*Carex capilliformis*）、野青茅（*Deyeuxia sylvatica*）、三毛草（*Trisetum bifidum*）、羊茅（*Festuca ovina*）等。土层深厚，林木生长良好，林分郁闭度 0.8，平均高 9.6m，平均胸径 19.5cm，蓄积量 105.lm³/hm²。该类型分布较低，下接冷杉林。

e. 红北极果-太白红杉林（*Laricetum arctolosum*） 分布于阴坡潮湿地段，面积小。灌木种类少且稀疏，主要由红北极果（*Arctous ruber*）、小叶越橘（*Vaceinium vitis-idaea* var. *minus*）和华西忍冬构成；活地被物主要由粗叶泥炭藓（*Sphagnum teres*）等藓类植物构成。因低温高湿，凋落物分解不良。林分郁闭度 0.6，枯倒木达 23%。生产力不高，平均高 8.2m，平均胸径 14.6cm，蓄积量 70.4m³/hm²。

f. 高山柳-太白红杉林（*Laricetum cupularelosum*） 仅见于西太白，面积不足 2hm²。下木主要为高山柳（*Salix cupularis*）、高山绣线菊、华西银腊梅、蒙古绣线菊等；草本植物丰富，以莎草科和禾本科的植物占优势。林分郁闭度 0.7，林下更新好。林分平均高 7.6m，平均胸径 16.6cm，蓄积量 72.9m³/hm²。

g. 华西忍冬-太白红杉林（*Laricetum lonicerosum*） 分布于阴、半阴坡和半阳坡。下木发达，以华西忍冬和冰川茶藨子占优势，其他还有秦岭蔷薇、华西银腊梅、蒙古绣线菊、小叶忍冬（*Lonicera microphylla*）等；草本层亦发达且种类丰富。土层深厚、生境优越，林分郁闭度大，生产力高，平均高达12m，平均胸径18.8cm，蓄积量114.0m³/hm²。

h. 箭竹-太白红杉林（*Laricetum sinarundinariosum*）　分布于玉皇山和光头山的阴坡和半阴坡。下木层几乎仅见箭竹（*Sinarundinaria nitida*），其他植物极不发达。林木生长较好，平均高10.8m，平均胸径21.4m，蓄积量90.9m³/hm²。

i. 蒙古绣线菊-太白红杉林（*Laricetum spiraeosum*）　分布于海拔较低的半阳坡，面积不大。灌木主要是蒙古绣线菊、华西银腊梅、高山绣线菊、华西忍冬等，草本植物有丝叶苔草、山地早熟禾（*Poa malaca*）、羊茅等，盖度较大。土层较厚，林分郁闭度0.7，林木生长较好，平均高8.7m，平均胸径18.6cm，蓄积量78.7m³/hm²。

j. 爬枇杷-太白红杉林［*Laricetum rhododendronosum*（*purdomiosum*）］　分布于3300m以上的阴坡和半阴坡。灌木层几乎仅由爬枇杷（*Rhododendron purdomii* var. *nanum*）组成；草本层主要有阿尔泰多榔菊（*Doronicum altaicum*）、齿叶千里光、五脉绿绒蒿（*Meconopsis quintuplinervia*）等种类。生境严酷，林木稀疏，生长较差。林分平均高7.8m，平均胸径18.6cm，蓄积量74.6m³/hm²。

3.1.2　草类-太白红杉林型组（*Lariceta herbosa*）

单因素方差分析表明，本林型组可划分为4个林型。代表这4个林型的生态优势种都具有最大的组间离差平方和与较小的组内离差平方和。

a. 苔草-太白红杉林（*Laricetum caricosum*）　主要分布于东太白。林分无明显的灌木层；草本层发达，主要由丝叶苔草、川康苔草（*Carex schneideri*）、紫鳞苔草（*C. brunnescens*）、糙喙苔草（*C. scabriostris*）组成，其他还有羊茅、纤弱早熟禾（*Poa malaca*）、发草（*Deschampsia caespitosa*）、大叶碎米荠、宽果红景天（*Rhodiola eurycarpa*）、细弱草莓（*Fragaria gracilis*）、珠芽蓼（*Polygonum viviparum*）等。土层较厚，林分郁闭度大，平均高10.4m，平均胸径21.3cm，蓄积量86.4m³/hm²。

b. 羊茅-太白红杉林（*Laricetum festucosum*）　分布于较阴湿的地段。几乎无灌木层；草本层发达，以羊茅占绝对优势，盖度在0.5以上，其次有大叶碎米荠、珠芽蓼、山酢浆草、丝叶苔草、川康苔草、紫鳞苔草、糙喙苔草等。生境阴湿，林相比较残败。林分平均高7.8m，平均胸径17.0cm，蓄积量75.5m³/hm²。

c. 嵩草-太白红杉林（*Laricetum kobresiosum*）　分布于干燥地段。灌木极稀疏；草本植被主要由嵩草组成，盖度达0.5以上，其他有球穗蓼、丝叶苔草、糙喙苔草、羊茅、细弱早熟禾等。生境具有先锋性质，林分郁闭度较大，平均高9.2m，平均胸径18.3cm，蓄积量80.1m³/hm²。

d. 发草-太白红杉林（*Laricetum deschampsiosum*）　主要分布在积水或溪流之处。几乎无灌木层；草本层主要由发草组成，盖度达0.4，其他有大叶碎米荠、羊茅、宽果红景天、缘毛卷耳、纤弱早熟禾、球穗蓼、细弱草莓、山酢浆草等。因生境过湿，多有藓类植物侵入。林相残败，枯死木多。林分平均高7.7m，平均胸径17.0cm，蓄积量71.6m³/hm²。

3.1.3　藓类-太白红杉林型组（*Lariceta bryophteta*）

根据林内苔藓植物的优势种类，本林型组可划分为两个林型。

a. 塔藓-太白红杉林（*Laricetum hylocomiosum*）　分布于阴坡、半阴坡平洼的阴湿地段，表土层下坡积母质常有融雪浸流。林地上塔藓极为发达，几乎没有灌木；草本植物常见的有羊茅、丝叶苔草、宽果红景天、鹿蹄草（*Pyrola rotundifolia*）、珠芽蓼等。凋落物分解不良，土壤贫瘠，林分郁闭度低，多枯死木，林木生长缓慢，生产力低。林分平均高 7.4m，平均胸径 13.8cm，蓄积量 69.6m³/hm²。

b. 粗叶泥炭藓-太白红杉林（*Laricetum sphagnosum*）　分布于阴坡平缓地段，常伴有积水。粗叶泥炭藓极发达，厚达 35cm；另外还有塔藓、羊茅、珠芽蓼、山酢浆草等。凋落物分解非常困难，土壤极为潮湿贫瘠。乔木层呈低矮疏林状，多枯死木，生产力极低，林分平均高 4m，平均胸径 12.9cm，蓄积量 54.5m³/hm²。

3.2　太白红杉林的群落学特征

调查结果表明，太白红杉林的群落学特征具有以下特点。

1）太白红杉群落的植物按生活型分属 9 个层片。地上芽和高位芽植物仅有 37 种，占全部种数的 12.6%；而隐芽和一年生植物多达 240 种，占全部种数的 81.3%（表 3）。层片组成的这种结构反映了分布区亚高山带寒冷的气候特点，喜温植物种类的数量受到明显抑制，而耐寒种类的数量则大量增加。

2）分析太白红杉群落 112 种主要植物的多度-盖度和存在度可知，具有较大多度-盖度值和存在度大于 10 以上的种类仅 44 种，占所研究的种数的 39%；而多度-盖度值小且存在度小于 10 的植物达 68 种，占 61%。这表明群落中稀有种和偶见种占有相当大的比例，反映了秦岭亚高山带地形多变、生境严酷，构成群落的许多种类具有对生境适应专一、选择性强的特点。

表 3　太白红杉林群落的层片组成

层片	种数	占植物总数的百分比（%）	代表植物
大高位芽植物层片（高 4～15m）	4	8.5	*Larix chinensis*，*Abies fargesii*，*Betula utilis*
中高位芽植物层片（高 2～4m）	5		*Rhododendron clementinae* subsp. *aureodorsale*，*Salix wangiana*
小高位芽植物层片（高 0.5～2m）	16		*Lonicera webbian*，*Spiraea mongolica*，*Ribes glaciale*
矮灌木层片（高 0.2～0.5m）	8	4.1	*Sabina squamata* var. *wilsonii*，*Rhododendron prudomii* var. *nanum*
匍匐地上芽植物层片（高 <0.20m）	4		*Vaccinium vitis-idaea* var. *minus*，*Arctous ruber*

层片	种数	占植物总数的百分比（%）	代表植物
隐芽植物层片	111	37.6	*Kobresia graminifolia*, *Carex capiliformis*, *Rhodiola kirilowii*
一年生植物层片	129	43.7	*Cardamine macrophylla*, *Epilobium pyrricholophum*, *Viola biflora*
藓类植物层片	12	4.1	*Sphagnum teres*, *Rhytidium rugosum*, *Hylocomium splendens*
地衣植物层片	6	2	*Alectoria asiatica*, *Thamnolia vermicularia*, *Cladonia fallax*
合计	295	100	

3）根据下式

群落优势度（Simpson 指数） $D = \sum_{i=1}^{s}\left(n_i/N\right)^2$

种类多样性（Shannon 指数） $SD = -\sum_{i=1}^{s}\left(n_i/N\right)\log_2\left(n_i/N\right)$

均匀度指标 $E = D\Big/\left\{\log_2 N - \left[a(S-b)\log_2 a + b(a+1)\log_2(a+1)\right]/N\right\}$

式中，$i=1$，2，…，s，表示种数；N 表示各个种的盖度之和；n_i 表示第 i 个种的盖度；a 表示 N 被 s 整除的商；b 表示 N 被 s 整除后的余数。

分析了林下植物最丰富的灌木-太白红杉林型组各林分类型的群落优势度、种类多样性和均匀度，其优势度平均为 0.685，变化范围为 0.323～1.000；种类多样性指数平分析了林下植物最丰富的灌木——太白红杉林型组各林分类型的群落优势度、种类多样均为 0.876，变化范围为 0～1.910；均匀度平均为 0.429，变化范围为 0～0.739（表 4）。

群落优势度是衡量植物群落生态优势种集中程度的指标，而种类多样性和均匀度则是描述群落中植物种类的丰富、复杂程度及分布格式的指标，与群落的稳定性有关。在太白红杉林中，群落优势度和种类多样性指数、均匀度之间存在着负相关关系。

$D=1.040-0.157E-0.328SD$　　相关系数-0.971

因之在单优群落和生态优势种十分明显的群落中存在着最大的优势度和最小的多样性指数及均匀度。如表 4 所示，仅由箭竹组成林下植被的箭竹-太白红杉林其群落优势度最大，而种类多样性指数和均匀度最小；其次为爬枇杷-太白红杉林、金背杜鹃-太白红杉林、香柏-太白红杉林。

群落优势度、种类多样性和均匀度的差异反映了各林分类型的生境特点。从表 5 所列数据可知，群落优势度无论是在各林分类型间，还是在同一林型不同的样地间，其变化一般都是随海拔升高而增大，特别在森林分布的上限附近，构成林下植物的种类急骤减少，群落优势度达到最大，如分布于玉皇山顶的箭竹-太白红杉林和分布于海拔 3300m 以上的爬枇杷-太白红杉林。而分布海拔较低、生境优越的华西忍冬-太白红杉林，林下植物丰富，群落优势度最小，而种类多样性指数和均匀度则最大，表明这类林分一般比较稳定，具有较强的抵抗外界干扰的能力。总的看来，太白红杉林具有相对较小的种类多样性指数、均匀度和较大的群落优势度，这反映了分布区比较严酷的生态环境和太白红杉林较脆弱的稳定性。

3.3 太白红杉林的生态种组及生境特点

研究太白红杉群落草本植物的生态习性并划分生态种组，可更清晰地了解各林分类型的分布与环境之间的关系。

对组成太白红杉群落的 112 种主要草本植物进行分析，剔除掉低存在度的稀有种和偶见种，得到了在生态种组划分上有意义的 51 个优势种。对这 51 个种的盖度值进行中心化处理后，用无计量多维等级法（NMDS）进行排序分类[4, 5]。通过排序可知，太白红杉群落的草本植物，其分布主要受生境湿度为主的生态环境制约。按照各个种在生境湿度和土壤有机质含量上的得分，可把 51 种优势草本植物通过排序划分为 10 个生态种组（图），它们可以反映各太白红杉林林分类型的生态环境。

表 4　灌木太白红杉林型组的群落优势度、种类多样性和均匀度

林型	样地号	优势度	多样性指数	均匀度	盖度
箭竹-太白红杉林	35	1.000	0.000	0.000	74.200
爬枇杷-太白红杉林	4	0.901	0.354	0.177	58.400
	11	0.887	0.442	0.221	93.400
	31	0.771	0.748	0.322	86.700
金背杜鹃-太白红杉林	5	0.891	0.368	0.184	79.200
	13	0.841	0.425	0.425	100.00
	21	0.777	0.658	0.415	96.100
	22	0.731	0.747	0.373	100.000
香柏-太白红杉林	1	0.884	0.386	0.232	24.500
	7	0.873	0.385	0.385	34.200
	8	0.871	0.406	0.257	24.900
	25	0.788	0.634	0.400	54.100
	3	0.675	1.043	0.405	25.500
	23	0.541	1.254	0.541	27.500
	26	0.489	1.128	0.486	47.900
	30	0.427	1.701	0.659	35.200
蒙古绣线菊-太白红杉林	16	0.859	0.390	0.390	26.600
头花杜鹃-太白红杉林	24	0.856	0.501	0.251	37.300
	15	0.766	0.571	0.571	25.600

续表

林型	样地号	优势度	多样性指数	均匀度	盖度
头花杜鹃-太白红杉林	10	0.737	0.736	0.465	33.300
	6	0.619	0.913	0.567	50.700
华西银腊梅-太白红杉林	37	0.752	0.723	0.362	55.400
红北极果-太白红杉林	12	0.696	0.878	0.387	90.900
	32	0.501	1.147	0.574	69.800
高山柳-太白红杉林	20	0.512	1.428	0.615	35.000
华西忍冬-太白红杉林	28	0.425	1.430	0.554	42.900
	33	0.410	1.525	0.591	33.900
	29	0.381	1.747	0.676	59.100
	27	0.368	1.743	0.674	88.600
	9	0.323	1.910	0.739	41.700
平均值		0.685	0.876	0.429	55.000

　　为了进一步分析这 10 个生态种组与生境湿度之间的关系,将太白红杉林的生境湿度分为 8 级:极干燥 1、干燥 2、较干燥 3、潮润 4、较潮湿 5、潮湿 6、很潮湿 7 和极湿 8,并计算各湿度级下 51 个种的盖度均值与整个湿度梯度下种的盖度均值的离差,从而可得到各种植物在各湿度级下的分布图(图 1)。其中,羊茅种组和五脉绿绒蒿种组分布最广泛,其大的盖度均值的离差说明了这一特点。前一组的种类多见于湿度居中、养分条件好的林分类型,如蒙古绣线菊-太白红杉林、香柏-太白红杉林和苔草-太白红杉林;后一组的种类多出现于从灌丛草甸至太白红杉林的过渡地带,生境从干燥至阴湿幅度较大,因之分布较广,多见于头花杜鹃-太白红杉林和爬枇杷-太白红杉林。与上述两个种组比较,秦岭沙参种组和齿裂千里光种组分布稍窄一些。沙参种组多在土层较厚、较潮湿、生产力较高的林分内形成群落,如华西忍冬-太白红杉林和苔草-太白红杉林;齿裂千里光种组多分布于较阴湿的生境上,如金背杜鹃-太白红杉林和爬枇杷-太白红杉林。其余 6 个生态种组分布范围都比较窄。苔草种组的植物喜土层深厚、土壤肥沃的生境,多见于苔草-太白红杉林、华西忍冬-太白红杉林;嵩草种组的植物具有先锋性质,仅分布于生境干燥严酷、土壤养分贫乏的生境上,如嵩草-太白红杉林;勿忘草种组的分布与苔草种组相似,但生境干燥一些;大耳叶凤毛菊种组的植物分布类似秦岭沙参种组,但更适于干燥阳坡、光照充足的生境;山酢浆草种组喜阴暗潮湿的林分,故仅见于郁闭度较高的金背杜鹃-太白红杉林、苔草-太白红杉林、羊茅-太白红杉林的一些林分中;粗叶泥炭藓种组的植物喜极湿乃至有积水的生境,是一个生态幅度很窄的类群,仅见于酸性土壤、养分贫乏的塔藓-太白红杉林、泥炭藓-太白红杉林和红北极果-太白红杉林中。

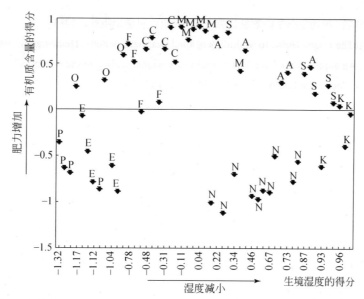

图1 秦岭太白红杉林51个生态优势种的NMDS排序及生态种组的划分图

注：F，羊茅(*Festuca*)种组；K，嵩草(*Kobresia*)种组；N，五脉绿绒蒿(*Meconopsis*)种组；M，勿忘草(*Myosotis*)种组；C，苔草(*Carex*)种组；S，大耳叶凤毛菊(*Saussurea*)种组；A，沙参(*Adenophora*)种组；E，齿裂千里光(*Senecio*)种组；O，山酢浆草(*Oxalis*)种组；P，泥炭藓(*Sphagnum*)种组。

4 结论

太白红杉林植物资源丰富，多达295种，分属54科157属，其中含有相当数量的珍稀植物和药用植物，在保护生物多样性方面具重要意义。

经K-means聚类分析，太白红杉林可划分为灌木-太白红杉林、草类-太白红杉林和藓类-太白红杉林林型组以及16个林分类型，为科学保护、合理经营太白红杉林提供了科学依据。

太白红杉林的植物可划分为9个层片，其中地上芽和高位芽植物仅占全部种数的12.6%，而隐芽和一年生植物多达81.3%。在112个主要种类中，具有较大多度-盖度值和存在度达到10以上的植物仅44种，其余则为多度-盖度值小且存在度低于10的种类。整个太白红杉林具有相对较小的种类多样性指数和均匀度，而具有相对较大的群落优势度。这些都反映了秦岭亚高山带严酷的生态环境和太白红杉林较脆弱的稳定性。

通过NMDS排序，可把太白红杉林中51个在生态环境上有指示意义的生态优势种划分为10个种组，它们反映了各林分类型的生境特点和发育特点，为进一步研究太白红杉林的发育动态和生境之间的关系提供了基础资料。

参 考 文 献

[1] 陕西省林业厅. 太白山自然保护区综合考察论文集. 西安：陕西师范大学出版社，1989：11-157.

[2] 张仲渠. 陕西森林. 北京：中国林业出版社，1990：153-156.

[3] 阳含熙，卢泽愚. 植物生态学的数量分类方法. 北京：科学出版社，1983.

[4] Coxon A P M. The User's Guide to Multidimensional Scaling. London：Heinemann，1982.

[5] Mattews J A. An application of non-metric multidimensional scaling to the construction of an improved species plexus. Journal of Ecology，1978，66（1）：157-173.

太白红杉林径级和龄级结构的研究*

许林军　彭　鸿　陈存根

—— 摘要

在秦岭太白山，选取太白红杉 3 个林型组中的 8 种林型，设置 20 个样地，用样方分析法（共 180 个样方）进行调查，主要分析了太白红杉 8 种林型的径级和龄级结构及其密度变化规律等，根据其径级和龄级结构表现特征，把它们划分为 3 种类型，结果表明，用径级和龄级对太白红杉林进行客观描述存在着一致性，太白红杉年龄均值浮动区间的大小，说明太白红杉林种群在发育上存在着时间差异；对造成太白红杉 8 种林型的这一径级和年龄结构的形成原因进行了探索，提出了相应的保护策略。

关键词：太白红杉；种群；林型；径级结构；年龄结构；密度分析；形成原因

太白红杉（*Larix chinensis*）是松科（Pinaceae）落叶松属（*Larix*）红杉组植物，是我国特有种，属国家二级保护植物[1]。现仅分布于我国秦岭地区海拔 2700～3500m 的高山、亚高山地带，是林线以下森林的主要建群种，对高海拔地区水源涵养、固石保土、生物多样性维护具有重要作用，对研究高山植物和气候变化也有重要的科学价值[2-5]。从 20 世纪 80 年代开始，学者们从太白红杉的分类、群落学、生殖生态学和林学特性等方面进行了不少研究工作[6-10]。但关于太白红杉种群的几种林型的结构的深入研究尚未见报道。本研究通过对太白红杉种群的 8 种林型的径级和年龄结构及其形成的原因进行探索，试图阐明太白红杉种群的结构及形成的原因，揭示种群对环境的适应机理。

1　研究区概况

太白红杉仅分布于陕西秦岭，本次研究区域主要集中在陕西秦岭太白山国家森林公园和太白山国家级自然保护区境内，位于 33°49′N～34°08′N，107°22′E～107°52′E，海拔 2700～3500m，区内年平均降雨量北坡为 500～956mm，南坡为 800～1100mm；年均

---

* 原载于：西北植物学报，2005，25（3）：460-465.

温 5.9～7.5℃，土壤类型主要为暗棕壤、高山和亚高山草甸森林土，森林线附近土层厚不及 30cm，而在太白红杉分布的下限地区土层厚达 80cm 左右，腐殖质深厚，pH 为 6～6.8[7]。

2 研究方法

根据陈存根和彭鸿的文献将太白红杉林划分为 3 个林型组[3]和本研究实地调查，在现存主要太白红杉林中选取 8 个林型，为太白红杉分布最广的林型，每个林型代表一个种群[7]：金背杜鹃-太白红杉林（种群 A）[Laricetum rhododendronosum (clementinalosum)]，头花杜鹃-太白红杉林（种群 B）[Laricetum rhododendronosum (capitatulosum)]，高山柳-太白红杉林（种群 C）（Laricetum cupularelosum），华西忍冬-太白红杉林（种群 D）（Laricetum lonicerosum），箭竹-太白红杉林（种群 E）（Laricetum sinarundinariosum），爬枇杷-太白红杉林（种群 F）[Laricetum rhododendronosum (purdomiosum)]，草类-太白红杉林（种群 G）（Lariceta herbosa），藓类-太白红杉林（种群 H）（Lariceta bryophteta）。

2.1 野外调查

经充分踏查后，确定太白红杉 8 种种群的边界，根据群落类型、生境条件，布设 20m×20m（根据种-面积曲线法确定[3]）的样地 40 块，各种群样地不少于 5 块，在样地内进行样方调查。乔木样方面积为 400m²、灌木 25m²、草本 1m²。乔木作每木调查，灌木和草本记载其高度、盖度、株数等常规项目。共设置乔木样方 40 个，灌木样方 60 个，草木样方 100 个。并在太白山选择生长发育中等、具有一定代表性（能代表每一种群的群落学特征）的太白红杉群落地段，对样地内的太白红杉进行每木检尺，分别用围尺和生长锥测其胸经和年龄（一般绝对误差在 10 年龄以内）。

调查内容：①生境，地形地貌，土壤、气象、坡向、坡位、人为干扰等因素；②群落学特征，树种组成、各乔灌木盖度，太白红杉的个体高度、胸径等；③年龄确定，用生长锥进行每木测量，确定各个体的年龄。

2.2 数据分析

在径级划分时，按照"1960 年'森林专业调查办法（草案）'"中的规定：林分平均直径在 12cm 以上时，以 4cm 为一个径级，太白红杉林平均直径都在 12cm 以上，因此级距应为 4cm，起始径阶为 4cm，把直径在 0～4cm 以下按幼苗记为 1 级，共划分为 10 个径级，把直径大于 36cm 都归为第 10 级，分别为 1、2、3、4、5、6、7、8、9、10。按以上标准分别统计其个体数，以径级为横坐标、以个体数为纵坐标、作太白红杉径级结构图（图1）。

在年龄划分时，根据 1955 年解析木资料[6]，年龄在 20a 的胸经是 4.2cm，天然针叶林通常以 20a 为一个龄级，因此把 0～20a 划分为 1 级，级距为 20a，共分为 10 级，年龄大于 140a 为第 10 级，分别为 I、II、III、IV、V、VI、VII、VIII、IX、X。

按以上标准分别统计其个体数，以龄级为横坐标、以个体数为纵坐标、做太白红杉龄级结构图（图2）。

胸径和年龄的相关性分析，按年龄的大小顺序和相对应的胸径从调查的总表中优选出，选择一系列对应点，结合太白红杉解析木资料，作散点图，再作胸径和年龄趋势线，计算出回归方程，用相关系数进行检验（图3）。

密度分析，统计 20 个样地立木株数/hm²，分别按径级和龄级统计太白红杉的个体数，建立个体数随径级和龄级变化的函数曲线，统计各样地中每个样方的平均胸径和平均年龄及其相对密度、并用下列公式计测太白红杉平均胸径、平均年龄和相对密度的相关性[10]。

$$r_{jk}= \sum_{i}^{p}\left(x_{ij}-\overline{x_j}\right)\left(x_{ik}-\overline{x_k}\right)/\sqrt{\sum_{i}^{p}\left(x_{ij}-\overline{x_j}\right)^2\left(x_{ik}-\overline{x_k}\right)^2}$$

式中，r 为相关系数，p 为平均胸径的级数，i 为样方号，j 为相对密度，k 为平均胸径。

3 结果与分析

3.1 径级结构

有时径级大小是比年龄更好的繁殖产量的预测者[11]，植物种群年龄结构和径级结构分析，可用来推测种群的发展趋势[12, 13]，根据图 1，太白红杉的经级结构可分为 3 种类型：①近正态分布型，也就是单峰曲线，在森林计测经理学上称之为同龄林[14]，有种群 A、种群 E、种群 G、种群 B，前三种都属于阴坡半阴坡，土层较厚，阴湿，林分处于相对比较稳定的状态，林分生产力较高，自然更新不好，由于地被物较厚，林下透光不好，造成几乎没有自然更新幼苗。种群 A 属于低海拔阴坡种群，林分平均高度是 8.2m，种群 B 属于高海拔的阳坡种群，林分平均高度是 8.9m，分布于海拔 3300m 以上，种群 E 是介于种群 A 和种群 B 之间海拔的阴坡种群，平均高度是 6.9m，种群 G 种群分布于玉皇山和光头山的阴坡和半阴坡，下木层仅见箭竹（*Sinarundinaria nitida*），其他植物极不发达，林分生长较好，平均高度为 10.8m；②双峰曲线型，有种群 F 和种群 H，它们属于波动性种群，受外界干扰比较严重，种群 F 种群分布于海拔 3300m 以上的阴坡和半阴坡，灌木层几乎由爬枇杷（*Rhododendron purdomii* var. *nanum*）组成，林分平均高度为 7.8m；种群 H 种群分布于阴坡半阴坡平缓地段，凋落物分解非常困难，土壤极为潮湿贫瘠，乔木层呈低矮疏林状，多枯死木，生产力低，林分平均高度 5m；③反 J 分布型，属于异龄林[14]，有种群 C 和种群 D，属于自然更新林分，自然更新状况较好，种群 C 种群林分平均高度为 7.6m，种群 D 分布于阴坡、半阴坡和半阳坡，下木发达，以华西忍冬（*Lonicera webbiana*）和冰川茶藨子（*Ribes glaciale*）占优势，平均高度为 12m。

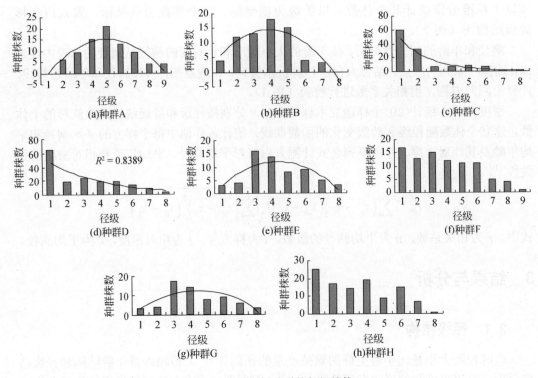

图1　太白红杉种群的径级结构

3.2　龄级结构

龄级结构是种群的重要特征，年轮数据对比较种在不同条件下的定居和持久性更加有效，种群年龄结构的分析是探索种群动态的有效方法。

用种群的年龄结构的分析方法说明种群的动态，从而判断群落的稳定性，年龄结构上扩展种群为金字塔型；稳定种群为圆锥形；衰退种群为倒金字塔型[15]。对太白红杉的年龄结构图进行分析，从图2中可看出，根据更新情况的不同，同样可以把它们划为3种类型：①正太分布型，也就是单峰曲线，属于同龄林，有种群A、种群B、种群E、种群G；这部分和按照太白红杉的径级进行划分有相同的结果，在表现上有一定的一致性，种群A的高峰值出现在80～100年龄段，种群B的高峰值出现在60～80年龄段，种群G的高峰值出现在40～60年龄段，种群E的高峰值出现在40～60年龄段，种群E和种群G在龄级为0～20年龄段的个体株数数值为0，说明该两种种群的林下更新较差；②双峰曲线型，有种群F和种群H，它们的径级结构和年龄结构表现的结果为一致性；③反J分布型，属于异龄林，有种群C和种群D，种群D林分的林下更新比较好，属于0～20a的幼树个体株数在整个种群D中处于高峰处，说明生境优越，利于幼苗的正常生长发育。

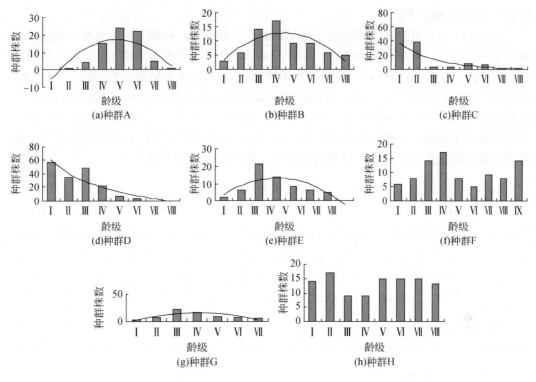

图2　太白红杉种群的龄级结构

3.3　胸径与年龄相关性分析

胸径与年龄回归曲线是胸径和年龄相关性曲线（图3），曲线分析表明：相关性显著，用年龄和径级对太白红杉种群进行描述存在着较好的一致性。回归方程为 $y=29.397e^{0.0615x}$，y 为个体年龄，x 为胸径，相关系数为 $R^2=0.9176$。

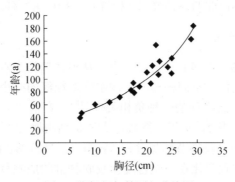

图3　胸径与年龄回归曲线图

3.4　平均胸径和年龄分析

平均胸径和年龄反应太白红杉的直径和年龄在种群中的集中情况，也是群落发育时间的一个相对指标[16]。

从表 1 中可以看出，不同种群平均年龄的大小顺序为：种群 F>种群 H>种群 A>种群 B>种群 C>种群 G>种群 D>种群 E。最大的种群平均年龄爬枇杷-太白红杉林种群比最小的高山柳-太白红杉林种群平均年龄大 83a，相差 4 个龄级，平均值在一个阶级内浮动说明是同龄林[17]，因此，不同种群在发育上存在着时间差异。种群 A、B、E、G 属于同龄林，它们相应的径级变化也在一个径级内；种群 C、种群 D、种群 H 年龄浮动区间为 2 个龄级，径级变化也在 2 个径级内，属于异龄林；种群 F 的龄级变化在 3 级以内，而径级变化在 2 级内，浮动的比较宽，抗外界干扰能力较差。

表 1 种群平均值表

测量	种群 A	种群 B	种群 C	种群 D	种群 E	种群 F	种群 G	种群 H
年龄（a）	102.6±11.9018	84.1±15.2208	78.2±33.5358	57.9±26.2683	46.7±13.4901	129.9±59.1705	65.1±15.2654	111.4±36.0502
胸径（cm）	19.5±2.8483	13.6±3.3064	16.2±5.4466	17.0±6.804	23.9±3.2159	17.7±6.9535	16.1±1.7021	16.6±5.4896
密度（株/hm²）	675	863	1017	775	689	742	711	892
高度（m）	8.2	8.9	7.6	12.0	10.8	7.8	6.9	5.0

3.5 密度分析

3.5.1 不同种群的密度比较

将样方调查资料中株数/100m² 转换成株数/hm²。表 1 结果表明，太白红杉在高山柳-太白红杉林种群中平均密度最高，为 1017 株/hm²，其次是藓类-太白红杉林种群，为 892 株/hm²，金背杜鹃-太白红杉林最低，为 675 株/hm²，密度指标的大小顺序为：种群 C>种群 H>种群 B>种群 D>种群 F>种群 G>种群 E>种群 A。

3.5.2 密度的径级分布

从密度的径级分布图（图 4）中可以看出，从整体趋势上看，8 个种群均为低径级密度最高，高径级密度较低，不同种群的平均密度随径级的减少而增加，随径级的增加而减少，反映了密度和径级之间的一种负相关性[18]，R 值的大小客观地反映了密度和径级之间相关程度，详见表 2，负相关系数最大的是高山柳-太白红杉林种群为-0.9，密度的变化是太白红杉林的自我调节稀疏过程，种群 A、种群 B、种群 C 和种群 E 表现为正相关性。密度高峰的位置变化在一定程度上反映种群的成熟程度的不同[10]，高山柳-太白红杉林的径级峰值最高，出现在第一径级（0~4cm），说明该种群的生境利于种群的更新；箭竹-太白红杉林的峰值第二，出现在第七径级处（24~28cm），说明该种群接近成熟，趋于衰老，形成无更新幼苗的趋势，下木层仅见箭竹，可能是箭竹的密度较大，灌木下光照困难，幼苗难以正常萌发生长。

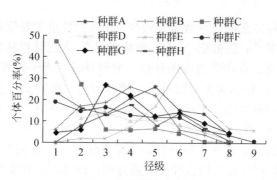

图4 径级密度分布图

表2 相关系数

测量	种群 A	种群 B	种群 C	种群 D	种群 E	种群 F	种群 G	种群 H
径级	0.1	0.2	-0.9	-0.7	0.4	-0.3	-0.1	-0.5
龄级	0.1	0.3	-0.9	-0.7	0.4	-0.1	-0.1	0.2

3.5.3 密度的龄级分布

从密度的龄级分布图中（图5）可以看出，从整体趋势上看，8 个种群均为低龄级密度最高，高龄级密度较低，不同种群的平均密度随年龄的减少而增加，随年龄的增加而减少，反映了密度和年龄之间的一种负相关性，这种密度曲线高峰的位置变化，反映了种群发育的时间差异及其成熟程度的不同[16]，最大高峰值的还是高山柳-太白红杉林种群，其峰值是 0～20a，这与径级所反映该种群的特征相一致，箭竹-太白红杉林群第二，其峰值是 40～60a。

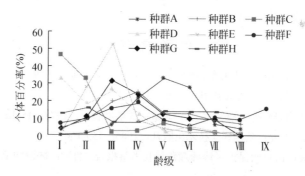

图5 龄级密度分布图

4 小结与讨论

1）通过太白红杉种群 8 种林型的径级和年龄结构的分析，草类-太白红杉林、头花杜鹃-太白红杉林、金背杜鹃-太白红杉林、箭竹-太白红杉林，为相对比较稳定的种群，但是种群的低龄级和高龄级的个体数量都较少，幼苗的数量主要依赖萌生，改变不了太白红杉面临濒危的状况[9]；爬枇杷-太白红杉林和藓类-太白红杉林为波动性种群，该种群受外界干扰比较严重，存在着潜在的危机，应该及时实施保护政策；高山柳-太白红杉林和华西忍冬-太白红杉林为扩展性种群，该种群实生苗较多，立地条件利于幼苗正常萌发生长。通过不同种群的密度比较，密度指标的大小顺序为：种群 C＞种群 H＞种群 B＞种群 D＞种群 F＞种群 G＞种群 E＞种群 A。对照太白红杉种群的实际密度和直径关系，本论文的研究成果和张文辉等的研究结果相同[7]，不完全符合 1933 年莱涅克（Reineke）提出的种群密度与平均直径的关系方程：$D=Ad^b$，也就是说并不完全符合在自然环境下天然林分的自我稀疏规律。其存在的原因可能是：由于太白红杉的特殊生态位、太白红杉分布在亚高山带的特殊生境和人为干扰等因素造成的[8]。通过太白红杉种群 8 种林型的径级和龄级的密度分布的分析，整体上低龄级和低径级的密度较高，高龄级和高径级的密度较低，密度与龄级和径级之间是一种负相关性，反映了太白红杉林的自然稀疏过程，但是种群 A、种群 B、种群 C 和种群 E 并不符合这一规律，可能是人为干扰（搭设旅游接待帐篷用，烧柴，传统的太白山六月古庙会及太白山旅游活动等），破坏了原有林分结构，因此应该加强宣传教育，强化保护意识和完善旅游开发管理服务体系。

2）以上不同角度对太白红杉的研究表明，该种群为秦岭特有种，已经长期适应了秦岭的亚高山带气候，有着良好的自我调节机制，在低海拔区太白红杉的生长较好，在高海拔区，由于高山区强风，强紫外线辐射，立地条件较差，太白红杉生长不良，呈现着"高山矮态"，通过对太白红杉种群的径级和龄级的相关性分析发现，对太白红杉进行客观描述时，它们所表现的结果存在着一致性，本文建立了太白红杉的径级和年龄之间的回归方程，进行检验时可靠性较好，如果采用基径和年龄进行回归是否存在着更好的一致性，有待于进一步探讨。

参 考 文 献

[1] 狄维忠，于兆英. 陕西省第一批濒危植物. 西安：西北大学出版社，1987：35-55.

[2] 吴征镒. 中国植被. 北京：科学出版社，1980：172-173.

[3] 中国科学院西北植物研究所. 秦岭植物志. 北京：科学出版社，1978：15-20.

[4] 牛春山. 陕西森林. 西安：陕西科学技术出版社，1986：153-156.

[5] 陕西省林业厅. 太白山自然保护区珍稀濒危植物考察报告. 西安：陕西师范大学出版社，1989：5-109.

[6] 陈存根，彭鸿. 秦岭太白红杉林的群落学特征及类型划分. 林业科学，1994，30（6）：487-496.

[7] 张文辉，王延平，康永祥，等. 太白红杉种群结构与环境的关系. 生态学报，2004，24（1）：41-47.

[8] 王志高，王孝安，肖娅萍. 太白红杉群落优势种的生态位研究. 西北植物学报，2003，23（10）：1780-1783.

[9] 阎桂琴，赵桂仿，胡正海. 秦岭太白红杉群落特征及其物种多样性的研究. 西北植物学报，2001，21（3）：497-506.

［10］闫桂琴，赵桂仿，胡正海，等. 秦岭太白红杉种群结构与动态的研究. 应用生态学报，2001，12（6）：824-828.

［11］Harper J L. Population Biology of Plant. New York：Academic Press，1977：102-108.

［12］Knowles P，Grant M C. Ageandsize structure analysis of engelmann spruce, popolatinpine, loadgepole pine, and limber pine in Corada. Ecology，1983，64（1）：1-9.

［13］Parker A J，Peet R K. Size and age structure of conifer forest. Ecology，1984，65（5）：1685-1689.

［14］刘锐翠. 林业测量与经理. 西安：陕西科学技术出版社，1998：100-101.

［15］李景文. 林业生态. 2 版. 北京：中国林业出版社，1994.

［16］谢宗强，陈伟烈，路鹏，等. 濒危植物银杉的种群统计与年龄结构. 生态学报，1999，19（4）：523-528.

［17］孟宪宇. 测树学. 北京：中国林业出版社，1994：81-87.

［18］刘峰，陈伟烈，贺金生. 神农架地区锐齿槲栎种群结构与更新的研究. 植物生态学报，2000，24（4）：396-401.

火地塘林区天然次生林类型及群落特征的研究*

雷瑞德　彭　鸿　陈存根

摘要

火地塘林区的天然次生林可划分为 2 个植被型组：针叶林和阔叶林；6 个植被型：寒温性针叶林、温性针叶林、暖性针叶林、温性针阔叶混交林、落叶阔叶林、常绿-落叶阔叶混交林；18 个群系。低山地带分布有马尾松林和青冈-短柄枹栎林群系，表现出暖温带向亚热带过渡的植被特征。同时，对各群系的动态和发展趋向进行了初步分析探讨。

关键词：次生林；植被型；群系；建群种；聚类分析

火地塘林区是秦岭南坡中端典型的森林植被垂直断面，海拔变幅为 850～2470m，下部与宁陕县县城相接，上部为秦岭主梁平河梁支脉的分水岭，长安河和川陕公路纵贯其中部。低山地带人为活动频繁，森林屡遭破坏，次生林和农田、灌丛、荒地镶嵌，但仍能体现出亚热带北缘的森林植被特征；中山地带在 20 世纪 60～70 年代进行了全面森林主伐，现森林植被恢复较好。全区的森林基本上均为次生林，林分状况因人为干扰梯度而呈现出规律性变化。

该区植物种类丰富，森林植被类型复杂，次生林面积大，分布集中。研究次生林的群落学特征是科学地经营、保护和恢复本区森林植被的基础性工作。

1　研究方法

用典型样地法进行调查取样。研究区内通过调查鉴别并确定典型森林类型，并按地形、土壤、林分起源和林龄等差异设置样地（15m×20m），进行每木检尺，调查记录各乔木树种的种名、胸径、高度、枝下高和冠幅等，调查记载林下主要灌木和草本植物的种名，并测定其盖度和平均高。共调查样地 25 块。

在各样地内调查 2 个土壤剖面，并记载样地的海拔、坡向、坡度、坡位等地形因子。在数据分析中，用树冠体积作为种的优势度，按下式计算。

$$V = 0.167 \cdot D^2 \left(H_1 - H_2 \right) \cdot \pi \tag{1}$$

* 原载于：西北林学院学报，1996，11（S1）：43-52.

$$V = 0.083 \cdot D^2 (H_1 - H_2) \cdot \pi \qquad (2)$$

式中，V 为优势度（树冠体积），D 为平均冠幅，H_1 为树高，H_2 为枝下高。式（1）和式（2）分别为阔叶树和针叶树的树冠体积计算式。

2 结果与分析

2.1 天然次生林的种类组成特征

该区的植物种类比较丰富，其优势度因海拔不同而异。优势度大于 50 的乔木树种有 45 种，灌木 6 种，草本植物 2 种，层间植物 2 种（表 1）。

表 1 火地塘林区次生林群落的种类构成

种名	重要值	频率	种名	重要值	频率
乔木			23.Sorbus hupehensis	226.9	15.2
1.Betula albo-sinensis	4182.7	20.7	24.Morus australis	216.6	17.6
2.Quercus aliena var. acuteserrata	2034.4	63.5	25.Betula luminifera	215.6	33.3
3.Betula utilis	1329	17.6	26.Acer oliverianum	214.6	39.4
4.Pinus tabulae formis	1184.6	44.2	27.Cyclobalanopsis glauca	202.7	5.6
5.P. massoniana	1149.2	11.1	28.Corylus tibetica	196.1	23.3
6.Juglans regia	1043.8	13	29.Acer davidii	190.5	48.6
7.Pinus armandi	903.1	23.3	30.Populus purdomii	179.2	29
8.Tsuga chinersis	898.3	15.5	31.Fraxinus sp.	151.9	36.6
9.Castanes mollissima	853.8	11.6	32.Euptelea pleiosperma	151	35.4
10.Carpinus turczanincwii	731.6	45.5	33.Cornus walteri	150.6	45.6
11.C. shensiensis	638.1	43.3	34.Acer ginnala	145.4	21.3
12.Abies fargesii	589.7	11.1	35.Broussonesia papyrifera	144	17.4
13.Juglans cathayensis	484.6	27.5	36.Picrasma quassioides	132	16.6
14.Pterocarya hupehensis	456.6	33.3	37.Rhus potaninii	130.5	36.3
15.Tilia paucicostata	384.1	49.7	38.Acer momo	91.4	12.2
16.Picea asperata	377	7.7	39.Dendrobenthamia japanica	80	7.7
17.Toxicodenndron verniciflua	306.4	64.2	40.Betula chinensis	75.3	13.3
18.Carpinus cordata	293	54.5	41.Lindera obtusiloba	67.7	33.3
19.Bothrocar yum controversum	286.2	42.1	42.Salix fargesii	65.2	16.5
20.Salix sp.	238.3	44.4	43.Litsea pungens	59.5	49.1
21.Acer buer gerianum	231.2	47.3	44.Lindera neesiana	58.4	5.6
22.Quercus glanduli fera var. brevipetiotata	227.4	23.3	45.Populus davidinna	57.5	20

续表

种名	重要值	频率	种名	重要值	频率
灌木			层间植物		
46.*Prunus pseudocerasus*	55.9	17.3	52.*Pueraria lobata*	72.3	19.4
47.*Sinarundinaria nitida*	432.3	32.3	53.*Schisandra sphenanthera*	50.5	33.3
48.*Viburnum betulifoliam*	144.4	27.6	草本植物		
49.*Lespedeza buergeri*	84.3	22.1	54.*Carex lanceolata*	236.5	49.7
50.*Symplocos paniculata*	57.7	24.5	55.*C. capilliformis*	117.2	34.3
51.*Syringa wolfii*	51.6	12.3			

用分布指数（密度×频度）来描述乔木树种的生态分布特征，各乔木树种的分布指数与胸高断面积的关系如图 1 所示。据此可将乔木树种分为三组。

第一组具有较大优势度，较小的胸高断面积等级，分布幅较窄。它们多为先锋群落的建群种，如牛皮桦、红桦、油松、马尾松、山杨等，是次生林林冠上层的优势树种，林下更新较难，为该林区次生林的主要组成树种。

第二组优势度小，胸高断面积等级较高，生态幅较宽的树种。在林下能完成更新，多为林冠下层的伴生树种。主要有：少脉椴、葛萝槭、青榨槭、陕西鹅耳枥、毛椋、木姜子等。

第三组种的优势度、胸高断面积等级，分布幅介于上述两组之间。它们多是该林区的主要成林树种，如锐齿栎、巴山冷杉、铁杉等；或主要混交树种，如冬瓜杨、漆树等。

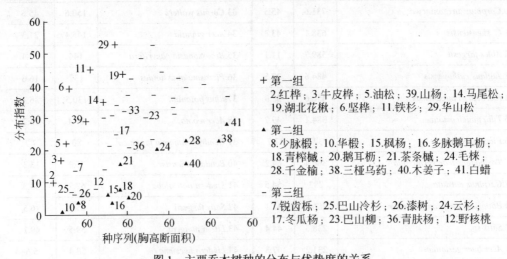

+ 第一组
2.红桦；3.牛皮桦；5.油松；39.山杨；14.马尾松；
19.湖北花楸；6.坚桦；11.铁杉；29.华山松

▲ 第二组
8.少脉椴；10.华椴；15.枫杨；16.多脉鹅耳枥；
18.青榨槭；20.鹅耳枥；21.茶条槭；24.毛椋；
28.千金榆；38.三桠乌药；40.木姜子；41.白蜡

- 第三组
7.锐齿栎；25.巴山冷杉；26.漆树；24.云杉；
17.冬瓜杨；23.巴山柳；36.青肤杨；12.野核桃

图 1　主要乔木树种的分布与优势度的关系

各组内主要树种的海拔分布范围用图 2 表示。

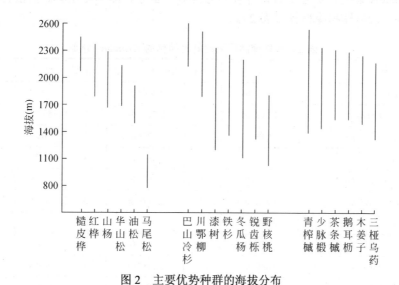

图2　主要优势种群的海拔分布

2.2　天然次生林的类型划分

2.2.1　分类原则

主要采用《中国植被》中的群落分类原则[5]，在较高级别的植被单位着重于群落的外貌和生态标准；具体划分中以群落的种类组成为主要依据，特别是优势种；为表示群落的现有特征并分析其动态，动态的分类观点和指示植物也作为分类的依据和原则。

本文主要鉴别较大的森林群落单位，讨论各群系的特征。群系是建群种或共建种相同的群落之联合。建群种亲缘关系相近，群落特征相似的群系综合成群系组（formation group）。

2.2.2　分类方法和群落类型

根据火地塘林区次生林主要建群种的生活型和群落外貌，划分了2个植被型组；针叶林、阔叶林；依据建群种对于水热条件的关系，划分了6个植被型。

用聚类分析法按不同分类阈值划分并确定群系。

（1）针叶纯林的类型划分

以针叶林的优势种和次优势种为变量，计算取样单位间的群落相似系数（以欧氏距离系数表示）。

$$d_{jk} = \left[\sum_{i=1}^{n} (x_{ij} - x_{ik})^2 \right]^{1/2} \qquad (3)$$

式中，$i=1, 2, \cdots, n$ 表示种数；$j, k=1, 2, \cdots$ 表示样地号；x_{ij} 和 x_{jk} 为第 i 个种在第 j 和第 k 个样地上的重要值。

用 K-means 聚类分析方法将针叶林划分为 6 个群系，即马尾松林、油松林、华山松林、铁杉林、云杉林和冷杉林（表 2）。

表 2　火地塘林区天然针叶纯林的 K-means 分类

种名	组间离差平方和	自由度	组内离差平方和	自由度	均方比	概率
Abies fargesii	9.18E+08	5	0.00E+00	3	0	0
Acer davidii	2.38E+05	5	2.51E+04	3	5.675	0.09
Carpinus turczaninnvii	1.50E+07	5	3.00E+07	3	0.3	0.89
Cornus macrophylla	1.49E+05	5	4.48E+05	3	0.2	0.94
Cyclobalanopsis glauca	1.26E+06	5	6.06E+05	3	1.249	0.46
Lindera neesiana	3.71E+07	5	3.58E+06	3	6.218	0.08
Puca wilsonu	1.26E+07	5	0.00E+00	3	0	0
Pinus armandii	1.34E+09	5	1.33E+07	3	60.472	0
P. massoniana	2.68E+09	5	2.51E+08	3	6.403	0.08
P. tabulaeformis	1.97E+09	5	9.37E+07	3	12.608	0.03
Populus purdotnii	6.69E+06	5	2.04E+05	3	19.703	0.02
Quercus aliena var. *acuteserrata*	3.63E+06	5	1.25E+06	3	1.741	0.34
Q. glandulifera var. *brevipctiolata*	1.57E+07	5	5.67E+07	3	0.166	0.96
Rhus potaninii	8.26E+06	5	0.00E+00	3	0	0
Salix sp.	1.53E+05	5	4.59E+05	3	0.2	0.94
S. matsudana	3.68E+04	5	1.10E+05	3	0.2	0.94
Tilia chinensis	4.96E+04	5	0.00E+00	3	0	0
T. paucicostata	2.53E+07	5	6.10E+07	3	0.249	0.92
Toxicodendron verniciflua	2.42E+06	5	4.98E+05	3	0.292	0.2
Tsuga chinensis	3.18E+09	5	0.00E+00	3	0	0
群系名称	样地至群落形心的欧式距离					
油松林群系	2047.99	2120.82	2035.90	—	—	—
马尾松林群系	—	—	—	2538.38	2538.38	—
铁杉林群系	—	—	—	—	—	0.00
华山林群系	0.00	—	—	—	—	—
冷杉林群系	—	0.00	—	—	—	—
云杉林群系	—	—	0	—	—	—

（2）阔叶林针阔混交林的类型划分

以群落的优势种和次优势种为变量，计算样地间的相似系数 [式（4）]，用等级聚类法进行类型划分。取不同阈值得到阔叶林群系划分结果（图 3）。

$$r = \frac{\sum (X_{1n} - \overline{X}_1)(X_{2n} - \overline{X}_2)}{\sqrt{\sum (X_{1n} - \overline{X}_1)^2 \sum (X_{2n} - \overline{X}_2)^2}} \qquad (4)$$

式中，$n=1$，2，…，n 种类；X_{1n} 为第一个种在各样地中的树冠体积；X_{2n} 为第二个种在各样地种的树冠体积。

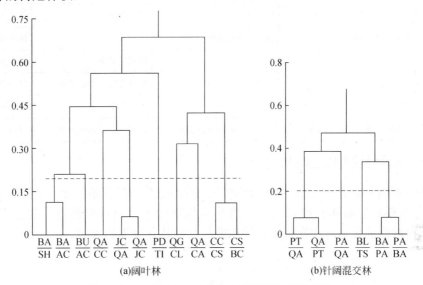

(a)阔叶林　　　　　　　　　　　(b)针阔混交林

图 3　阔叶林和针阔混交林的等级聚类分析结果

注：横线上为优势种，线下为次优势种。PT，油松；QA，锐齿栎；PA，华山松；BL，亮叶桦；BA，红桦；TS，铁杉；SH，湖北花楸；BU，牛皮桦；AC，槭类；PD，山杨；JC，野核桃；CC，千金榆；CS，山西鹅耳枥；CA，栗类；TI，椴树；BC，坚桦；CL，青冈类。

综合以上分类结果，火地塘林区的次生可划分为 2 个植被型组，6 个植被型，18 个群系；结合各群系分布的海拔范围，得出群落的分类体系（表 3）。

表 3　火地塘林区次生林的分类体系

植被型组	植被型	群系组	群系	分布地带
针叶林	Ⅰ寒温性针叶林	云、冷杉林	1.巴山冷杉林	中山上界
			2.青杆林	中山上界
	Ⅱ温性针叶林	温性松林	3.华山松林	中山
			4.油松林	低中山-中山
		铁杉林	5.铁杉林	低中山-中山
	Ⅲ暖性针叶林	暖性松林	6.马尾松林	低山
	Ⅳ温性针阔叶混交林	松桦混交林	7.华山松、红桦林	中山
		铁杉叶阔叶混交林	8.铁杉、亮叶桦林	中山
		松栎混交林	9.华山松、锐齿栎林	中山
			10.油松、锐齿栎林	低山-中山

植被型组	植被型	群系组	群系	分布地带
阔叶林	V 落叶阔叶林	桦木林	11.牛皮桦林	中山上部
			12.红桦林	中山上部
		杨树林	13.山杨林	低中山-中山
		落叶阔叶杂木林	14.鹅耳枥林	低中山-中山
		枥林	15.锐齿枥林	低中山-中山
			16.锐齿枥、野核桃林	低中山
			17.锐齿枥、板栗林	低中山
	VI 常绿、落叶阔叶混交林	青冈、落叶阔叶混交林	18.青冈、短柄枹树林	低山

2.3 针叶纯林的结构与动态

由于针叶林的起源和立地不同，其种类结构和动态具有明显差异。以各群落优势种的优势度为变量，海拔高度和土层厚度作为权重因子，对针叶林进行加权平均排序（图 4）。按群落的优势种和次优势种的构成把针叶林划分为两大类。

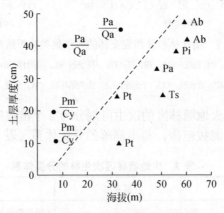

图 4 针叶纯林的加权平均排序

注：Ab，冷杉；Pi，云杉；Pa，华山松；Pt，油松；Ts，铁杉；Qa，锐齿枥；Pm，马尾松；Cy，青冈。

第一类群落的优势种为针叶树种，并至少有一个次优势种（多为阔叶树种），构成复层群落。主要为低山地带的马尾松林和中山地带厚土层地段的油松林、华山松林。在这类群落中，马尾松或油松或华山松构成群落的主林冠层，较稀疏，但更新不良，在更新层、更替层的多度（密度的对数值）[2, 3]明显较低 [图 5（a）、（b）、（c）]，属群落的衰退种。青冈、短柄枹枥等次生优势种占据着群落的中层或下层，构成更新层和更替层的主体 [图 5（a）、（b）、（c）]，是群落的更替树种。此类森林群落主要起源于枥林，枥林采伐后，马尾松、油松、华山松以先锋树种在迹地上更新，与枥类萌生植株混生；由于樵采和食用菌生产需要，多采用中林作业方式利用枥类萌生林木，形成了松类居于上层栎类处于下层的复层结构。在这类群落中，松类难以更新，若停止人为干扰，此类森林群落将逐渐恢复阔叶栎林或松栎混交林的外貌和结构。

第二类是由一个优势种构成的单优群落，主要有云杉、巴山冷杉林、铁杉林和山脊油松林、山脊华山松林。除铁杉林外，其他针叶树种在其林下均有较大数量的更新幼苗［图5（d）］，在更新层和更替层没有其他树种与之竞争，形成能够自我更新、相对稳定的群落类型。铁杉林冠浓密，林下阴暗，铁杉更新苗很少，但却是唯一更新树种，故能够维持其群落种类结构的稳定性。

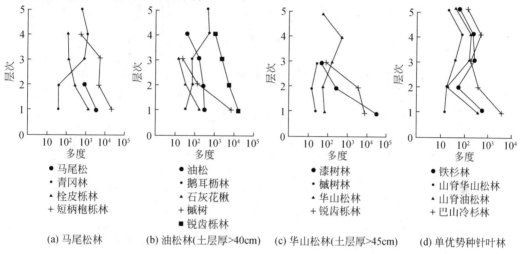

(a) 马尾松林　　(b) 油松林(土层厚>40cm)　(c) 华山松林(土层厚>45cm)　(d) 单优势种针叶林

图5　针叶林主要树种的多度在群落各层次中的分布

2.4　阔叶林的结构及动态

按照优势种的组成可把阔叶林划分为阔叶混交林和阔叶纯林两大类型。

2.4.1　阔叶混交林的结构与动态

阔叶混交林是该区受人为破坏最严重的森林类型，主要分布在海拔900～1600m的低山和低中山地带，有青冈–短柄枹栎林、锐齿栎–野核桃林和锐齿栎–板栗林。

青冈–短柄枹栎林　系青冈林及部分栓皮栎林人为干扰后形成的次生群落。栎类树种具有很强的萌蘖更新能力，采伐后能较迅速地恢复成林。上层林主要由常绿或半常绿的多脉青冈（*Cyclobalanopsis multinervis*）、青冈（*C. glauca*）、曼青冈（*C. oxyadon*）和落叶乔木短柄枹栎（*Quercus glandifolia*）、栓皮栎（*Q. variabilis*）、槲栎（*Q. aliena*）等构成；绿叶甘橿（*Lindera fruticosa*）、栾树（*Koelreuteria paniculuta*）等为主要伴生树种［图6（a）］。上层林木各树种均有稳定的更新层次。短柄枹栎是小乔木树种，随着青冈和栓皮栎的继续生长和更新，将恢复为青冈和栓皮栎林。

锐齿栎–野核桃林　多见于临近长安河岸的山坡下部，起源于锐齿栎林。当锐齿栎被砍伐时，野核桃常被保留下来，构成林冠上层的优势种；在群里恢复过程中，锐齿栎、槲栎占据林冠下层及更新层［图6（b）］，形成了锐齿栎–野核桃林，椴树为其主要伴生树种。该群落具有较阴湿的生境条件，草本层发育充分，层间植物滋生蔓延，常攀附在幼苗幼树上，影响更新层的发育。主要层间植物有中华猕猴桃（*Actinidia chinensis*）、五味子（*Schisandra chinensis*）、葛藤（*Pueraria lobata*）等。

锐齿栎–板栗林　该群系分布在中坡或中上坡地段，与锐齿栎–野核桃林的成因基本相同；板栗居于群落上层，锐齿栎在群落下层及更新层密度较大［图 6（c）］；板栗、茅栗的密度虽小，但树冠大，具有较大的优势度。

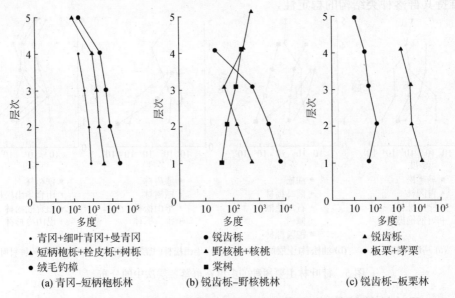

图 6　阔叶混交林主要优势种的多度在群落各层次的分配

2.4.2　阔叶纯林

阔叶纯林主要分布在中山地带，有锐齿栎林、山杨林、鹅耳枥林、红桦林和牛皮桦林等群系，其中锐齿栎林和桦木林的面积大、分布广。

锐齿栎林　锐齿栎为建群种，共建种有漆树（*Toxicidendron verniciflua*）、少脉椴（*Tilia paucicostata*）、石灰花楸（*Sorbus folgneri*）、水榆花楸（*S. alnifolia*）、陕西鹅耳枥（*Carpinus shensiensis*）、长裂葛萝槭（*Acer grosseri* Pax var. *Hensii*）等。群落通常有两个林冠层，锐齿栎居于上层，下层常见有少量油松、华山松、铁杉等针叶树混生。灌木层密集，层间植物较多，影响着针叶幼苗幼树的生长发育。群落结构比较稳定，若采用合理的经营措施，使林冠疏开或适当清理灌木，促进针叶幼苗幼树生长，可逐步形成针阔叶混交林。

鹅耳枥林　分布于陡峭的山梁或岩石裸露的峭壁上。该群系以千金榆（*Carpinus cordata*）为建群种，共建种有多脉鹅耳枥（*C. polyneura*）、坚桦（*Betula chinensis*）、刺橡（*Quercus spinosa*）、铁杉（*Tsuga chinensis*）等。因处于极端生境上，林木稀疏，生长缓慢，很少有其他更替树种，群落具有相对稳定性。

山杨林　山杨林在该区已不多见，在海拔 1700～2000m 地带内呈小片状分布，主要在山坡下部或小山脚上。是采伐演替的先锋群落，种类组成以山杨为主，混生有华山松、冬瓜杨、柳树、槭类和锐齿栎等。稳定性差，常被铁杉、华山松等针叶树更替，或构成针阔叶混交林，或与其他阔叶树构成阔叶混交林。

桦木林　其中牛皮桦林分布在立地较差的生境上，林木稀疏，群落结构较稳定。红桦林的稳定性因立地不同而异，多数情况下可通过林窗更新维持种群的连续性，成为相对稳定的群落。桦木林的结构和动态另著有论文详述[6]。

2.5　针阔叶混交林的特征及动态

华山松-红桦林，铁杉-亮叶桦林　这两个群系具有相似的层次结构，林冠上层由喜光的阔叶树种构成，如红桦、亮叶桦、湖北花楸、毛梾木（*Cornus walteri*）及冬瓜杨等，其密度较小，树冠庞大，故具有较大优势度；林下缺少更新层和更替层，属于衰退种。铁杉和华山松分别在林冠中下层占优势，更新和更替层发育良好，属进展种 [图 7（c）、（d）]。这两个群系有向华山松和铁杉林发展的趋向。对该区大规模采伐前森林植被种间关系的研究表明：铁杉与亮叶桦、华山松与红桦间结合紧密[6]。据此推测，这两个群系可分别发展成为以铁杉和华山松为主的针阔叶混交林。

油松-锐齿栎林，华山松-锐齿栎林　这两个群系主要起源于油松林、松栎混交林和锐齿栎混交林[7]。油松、华山松和锐齿栎在群落的各层次均发育较好 [图 7（a）、（b）]，属进展种，群落比较稳定，是该区中山地带分布较广群落类型。这两个群系在立地较好的地段可发育成以锐齿栎为主的针阔叶混交林；在土层薄的陡坡地段则可发育成以油松或华山松为主的针阔叶混交林或针叶纯林[6]。

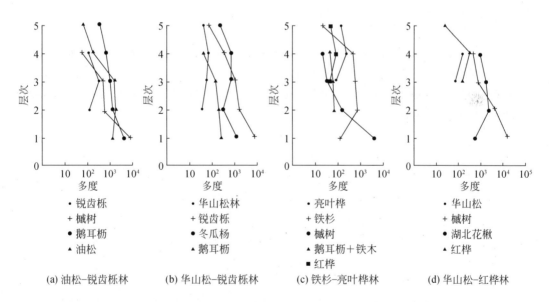

图 7　针阔叶混交林主要优势树种多度在群落各层次中的分布

3 结论与讨论

火地塘林区的天然次生林可划分为2个植被型组：针叶林、阔叶林；6个植被型：寒温性针叶林、温性针叶林、暖性针叶林、温性针阔叶混交林、落叶阔叶林、常绿-落叶阔叶混交林；18个群系。

该区低山地带分布有马尾松林和青冈-短柄枹栎林群系，体现出了向亚热带过渡的植被特征。

巴山冷杉林、青杆林、山脊油松林、山脊华山松等群系均是稳定的森林群落；油松-锐齿栎、华山松、锐齿栎，铁杉-亮叶桦、华山松-红桦等针阔叶混交林群系的动态具有多向性，因立地及其他因素的影响，可发展为针叶林、针阔叶混交林或阔叶林。

锐齿栎林、红桦林、鹅耳枥林群系属较稳定的群落；其他阔叶林和阔叶混交林属于演替过程中的过渡类型，其演替趋向有待进一步探讨。

参 考 文 献

［1］Hsieh C F，Hsieh T H，Lin S M. Structure and succession of the warm-temperate rain forest at Techi reservoir Taiwan. Journal of Taiwan Museum，1989，42（2）：77-90.

［2］Elliot J T. The regulation of plant species diversity on an early successional old-field. Ecology，1975，56：905-914.

［3］Whitaker R H. Evolution and measurement of species diversity. Taxon，1972，21：213-251.

［4］张仰渠. 陕西森林. 北京：中国林业出版社，1992.

［5］中国植被编委会. 中国植被. 北京：科学出版社，1982.

［6］雷瑞德，尚廉斌，刘建军，等. 秦岭南坡中山地带原生森林植被主要乔木种群的空间分布及相关关系. 西北林学院学报，1996，11（S1）：17-25.

［7］雷瑞德，刘建军，尚廉斌，等. 主伐对森林景观结构和空间分布格局影响的研究. 西北林学院学报，1996，11（S1）：53-64.

火地塘林区桦木林的结构及其稳定性的研究[*]

雷瑞德　彭　鸿　陈存根　唐光辉

—— 摘要

火地塘林区的桦木次生林主要有红桦和牛皮桦两个群系,桦叶荚蒾-红桦林、箭竹-红桦林、迎红杜鹃-牛皮桦林、箭竹-牛皮桦林 4 个群丛组。红桦次生林种类结构不稳定,巴山冷杉是进展种群,红桦通过林窗更新维持其种群的连续性,演替趋向为针阔叶混交林。牛皮桦林的种类结构相对比较稳定。

关键词：红桦；牛皮桦；林窗更新；多样性；等级聚类

桦木林是秦岭林区重要的森林类型之一,主要建群种有红桦（*Betula albo-sinensis*）、牛皮桦（*B. utilis*）、光皮桦（*B. luinifera*）和白桦（*B. Platyphylla*）。火地塘林区位于秦岭南坡中段,没有白桦林分布。20 世纪 60～70 年代森林主伐后,现有次生林中桦木林的主要建群种为红桦和牛皮桦,分布在海拔 1800～2500m 的中山地带,呈块状分布,是森林经营活动的主要培育对象。对桦木林的结构和稳定性的研究,旨在于揭示其类型、结构和动态变化规律,并为桦木林的合理经营提供科学依据。

1　研究方法和数据处理

主要采用典型抽样调查方法。在桦木林分布地段上,按不同林分类型设置典型样地,样地面积为 $300m^2$,共 12 块。调查记载样地内所有的植物种（包括典型地衣和苔藓）。测定各乔木树种的胸径、树高、冠幅和枝下高。在每个样地内布设 4 个 $16m^2$ 的样方,测定各种灌木的高度和盖度；按照 Bran-Blanquet 的分级标准估测各草本植物的多度-盖度级,并测定其平均高；同时记载环境因子。

在桦木林内选择典型的林窗地 10 处,分别设置样地进行调查；同时,在桦木林采伐迹地上（伐后 4 年）设 2 个样方（面积为 $36m^2$）进行更新和植被调查,调查内容同上。

在乔木树种调查记载中,$D_{1.3} \leqslant 1.0cm$；$1.0cm < D_{1.3} < 4.0cm$ 记为幼树；$D_{1.3} \geqslant 4.0cm$ 的记为林木。

* 原载于：西北林学院学报, 1996, 11 (S1)：71-78.

用下式确定各样地林木整化的径阶数。

$$CI=1+3.3\log N \tag{1}$$

式中，N 为样地内林木的株数。

径阶的宽度为样地内林木胸径的变幅大小除以径阶数所得的整数商。以此标准来绘制各样地林木的径阶–株数频数图，红桦、牛皮桦种群的径阶结构分布图。

用林冠体积作为各植物种的优势度指标，按下式分别计算乔木的树冠体积。

$$V=0.167 \cdot D_N \cdot D_S \cdot (H-H_c) \cdot \pi \qquad 阔叶树 \tag{2}$$

$$V=0.083 \cdot D_N \cdot D_S \cdot (H-H_c) \cdot \pi \qquad 针叶树 \tag{3}$$

式中，D_N、D_S 分别为林木的南、北冠幅；H 为树高；H_c 为树下高。

灌木和草本植物的体积为盖度与平均高的乘积。

乔木树种的重要值为相对密度和相对胸高断面积之和，最大值为 200。

2 结果与分析

2.1 桦木林的种类结构

桦木林在火地塘林区分布在海拔 1800～1500m 的范围内，为林相整齐的单层林，群落的层次分化明显。乔木层种类构成简单，有 8 科 12 属 21 种（主要区系成分见表 1）。主林冠层由红桦、牛皮桦、山杨（*Populus davidiana*）、冬瓜杨（*P. purdomii*）和湖北花楸（*Sorbus hupehensis*）等喜光树种构成。青榨槭（*Acer davidii*）、葛萝槭（*A. grasseri*）、灯台树（*Bothrocaryum contoroversum*）、梾木（*Cornus macrophylla*）、巴山柳（*Salix fargesii*）等居于林冠下层，为群落的主要伴生树种。林内混生的针叶树种主要为巴山冷杉（*Abies fargesii*），青杆（*Picea wilsonii*）和华山松（*Pinus armandi*）。

表 1　火地塘林区桦木林植物区系成分构成

序号	分布区类型	属数	比例（%）	典型属
1	世界广布成分	1	1.8	*Rubus*
2	泛热带成分	0	0	
3	热带美洲及热带亚洲成分	3	5.5	*Litsea, Lindera, Meliosma*
4	旧大陆成分	0	0	
5	热带亚洲至热带大洋洲成分	3	5.5	*Wikstroemia, Ailanthus, Euonymus*
6	热带亚洲至热带非洲成分	0	0	
7	热带亚洲成分	1	1.8	*Sinarundinaria*
8	北温带成分	31	56	*Betula, Acer, Populus, Sorbus, Ribes, Rhododendron*
9	东亚–北美成分	4	7.3	*Abelia, Tsuga*

续表

序号	分布区类型	属数	比例（%）	典型属
10	旧大陆温带成分	1	1.8	*Syringa*
11	温带亚洲成分	1	1.8	*Campylotropis*
12	地中海、西亚至中亚成分	0	0	
13	中亚成分	0	0	
14	东亚成分	6	10	*Deutzia，Actinidia，Dendrobenthamia*
15	中国特有成分	4	7.3	*Lematoctethra，Dipteronia*
	合计	55	100	

　　木本植物区系统计结果表明：北温带成分占绝对优势，达 56%（表 1）。乔木层的树种有 95% 为北温带成分；灌木层有 85% 的种类是北温带成分，其中以茶藨子（*Ribes glancilis*）、迎红杜鹃（*Rhododendron giraldii*）、桦叶荚蒾（*Viburnum betulifolium*）等为优势。同时，热带亚洲成分的箭竹（*Sianrundinaria nitida*）和旧大陆温带成分的辽东丁香（*Syrina liaotongensis*）亦占有较大的优势度。

　　按照 Raunkier 的生活型等级进行划分，桦木林群落的生活型谱如图 1 所示。其中以地面芽植物占明显优势，地下芽和一年生植物的比例也较高，反映了桦木林所处环境具有低温、高湿和冬季较长的气候和生境特征。

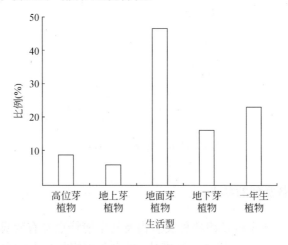

图 1　桦木林群落的生活型谱

2.2　桦木林的群落类型

2.2.1 桦木林的类型划分

森林群落类型是森林的发生发育过程中植物种间、植物与生境之间相互作用的产物，植物种的群聚以及对生境的反应具有一定的规律性。根据《中国植被》一书中的植被分类原则，用次优势层片（灌木层）种类组成的差异作为鉴别群丛组的主要依据。

本文用相异性系数等级聚类分析划分桦木林的群落类型，按下式计算群落间的相异系数。

$$PD = 1 - 200 \times \frac{\sum \min(X_{i1}, X_{i2})}{\sum (X_{i1} + X_{i2})} \tag{4}$$

式中，PD 为相异系数；X_{i1}、X_{i2} 分别为灌木植物种 i 在样方 1 和 2 中的盖度值。

在相似性指标为 116 时将群落划分为 4 个群丛组，把优势层建群种相同的群丛组合并为两个群系（图 2）。

Ⅰ 红桦林（Form *Betula albo-sinensis*）

    $Ⅰ_1$ 桦叶荚蒾-红桦林（Gr. Ass. B. as-*Vibumum betulaefolium*）

    $Ⅰ_2$ 箭竹-红桦林（Gr. Ass. B. as-*Sinarundinaria nitida*）

Ⅱ 牛皮桦林（Form. *Betula utilis*）

    $Ⅱ_1$ 迎红杜鹃-牛皮桦林（Gr. Ass. *Betula utilis-Rhododendron giraldii*）

    $Ⅱ_2$ 箭竹-牛皮桦林（Gr. Ass. *Betula utilis-Sinarundinaria nitida*）

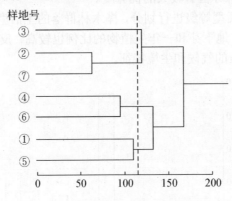

图 2　桦木林等级聚类树状图

2.2.2　桦木林各类型的特点

桦木林 2 个群系、4 个群丛组的种类结构及其生境特点具有明显的差异（表 2）。

牛皮桦林分布的海拔范围略高于红桦林，呈小面积块状分布。群落优势层结构简单，常形成牛皮桦单优群落，以槭类小乔木为主要伴生树，间有极少量巴山冷杉。种类多样性指数为 1.379，明显小于红桦林。种优势度-种序列曲线趋向于几何分布 [图 3（b）]，陡度大，种序列值小，表明整个群落种类构成比较单调。林下更新不良，以较耐荫的伴生树种为主（占 90% 以上）。

表2 火地塘林区桦木林乔木林的组成结构及环境特点

海拔（m）	2500～2300			2400～1900								
土层厚度（cm）	<20			10～40						>40		
类型及指标	迎红杜鹃-牛皮桦林			箭竹-牛皮桦林			箭竹-红桦林			桦叶荚蒾-红桦林		
	密度（株/hm²）		优势度	密度（株/hm²）		优势度	密度（株/hm²）		优势度	密度（株/hm²）		优势度
	林木	幼苗幼树		林木	幼苗幼树		林木	幼苗幼树		林木	幼苗幼树	
Betula albo-sinensis	33	0	6	133	33	17.5	832	135	80	1069	76	78
Betula utilis	667	133	83.5	740	70	87.5	33	0	6.5	0	0	0
Sorbus hupehensis	25	0	7.5	33	0	8.5	167	67	11	245	685	12
Populus davidiana	0	0	0	0	0	0	33	0	4.5	33	0	1.8
Abies fargesii	0	25	5	33	33	8	33	155	18	133	541	37
Pinus armandi	0	0	0	0	0	0	0	0	0	33	133	19.1
Acer davidii	66	355	21.5	33	400	31	36	139	33	76	1110	17.1
Acer ginaula	33	410	27.5	66	756	30	241	744	23.5	399	642	10
Acer momo	33	1367	49	33	970	17.5	194	239	12.5	277	555	11.2
Tilia chinensis	0	0	0	0	0	0	0	0	0	28	133	3.6
Salix fargesii	0	0	0	0	0	0	23	0	4	19	120	1.2
Cornus macrophylla	0	0	0	0	0	0	0	0	0	21	0	1.8
Corylus shensis	0	0	0	0	0	0	33	0	2.8	33	0	1
Bothrocaryum comtrosum	0	0	0	0	0	0	33	0	4.2	33	0	2.8
Prunus pseudocerrum	0	0	0	0	0	0	0	0	0	33	0	3.4
合计	857	2290	200	1071	2262	200	1668	1479	200	2432	3995	200

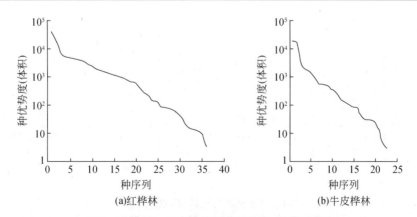

图3 红桦林、牛皮桦林的种优势度-种序列曲线

迎红杜鹃-牛皮桦林主要分布在"石河"与坡积砾石的薄层粗骨土上，虽坡度较缓，但土壤瘠薄，生境条件差，林木稀疏，生长弱，干形弯曲，较低矮（平均高约9.8m）。

箭竹-牛皮桦林多分布在陡坡薄层石质土上，林木生长略好于迎红杜鹃-牛皮桦林。

红桦林多分布在海拔1900～2400m范围内，呈小面积块状分布。群落优势层种类构成较丰富，主要混交树种有华山松、巴山冷杉、山杨和冬瓜杨。种类多样性指数为2.069，显著大于牛皮桦林。种优势度-多样性曲线呈对数正态分布，曲线较缓，种序列值大[图3（a）]，整个群落的种类组成比较丰富。

箭竹-红桦林分布在土层较薄、坡度较陡的立地上，林下更新不良，以伴生的槭类为主（约占75%）。

桦叶荚蒾-红桦林分布在土层厚度大于40cm的地段，立地条件比较优越，群落种类丰富，林木生长旺盛，林相整齐。林下更新较好，巴山冷杉、华山松等耐荫针叶树的更新占有一定比例（约占17%），是红桦林中生长较好的类型。

2.2.3 桦木种群的径阶结构

红桦林（次生林）和牛皮桦林（原生林）的径级-株数分布均呈反J型[图4（a）、（b）]。林中红桦种群的径级-株数分布趋近于正态分布，株数峰值出现在第三径级；牛皮桦种群的老龄大径木自然枯损率高，株数峰值出现在第二径级，呈左偏态分布[图4（c）、（d）]。

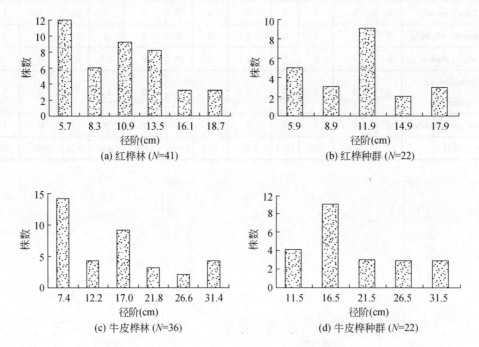

图4 桦木林样地径阶-株数分布图

林内的小径木多为伴生树种，红桦和牛皮桦分别在林内占据明显的优势。

2.3 桦木林的更新

2.3.1 林下更新特征

桦木林下天然更新因林分类型不同而异，从图 5 中可以看出：在桦叶荚蒾-红桦林中，从更新层到林木层，红桦种群的个体数量明显减少，种群呈衰退趋势；巴山冷杉在林木层数量不多，仅占 6.1%，林下更新幼苗幼树达 541 株/hm²，占更新总数的 13.5%；巴山冷杉为耐荫树种，随着时间的推移能够进入林冠层，为进展种；华山松也有同样趋向。故可认为，桦叶荚蒾-红桦林的种类结构不稳定，通过一定时间的演替，巴山冷杉和华山松在林下层的比例会逐渐扩大，形成红桦、巴山冷杉、华山松针阔叶混交林。

箭竹-红桦林因立地条件和箭竹的影响，林下更新较差，为 1479 株/hm²，且以伴生树种为主，占 80.4%（表 2），巴山冷杉种群有扩大的趋向，通过演替会逐渐形成针阔叶混交林。

牛皮桦林所处生境极差，对生境要求较高的云、冷杉难于在该林分正常繁育生长，林下更新以伴生树种和牛皮桦为主（表 2），群落种类结构比较稳定。

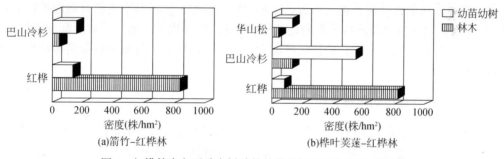

图 5　红桦林中主要乔木树种的幼苗幼树和林木的数量结构

2.3.2 林窗更新

在群落的动态过程中，很多树种以"林窗"更新维持其连续性，这也是群落波动的重要途径之一。桦木林的林窗多由林木自然衰亡、风倒、雪折或生物危害所形成，人为破坏也是本林区林窗形成的原因之一。林窗的面积多在 20m² 以上。

林窗初期（桦木年龄 1～5a）：天然更新苗木密度较大，在 1447～2802 株/hm²（表 2 和表 3），更新树种以桦木林的伴生树种槭类和红桦为主，种类的 Shannon 多样性指数较高，群落的 Simpson 优势度较低。

林窗后期（桦木年龄 11～15a）：从林窗初期、中期到林窗后期，天然更新的乔木树种和密度逐次减少，Shannon 多样性指数相应降低；红桦生长快，在更新幼树中很快占据优势，从而使 Simpson 指数明显提高。

林窗的生境与林内差异不大，灌木和草本植物的种类构成与林内相似。灌木的种类多，盖度大；草本植物以较耐荫的细弱草莓（*Fragaria gracilis*）和苔草（*Carex* sp.）为主，种类少，盖度小。

表3　桦木林林窗在不同阶段的种类多样性

林窗阶段	乔木种数 S	密度（株/hm²）	Shannon 指数 H′	优势度 Simpson 指数 E
林窗初期（桦木年龄 1～5a）	10	1692	1.39	0.42
林窗中期（桦木年龄 6～10a）	7	781	0.94	0.39
林窗后期（桦木年龄 11～15a）	4	546	0.32	0.79
森林阶段（桦木年龄 16～20a）	4	433	0.29	0.74
皆伐迹地（伐后 4a）	8	1447	1.41	0.29

注：$H' = -\sum P_i \log P_i$，$E = \sum P_i^2$，P_i 为第 i 个种的相对重要值。

通过红桦林的林窗更新特点和动态可以看出，林窗中植物繁殖体的来源受制于群落本身的种类结构。老龄红桦林木的树冠庞大，自然枯死后所形成的林窗能满足红桦更新的生态要求。红桦幼龄期高生长迅速，很快在更新层中占据优势。可见，红桦在其适生地带能够通过林窗更新维持种群的连续性。

红桦次生林在演替过程中种类结构不断发生变化，这是林下更新和林窗更新综合作用的结果。耐荫的针叶树种群（如云、冷杉、华山松等）通过林下更新有逐渐扩展的趋势；红桦则通过林窗更新维持种群的连续性。这就使红桦次生林通过演替逐渐形成红桦、巴山冷杉、华山松为主要成分的针阔叶混交林，这与该地带大规模采伐前植被结构的研究结果相吻合。

2.3.3　采伐迹地的天然更新

采伐迹地具有充足的光照和开阔的空间，繁殖体迁移能力较强的植物种迅速迁入繁衍。迹地上更新的植物种类多、盖度大。盖度大于 1% 的植物种类丰富度达 46，而林窗则为 39（表4）。

表4　桦木林皆伐迹地和林窗的种类组成

种名		林窗		迹地	
		密度（株/hm²）（多度-盖度级）	高度（cm）	密度（株/hm²）（多度-盖度级）	高度（cm）
乔木幼苗	*Betula albo-sinensis*	49	80	67	74
	Acer ginnola	1180	48	1154	35
	A. grosseri	144	40	1560	35
	A. davidii	1396	40	242	30
	Meliosma cuneifolia	—	—	68	50
	Populus sp.	—	—	33	66
	Sorbus hupehensis	33	70	67	40

续表

种名		林窗		迹地	
		密度（株/hm²）（多度-盖度级）	高度（cm）	密度（株/hm²）（多度-盖度级）	高度（cm）
主要灌木	*Rhododendron giraldii*	+	78	—	—
	Syringa sp.	4	240	—	—
	Sinarundinaria nitida	2	170	2	36
	Sorbus koehneana	3	135	2	39
	Ribes emodense	2	126	—	—
	Ribes sp.	2	100	1	60
	Viburnum betulifolium	2	177	3	78
	Spiraea schinederiana	1	76	3	94
	Cornus hemsleyi	+	80	+	50
	Rosa omeiensis	+	80	+	95
主要草本植物	*Epilobium pyrricholophum*	2		3	
	Sinacalia tongutica			3	
	Fragaria gracilis	3		4	
	Stellaria radians	2		4	
	Arenarea giraldii	2		3	
	Hyperisum ascyron			3	
	Parnassia delavayi			3	
	Rumex dentatus			2	
	Carex sp.	3		4	
	Festuca sp.			1	
	Poa nemoralis			1	
种类丰富度		39		46	

注：乔木测定的是密度，小灌木和草本测定的是多度-盖度级；Bran-Blanquet 分级中，+表示很少，1 表示少，2 表示较少，3 表示较多，4 表示多。

当采伐迹地与桦木林相距不远时，迹地上更新起来的乔木树种除有桦木林的主要成林树种外，还有喜光树种山杨（*Populus davidiana*）、冬瓜杨（*P. purdomii*）和泡花树（*Meliosma cuneifolia*）等树种出现。在森林恢复演替过程中，构成以桦、杨为主小叶林阶段，与林窗更新相比，喜光树种的种类较多。

采伐迹地上植物群落的种类组成除乔木树种的幼苗幼树外，草本植物的种类多，盖度大，以喜光耐湿的种类占优势，如长籽柳叶菜（*Epilobium pirricholophum*）、黄海棠

（*Hyperisum ascyron*）、森林蚤缀（*Arenarea giraldii*）等。灌木的种类少，盖度小。繁茂的草本植被将影响其他树种的更新。

3 结语与讨论

火地塘林区的次生桦木林主要有红桦林、牛皮桦林两个群系，可进一步划分为 4 个群丛组，即桦叶荚蒾-红桦林、箭竹-红桦林、迎红杜鹃-牛皮桦林、箭竹-牛皮桦林。

在红桦次生林中，巴山冷杉、华山松种群的年龄结构特征属于进展种；红桦在林下更新不良，但通过林窗更新能维持种群的连续性。随着群落演替，红桦次生林将发展为针阔叶混交林。

牛皮桦林和红桦林的群落径级株数分布为不稳定的反 J 型结构，牛皮桦的大径木比红桦大径木更易自然枯损。

在桦木的适生地带内，桦木、山杨、冬瓜杨能在采伐迹地迅速更新恢复成林，形成森林采伐演替的先锋森林群落，在适宜云、冷杉、华山松生长的立地上，能在桦木林中不断扩大，形成针阔叶混交林，如桦叶荚蒾-红桦林。

在立地较差的桦木林内，大径桦木容易自然枯损而形成林窗，使桦木林通过林窗更新维持群落的连续性，并不因时间的推移而被其他类型所取代，如牛皮桦林。桦木林是秦岭林区重要的森林群落类型，在垂直带谱中占有确定的位置。

秦岭巴山冷杉林群落学特征及类型划分研究*

陈存根　白卫国

—— 摘要

巴山冷杉是我国特有的树种之一。在区域水源涵养、生物多样性保护、亚高山脆弱带保护及天然林保护等方面具有极其重要的地位。对天然巴山冷杉林用 Braun-Blanquet 方法进行了调查。结果表明，秦岭巴山冷杉林群落由 221 个植物种组成，分属于 64 科 136 属，其中乔木 6 种，灌木 42 种，草本 142 种，蕨类 7 种，苔藓 24 种。下木及活地被物广布种类少，稀有种和偶见种居多，其中恒有度在 10%以上的物种有 21 个，占总种类数的 9.8%；恒有度低于 10%的有 193 种，占总种类数的 90.2%。高位芽植物种占总种类数的 19.5%，地面芽、地下芽、一年生植物、隐芽植物和苔藓种类占总种类数的 80.5%；多形成一个或少数几个种类占绝对优势的单优群落。以 Raunkiaer 方法和数量聚类分析法，结合立地条件和群落学特征，将巴山冷杉林划分为三大类型，即灌木、草类、藓类-巴山冷杉林和 26 亚类，根据林下主要优势层和次要层的优势种对各类型命名，并阐述了各类型主要特征。

关键词：巴山冷杉；群落学特征；生活型；群落类型划分

巴山冷杉（*Abies fargesii* Franch.）又名鄂西冷杉、洮河冷杉、太白冷杉，是我国特有的树种之一。分布区域南达川东、鄂西；东至豫西；西至甘南；北抵秦岭山脉[1]。其分布海拔在 2 450～3 300m，在下限巴山冷杉与牛皮桦（*Betula utilis* D. Don）林相连，在上限与太白红杉（*Larix chinensis* Beissn.）林相接。整个巴山冷杉林带呈现出参差不齐的外貌特点，林下灌木、活地被物层随海拔高度、林分郁闭度及林分起源、发展状况而不同。国内已有一些学者对巴山冷杉林群落类型划分进行了研究，但都是以群落的外貌为基础，以定性方式进行类型划分，由于没有设立足够数量的样地进行研究，因而结果存在着较大的出入[2-4]。

---

* 原载于：北京林业大学学报，2007，（S2）：222-226.

1 研究区概况

秦岭横贯我国中部，是温带和亚热带气候区的天然分界线，也是我国长江和黄河的分水岭。秦岭森林植被在水平地带上有逐渐的过渡性，在海拔梯度上形成明显的垂直带谱。秦岭主峰太白山位于秦岭中部，海拔 3767.2m，相对高差超过 3000m，形成明晰的垂直气候带、土壤分布带和生物种群带。其立地类型丰富，生物种类繁多，区系组成复杂，在生物多样性保护中具有极其重要的意义。秦岭植被是重要的水源涵养林，在水土保持、气候调节、水质净化、减灾抗洪以及游憩娱乐、丰富人民生活等诸多方面发挥着巨大作用。

2 研究方法

选择处于天然状态巴山冷杉林进行调查，以揭示巴山冷杉林的特征。辅以地形图、植被图及相关资料，根据海拔、地形、坡向及植被状况等因子选择标准地。标准地面积 20m×20m，在标准地内，测定全林分的郁闭度，记录立地因子、测树因子等，按 Braun-Blanquet 方法对林下活地被物分层调查；计算植物种恒有度值，进行土壤剖面调查。以 Raunkiaer 层片特征进行初步分类，运用数量聚类分析法[5]，结合立地条件和群落学特征进行进一步类型划分。

3 结果

3.1 秦岭巴山冷杉林群落种类组成

1）秦岭巴山冷杉林群落由 221 种植物组成，分属于 64 科 136 属，其中乔木 6 种，即巴山冷杉、太白红杉、牛皮桦、红桦（Betula albo-sinensis Burk.）、华山松（Pinus armandi Franch.）、高山柳（Salix cupularis）；灌木 42 种；草本 142 种；蕨类 7 种；苔藓 24 种。

2）下木及活地被物恒有度最高值为 0.73，恒有度在 60% 以上的有 5 种，占总种数的 2.3%；恒有度 10%～60% 的有 16 种，占总种数的 7.5%；恒有度低于 10% 的有 193 种，占总种数的 90.2%。表明巴山冷杉林林冠层郁闭度大，分布区立地条件严酷，小生境变化大，加之林下阴湿，光照不足，大多数灌木、草本不能很好地生长，因而广布种较少，稀有种和偶见种居多。

3）在调查的样地中，常常一个或少数几个种类占绝对优势，其他种类盖度极小，形成单优群落。这反映了巴山冷杉林生境的特殊性，即只能满足较少种类生长发育的要求。

4）在下木及活地被物层中，高位芽植物 42 种，占总种数的 19.5%；地面芽植物 53 种，占总种数的 24.7%；地下芽植物 56 种，占总种数的 26.0%；一年生植物 40 种，占总种数的 18.6%；苔藓 24 种，占总种数的 11.2%。地面芽、地下芽、隐芽植物和苔藓种类较多，反映了巴山冷杉林群落环境阴暗冷湿的特点。

3.2 秦岭巴山冷杉林群落类型及特征

根据巴山冷杉林下高位芽植物层片、地面植物层片、地下芽植物层片、一年生植物层片和藓类植物层片，初步将巴山冷杉林划分为三大类型，即灌木-巴山冷杉林，草类-巴山冷杉林和藓类-巴山冷杉林。灌木-巴山冷杉林林下有较多的多灌木种类，在林下形成了明显的高位芽植物层片。草类-巴山冷杉林草本层盖度较大，形成了明显的地面芽—地下牙——一年生植物层片。藓类-巴山冷杉林藓类发达，盖度大，为藓类植物层片。分别对灌木-巴山冷杉林、草类-巴山冷杉林和藓类-巴山冷杉林进行聚类分析，根据林下主要优势层和次要层的优势种来命名。各类型及特征如下。

1）塔藓［*Hylocomium splendens*（Hedw.）］-金背杜鹃（*Rhododendron clementinae* ssp. *aureodorsale* W. P. Fang）-巴山冷杉林 该林分主要分布于北坡海拔 2980m，在南坡分布于海拔 2930m 上下的地带，常与金背杜鹃灌丛相接，巴山冷杉生长缓慢，郁闭度 0.4～0.5，下木主要是金背杜鹃，偶见秀雅杜鹃（*Rhododendron concinnum* Hemsl.）、菰帽悬钩子（*Rubus pileatus* Focke）。上层木混有少量牛皮桦和落叶松（*Larix* spp.）。林下主要种类有大叶碎米荠（*Cardamine macrophylla* Willd.）、独叶草（*Kingdonia uniflora* Balf．f．et W. W. smith）、裸茎碎米荠（*Cardamine scaposa* O. E. Schulz.）、白花酢浆草（*Oxalis acetosella* Linn.）等。林分平均胸径 13.6cm，平均树高 6.5m。

2）细叶泥炭藓［*Sphagnum teres*（Schimp.）Angstr］-金背杜鹃-巴山冷杉林 分布于秦岭南坡海拔 3180m 左右的阴坡地带，上与太白红杉相接，上层木中混有少量落叶松，下木为金背杜鹃，地被层细叶泥炭藓完全覆盖。林分平均高 5.45m，平均胸径 15.1cm。

3）粗枝藓［*Gollania varians*（Mitt．）Broth.］-金背杜鹃-巴山冷杉林 分布于秦岭南坡海拔 2970m 的地带，上层木全为巴山冷杉，林分郁闭度 0.6 以上，下层木有金背杜鹃、陇塞忍冬（*Lonicera tangutica* Maxim.）、陕甘花楸（*Sorbus koehneana* Schneid.）、毛花忍冬（*Lonicera trichosantha* Bur. et Franch.）、冰川茶藨子（*Ribes glaciala* Wall）、华西忍冬（*Lonicera webbiana* Wall ex A. DC）、红毛五加（*Acanthopanax giraldii* Harms.）等，以金背杜鹃居多。地被层以粗枝藓为主，草类也多为耐荫湿种类，有肾叶橐吾（*Ligularia fischeri*（edeb.）Turcz.）、假报春［*Cortusa matthioli*（AL. Richt.）A. Los.］、川陕风毛菊（*Saussurea licentiana* Hsnd.-Mazz.）、高山露珠草（*Circaea alpina* ssp. *imaicola* Linn.）、太白山蹄盖蕨（*Athyrium taipaishanense* Ching）、独叶草、大黄（*Rheum officinale* Baill.）、太白洋参、太白乌头（*Aconitum taibeicum* Hand. -Mzt.）等。林分平均胸径 31.8cm，平均树高 18.9m。

4）毛状苔草（*Carex capilliformis* Franch.）-金背杜鹃-巴山冷杉林 分布于秦岭北坡海拔 2870m 和南坡海拔 3000m 的地带，与牛皮桦林相接，郁闭度 0.4～0.5。下木层发达，主要有金背杜鹃、秦岭蔷薇（*Rosa tsinglingensis* Pax et Hoffm.）、美丽悬钩子（*Rubus amabilis* Focke）、陇塞忍冬、菰帽悬钩子、华西忍冬等。草本层以毛状苔草为主，还有白穗苔草（*Carex polyschoena* Levl. et Vant.）、白花酢浆草、大叶碎米荠、伞房草莓（*Fragaria corymbosa* A. Los.）等植物。

5）锦丝藓［*Actinothuidium hooki*（Mitt.）Broth.］-秀雅杜鹃-巴山冷杉林 分布于

秦岭北坡海拔 2870m 的地带，与牛皮桦林相接。下木有秀雅杜鹃、秦岭蔷薇、红毛五加、陇塞忍冬、美丽悬钩子、以秀雅杜鹃占优势。地被层锦丝藓占优势。草本有毛状苔草、裸茎碎米荠、大叶碎米荠、轮叶黄精［*Poiygonatum verticillatum*（Linn.）All.］等。

6）钩枝镰刀藓［*Drepanocladus uncinatus*（Hedw.）Warnst.］-香柏［*Sabina wilsonii*（Rehd.）Cheng et L. K. Fu］-巴山冷杉林　分布于秦岭南坡海拔 3200m 的地带，处于巴山冷杉林分布的上限，乔木层由巴山冷杉和少数太白红杉组成，郁闭度 0.4。下木层多喜光种类，由香柏、冰川茶藨子、华西忍冬、陇塞忍冬、粘毛忍冬（*Lonicera fargesii* Franch.）、银露梅（*Dasiphora davurica* Kem et Klob.）组成，以香柏占优势。地被层钩枝镰刀藓占优势。草本层有披针苔草（*Carex lancedata* Boott）、大叶碎米荠、宽果红景天［*Rhodiola eurycarpa*（Frod.）S. H. Fu］、肾叶囊吾、太白洋参等。林分平均胸径 22.8cm，平均树高 8.4m。

7）毛状苔草（青毛藓）［*Dicranodontium denudatum*（Brid.）Britt.］-香柏-巴山冷杉林　分布于秦岭南坡海拔 3050m 地带，林分郁闭度小，树干尖削度大，天然整枝差。下层灌木以香柏为主，有少量陇塞忍冬和峨眉蔷薇（*Rosa omeiensis*）。地被层以毛状苔草、青毛藓占优势，有少量的大叶碎米荠、裸茎碎米荠、白花酢浆草、白花堇菜（*Viola patrinii* DC. ex Ging.）、太白虎儿草（*Saxifraga giraldiana* Engl.）等。林分平均胸径 16.8cm，平均树高 7.6m。

8）粗枝藓-陇塞忍冬-巴山冷杉林　分布于秦岭南坡海拔 3030m 的中坡地带。林分郁闭度 0.6，天然整枝好，树干通直。下木由陇塞忍冬、金背杜鹃、细枝茶藨子（*Ribes tenue* Jancz.）、糖茶藨子（*R.emodense* Rehd.）、秦岭蔷薇、银露梅组成，以陇塞忍冬占优势。活地被物层以粗枝藓占优势，其他为细茎囊吾［*Ligularia hookeri*（C. B. Clarke）Hand. -Mazz.］、大叶碎米荠、贫花三毛草（*Trusetum pauciflorum* Keng）、黄腺香青（*Anaphalia aureopunctata* Lingelsh et Borza）、大耳风毛菊（*Saussurea macrota* Franch.）、长果升麻［*Souliea vaginata*（Maxim.）Franch.］。林分平均胸径 22.9cm，平均树高 14.8m。

9）狭叶小羽藓（*Haplocladium schwetschkeoides*）-银露梅-巴山冷杉林　分布于秦岭南坡海拔 2900m。上层木由巴山冷杉、牛皮桦及少量的太白红杉和高山柳组成，林分郁闭度 0.5，天然整枝差。下木由银露梅、金背杜鹃、香柏、川滇绣线菊（*Spiraea schneideriana* var. *amphidoxa* Rehd.）、陇塞忍冬等组成，以银露梅占优势。活地被物层由狭叶小羽藓、青菅（*Carex leucochlora*）、太白洋参、川陕风毛菊、大耳风毛菊、毛杓兰（*Cypripedium franchetii* Wils.）、大叶碎米荠等组成，以狭叶小羽藓占优势。

10）狭叶小羽藓-冰川茶藨子-巴山冷杉林　分布于秦岭南坡海拔 2800m 的半阳坡，林分郁闭度 0.6。上层木混有少数牛皮桦，下层木由冰川茶藨子、糖茶藨子、毛花忍冬（*Lonicera trichosantha* Bur. Et Franch）、粘毛忍冬、袋花忍冬（*L . saccata* Rehd.）、陕甘花楸、刺悬钩子（*Rubus pungens* Camb.）等组成，以冰川茶藨子占优势。活地被物层由狭叶小羽藓、肾叶囊吾、青菅、高山露珠草、森林糙苏（*Phlomis umbrosa* Turcz. var. *Sylvaticus* S. T. Fuet J. Q. Fu）、高原天名精（*Carpesium lipskyi* Winkl .）等组成，以狭叶小羽藓占优势。林分平均胸径 27.1cm，平均树高 19.8m。

11）云南光叶冬青-巴山冷杉林　分布于秦岭南坡海拔 2480m 的地带，接近巴山冷杉林分布的下限，与牛皮桦林相接。上层木混有少量的牛皮桦和华山松，林分郁闭度 0.5。

下木由云南冬青（*Ilex yunnanensis* Fr.）、秀雅杜鹃、桦叶四蕊槭（*Acer tetramerum* var. *betulifolium* Rehd.）、袋花忍冬、弓茎悬钩子（*Rubus flosculosus* Focke）、山梅花（*Philadephus incanus* Koehne）、青夹叶［*Helwingia japonica*（Thunb.）Dietr.］、冰川茶藨子等组成，以云南冬青、弓茎悬钩子占优势。活地被物层以假冷蕨（*Pseudocystopteris spinulosa*（Maxim.）Ching）、贫花三毛草、齿边青藓［*Brachythecium buchanaii*（Hedw.）Jaeg.］占优势，并混生有青菅、小叶丁香（*Syringa microphylla* Diels）等。林分平均胸径 25.2cm，平均树高 17.3m。

12）箭竹-巴山冷杉林　分布于秦岭南坡海拔 2650m 左右的地带。林分郁闭度 0.5～0.6。下木层以箭竹［*Sinarundinaria nitida*（Mitford）Nakai］占优势，并混有腾山柳（*Clematoclethra laeioclada* Maxim.）、弓茎悬钩子、冰川茶藨子、纤齿卫矛（*Euonymusgiraldii* Loes.）等。草本层由青菅、毛状苔草、高山露珠草、裸茎碎米荠、白花酢浆草、假冷蕨等组成。林分平均胸径 14.8 cm，平均高 9.4m。

13）毛状苔草-肾叶橐吾-巴山冷杉林　分布于秦岭南坡 2660～2700m 的阴坡地带，林分郁闭度 0.6。下木层主要有陇塞忍冬、袋花忍冬、刺悬钩子（*Rubus pungens* Camb.）、糖茶藨子等，数量少，盖度小。活地被物层以肾叶橐吾占优势，其他种类有毛状苔草、纤细金腰子（*Chrysosplenium giraldianum* Engl.）、川陕风毛菊、高原天名精、高山露珠草等喜湿植物。林分平均胸径 19.5cm，平均树高 14.5m。

14）塔藓-青菅-巴山冷杉林　分布于秦岭南坡海拔 2710m 的地带。上木层混有少量牛皮桦及太白红杉，林分郁闭度 0.7～0.8。下木层有袋花忍冬、箭竹、刺悬钩子、川鄂小檗（*Berberis henryana* Schneid.）等种类零星分布。活地被物层以青菅、毛状苔草、塔藓占优势，其他种类还有川赤勺（*Paeonia veitchii* Lynch.）、狭叶小羽藓等。林分平均胸径 25.4cm，平均树高 18.4m。

15）小白齿藓（*Leucodon pendulus* Lindb.）-青菅-巴山冷杉林　分布于秦岭南坡海拔 2 760m 的地带。乔木层由巴山冷杉和牛皮桦组成，郁闭度 0.7。下木层由陇塞忍冬、冰川茶藨子、华西忍冬等组成。活地被物层有青菅、白花酢浆草、肾叶橐吾、高原天名精、蛛毛蟹甲草［*Cacalia roborowskii*（Mitford）Nakai］、小白齿藓等，以青菅占优势，小白齿藓次之。林分平均胸径 30cm，平均树高 20.8m。

16）粗枝藓-甘肃针毛（*Stipa przewalskyi* Roshev.）-巴山冷杉林　分布于秦岭北坡海拔 2 860m 的地带。上木层混有少量牛皮桦组成，郁闭度 0.7～0.8。下木层菰帽悬钩子和峨眉蔷薇零星分布。活地被物层多为耐荫植物，主要有：甘肃针毛、川陕风毛菊、大叶碎米荠、假报春、裸茎碎米荠、伞房草莓、白齿藓［*Leucodon sciuroides*（Hedw.）Schwaegr.］、粗枝藓等，以甘肃针毛占优势，粗枝藓次之。林分平均胸径 15cm，平均树高 9.5m。

17）粗枝藓-青菅-巴山冷杉林　分布于秦岭南坡海拔 2800～3000m 的半阴坡地带。上木层有少量牛皮桦，郁闭度 0.5～0.8。下木层种类较多，有糖茶藨子、峨眉蔷薇、华西忍冬、川鄂小檗、陇塞忍冬、细枝茶藨、秦岭蔷薇、陕甘花楸等，盖度小，零星分布。活地被物层由青菅、肾叶橐吾、白鳞苔草、野藁本（*Ligusticum sinense* Oliv. var. *alpinum* Shan）、伞房草莓、鞭打绣球（*Hemipgragma heterophyllum* Wall.）、假冷蕨、萌生鼠尾草

（*Salvia umbrtica* Hance）、粗枝藓等构成，以青菅、粗枝藓、肾叶橐吾占优势。林分平均胸径 17.8～25.6cm，平均树高 11.8～18.2m。

18）白穗苔草-巴山冷杉林　分布于秦岭南坡海拔 2900～3180m 的地带。上木层郁闭度 0.5，下木层种类较多，有华西忍冬、金背杜鹃、陇塞忍冬、冰川茶藨子、秦岭蔷薇、陕甘花楸、箭竹等，但数量和盖度较小。活地被物层以白穗苔草占优势，主要有伞房草莓、黄腺香青、异叶亚菊［*Ajania varrifolia*（Chang）Tzvel.］、川陕风毛菊、肾叶橐吾、珠芽蓼（*Polygonum viviparum* Linn.）、垂穗披碱草（*Elymus nutans*）、贫花三毛草、残叶牛舌藓（*Anomodon tyhraustus* C. Muell.）等。林分平均胸径 24.4cm，平均树高 15.8m。

19）川陕风毛菊-毛状苔草-巴山冷杉林　分布于秦岭南坡海拔 3050m 的地带。上木层混有少量的牛皮桦及太白红杉，郁闭度 0.5～0.7。下木层有金背杜鹃、峨眉蔷薇、袋花忍冬、陇塞忍冬、冰川茶藨子等，数量很少，盖度小。活地被物层盖度 80%～90%，以毛状苔草和川陕风毛菊占优势，其他种类有假报春、管花鹿药（*Smilacina tudifera* Batalin）、肾叶橐吾、宽果红景天、大花糙苏（*Phlomis megalantha* Diels）、太白虎耳草、太白东俄芹［*Tongoloa silaifolia*（De boiss.）Wolff］、黄腺香青、膨囊苔草（*Carex lehmannii* Drejer）等。林分平均胸径 18.5～19.9cm，平均树高 9.7～10.8m。

20）钩枝镰刀藓-青菅-巴山冷杉林　分布于秦岭南坡海拔 3160m 的地带。上木层混生有少量太白红杉，郁闭度 0.4～0.5。下木层有冰川茶藨子、银露梅、金背杜鹃、陕甘花楸、陇塞忍冬、华西忍冬、川柳（*Salix hylonoma* Schneid.）等，盖度较小。活地被物层植物种类较多，主要有青菅、毛状苔草、杨叶风毛菊（*Saussurea plpulifolia* Hemsl.）、伞房草莓、细弱早熟禾（*Poa nemoralis* var. *tenella*）、珠芽蓼、肾叶橐吾、宽果红景天、太白洋参、川陕风毛菊、钩枝镰刀藓等，以青菅、钩子镰刀藓、毛状苔草占优势。林分平均胸径 18.5cm，平均树高 9.4m。

21）钩枝镰刀藓-早熟禾-巴山冷杉林　分布于秦岭南坡海拔 3190m 的林带，接近巴山冷杉林分布上限。乔层木由巴山冷杉和太白红杉组成。优势木多为太白红杉，亚优势木、中等木、下层木基本为巴山冷杉，乔木层郁闭度 0.4。下木层种类较多，主要有：峨眉蔷薇、银露梅、香柏、刚毛忍冬（*Lonicera hispida* Pall. ex Roem. et Schul.）、金背杜鹃、陕甘花楸、头状杜鹃（*Rhododendron capitatum* Maxim.）等，但盖度较小。活地被物层种类有早熟禾、伞房草莓、管花鹿药、宽果红景天、珠芽蓼、杨叶风毛菊、二叶舞鹤草［*Maianthemum bifolium*（Linn.）F. W. Schmidt］、异叶亚菊、钩枝镰刀藓等，以早熟禾和钩枝镰刀藓占优势。林分平均胸径 13.5cm，平均树高 6.3m。

22）塔藓-巴山冷杉林　分布于秦岭南坡海拔 2670～3000m 的地带，生境幅度较宽。乔木层郁闭度 0.5～0.8。下木层种类变化较大，但数量和盖度小，主要种类有陇塞忍冬、陕甘花楸、秦岭蔷薇、川鄂小檗、红毛五加、袋花忍冬、细枝茶藨、冰川茶藨、菰帽悬钩子、美丽悬钩子等。活地被物层植物种类有塔藓、肾叶橐吾、大叶碎米荠、白花酢浆草、毛状苔草、膨囊苔草、白花堇菜、双花堇菜（*Viola biflora* Linn.）、高原天名精、高原露珠草、太白山蹄盖蕨等，以塔藓占优势。林分平均胸径 25.2cm，平均树高 12.7m。

23）大羽藓（*Thuidium franchetii* Wils.）-巴山冷杉林　分布于秦岭北坡海拔 2 950m 和南坡海拔 2700～2930m 的地带。上木层由巴山冷杉和牛皮桦构成，林分郁闭度 0.5～

0.8。下木层植物种类有金背杜鹃、峨眉蔷薇、陇塞忍冬、细枝茶藨、陕甘花楸、红毛五加等。活地被物层以大羽藓占优势，草本有毛状苔草、青菅、川陕风毛菊、肾叶橐吾、高原天名精、株毛蟹甲草等。林分平均胸径 21cm，平均树高 13.5m。

24）粗枝藓-巴山冷杉林　分布于秦岭北坡海拔 2860～2970m 的阴坡地带。上木层由巴山冷杉和牛皮桦组成，林分郁闭度 0.8。下木层较少，有红毛五加、陇塞忍冬、菰帽悬钩子、秀雅杜鹃等。活地被物层植物种类有粗枝藓、青菅、白花酢浆草、独叶草、大花糙苏、珠芽蓼、假报春、裸茎碎米荠等，以粗枝藓占优势。林分平均胸径 14.3cm，平均树高 10.4m。

25）陕西白齿藓（*Leucodon exaltatus* C. Muell.）-巴山冷杉林　分布于秦岭南坡海拔 3090m 的阳坡地带。郁闭度 0.5。下木层陇塞忍冬和陕甘花楸零星分布。活地被物层植物种类较多，有陕西白齿藓、川陕风毛菊、肾叶橐吾、太白虎儿草、黄腺香青、太白山蹄盖蕨、秦中紫菀（*Aster giraldii* Diels.）等，以陕西白齿藓占优势。林分平均胸径 20.4cm，平均树高 10.3m。

26）绢藓［*Entodon cladorrhizans*（Hedw.）C. Muell］-巴山冷杉林　分布于秦岭南坡海拔 2 860m 的阴坡地带，郁闭度 0.6。下木层有细枝茶藨子、美丽悬钩子、陇塞忍冬、陕甘花楸、峨嵋蔷薇等，呈零星分布。活地被物层植物种类有绢藓、肾叶橐吾、青菅、野藁本、假冷蕨、窄翼风毛菊（*Saussurea frondosa* Hand. -Mazz.）、穿心莲乌头（*Aconitum sinomontanum* Nakai）、荫生鼠尾草、白花堇菜等，以绢藓占优势。林分平均胸径 24.3cm，平均树高 14.5cm。

参 考 文 献

[1] 牛春山. 陕西树木志. 北京：中国林业出版社，1990.

[2] 朱志诚. 秦岭太白山森林主要类型特征及其分布研究. 陕西林业科技，1981，（5）：29-39.

[3] 刘建军. 太白山巴山冷杉林初步研究. 西北林学院学报，1995，10（1）：9-14.

[4] 李家骏. 太白山自然保护区综合考察论文集. 西安：陕西师范大学出版社，1989.

[5] 阳含熙. 植物生态学的数量分类方法. 北京：科学出版社，1983.

黄土高原天然柴松林群落学特性的初步研究*

刘政鸿

摘要

通过对陕西富县大麦秸沟地区柴松群落的调查研究，用 STATISTICA 软件进行聚类分析，将其划分为 4 个类型：胡枝子柴松林、水枸子柴松林、铁扫帚柴松林和狼牙刺柴松林；得出了柴松种群以缓慢增长为特征的年龄结构、有大量幼苗补充但幼树高死亡率的更新特点以及幼龄林即发生邻接效应的自疏规律，并预测了该林分趋于稳定的发展趋势。

关键词：柴松；群落学；黄土高原；年龄结构

柴松（*Pinus tabulaeformis* f. *shekannesis*）又称陕甘油松，是油松在黄土高原发生的变异类型[1]，亦有人认为其是油松在黄土高原上的生态型。柴松生长较油松稍快，树皮光滑，树干通直，天然整枝好，材质较油松软。由于柴松树体高大，干形通直，单株及林分高、径、蓄积生长都高于油松，被誉为黄土高原上的珍贵优良树种。自 1956 年以来，该林分经当地近 50a 的精心管护，面积及蓄积都有较大提高，林下天然更新良好[2]。天然林在改善生态环境中有着不可替代的作用，同时该林分也是陕北黄土高原不可或缺的珍贵乡土树种基因库，应对柴松林加以保护，合理经营，同时发展柴松林，扩大森林资源。以前曾对本区柴松林做过许多调查，多侧重于其形态及分类学研究，没有涉及群落类型及动态方面研究，因而对其群落进行系统研究有着重要意义。

1 调查区自然概况与研究方法

柴松所在地为陕西省富县大麦秸沟（桥北局和尚塬林场辖），属暖湿气候，年平均气温 9℃左右，最低气温-22.7℃，最高气温 35.7℃，全年≥10℃的积温 2800℃，年平均降雨量 600mm 左右，6～8 月占全年降雨量 50%，年相对湿度 60%，无霜期 165d。柴松生长于西北坡、东坡和北坡，海拔 1200～1450m，林内坡度变化大，为 10°～70°，多为 30°～40°，土壤为灰褐色森林土，土层深厚，枯枝落叶层（针叶为主）厚度局部地段可达 10cm，一般为 5cm，林内 pH 为 7.4～7.9，通常由表层至深层逐渐增大，土壤腐殖质

---

* 原载于：西北植物学报，2003，23（9）：1486-1490.

含量为 3.6%～7.5%，土壤含氮多为 0.10%～0.22%[3]。

天然柴松次生林层次结构明显，一般可分为乔木层、灌木层和草本层，乔木层覆盖度多为 60%～70%，其中柴松占绝对优势，混生有极少的辽东栎（*Quercus liaotungensis*）、茶条槭（*Acer ginnala*）、山杏（*Prunus armeniaca*）、山杨（*Populus davidiana*）和漆树（*Toxicodendron vernicifluum*），灌木层盖度为 5%～55%，成分约 20 种，优势种为胡枝子（*Lespedeza bicolor*）、虎榛子（*Ostryopsis davidiana*）、水栒子（*Cotoneaster multiflorus*）等，草本盖度在 5%～25%，成分约 40 种，优势种为大披针苔（*Carex lanceolata*）、异叶败酱（*Patrinia heterophylla*）、野菊（*Dedranthema indicum*）等。

按年龄、密度、群落类型、海拔、坡向、坡度等因素，在和尚塬林场大麦秸沟营林区 154、147、151 三林班共设标准地 30 个，由于研究地处于北温带，乔木层、调查和样地面积定为 400m²（即 20m×20m）[4]，灌木层及更新调查依据种-面积曲线（图 1）定为 10m×10m。

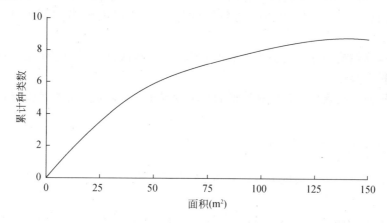

图 1　柴松林灌木层种-面积曲线

依据种-面积曲线（图 2），草本则是在乔木层下设 5 个小样方，每个为 3m×3m。记载各测树和立地因子。

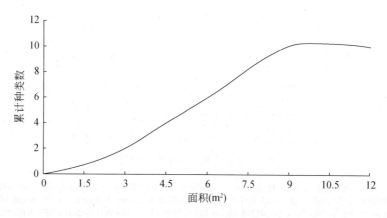

图 2　柴松林草本层种-面积曲线

2 结果与分析

2.1 柴松林的外貌、结构特征

柴松集中分布于黄土高原陕甘交界的子午岭富县大麦秸沟,临近的大南沟、松树沟也有零星分布,但在黄土高原其他地方未见分布。该地区属暖湿气候,降雨充沛,生态条件优越,因而柴松林林相较好,普遍表现出良好的生长优势,在林内平坦地带偶见,少许林窗及伐木便道,林缘处则有人为割脂、焚烧等现象。总的说来,柴松林生长旺盛,高度和郁闭度较一致,林相较密,只是在较干旱的阳坡郁闭度下降。

柴松林分布于暖温带森林区,表现为典型的温带针叶林,几乎全部为纯林。林内,柴松占绝对优势,东坡、南坡混生有极少量的辽东栎、茶条槭等该区典型阔叶树种,混生树种生长良好,充分说明该区的条件优越,北坡混生较多的侧柏(*Platycladus orientalis*)。

柴松林层次结构明显分为乔木、灌木、草本层,构成林下层的层下植物种类多,盖度大,优势种明显。

从以上观察分析表明,柴松林种群的环境变异不大,以坡向和坡度变异占主导,林木生长趋于一致。

2.2 柴松林群落类型及分布

为了划分群层类型,根据调查资料对 24 个样地的下木盖度用 STATISTICA 软件进行聚类,结果如图 3 所示。

在距离系数 20 时得到满意群落类型划分结果,将柴松天然次生林划分为 4 个群层,并以优势灌木对每一群落类型命名。

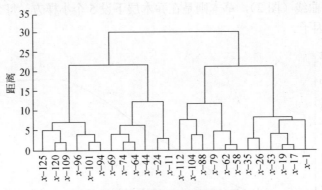

图 3 柴松林灌木盖度聚类结果

注:x–1 为样地 1;x–11 为样地 2;x–17 为样地 3;x–19 为样地 4;x–24 为样地 5;x–26 为样地 6;x–35 为样地 7;x–44 为样地 8;x–53 为样地 9;x–58 为样地 10;x–62 为样地 11;x–64 为样地 12;x–69 为样地 13;x–74 为样地 14;x–79 为样地 15;x–88 为样地 16;x–94 为样地 17;x–96 为样地 18;x–101 为样地 19;x–104 为样地 20;x–109 为样地 21;x–112 为样地 22;x–120 为样地 23;x–125 为样地 24。

（1）胡枝子柴松林

该类分布于西坡，坡度较缓，立地条件好，枯枝落叶层厚 10cm，A_1 厚 8cm，为柴松纯林，样地海拔 1060m，坡向 270°，林木组成以柴松占优势，仅见两株辽东栎，一株侧柏混生其间，林层均高 23m，优势灌木为胡枝子，盖度 30% 以上，其次为绣线菊（*Spiraea fritschiana*）、黄蔷薇（*Rosa hugonis*）、狼牙刺（*Sophora davidii*）、铁扫帚（*Indigoferabungeana*）、水栒子、三裂叶蛇葡萄（*Ampelopsis delavayana*）、刚毛忍冬（*Lonicera hispida*）、山莓（*Rubus parvifolius*）等，总盖度 50%，平均高 25cm。草本由野菊、大披针叶苔、山棉花（*Pulsatilla chinensis*）、黄背草（*Themeda trianda* var. *japonica*）、燕麦（*Avena fatua*）组成，总盖度 60%。

（2）水栒子柴松林

该类型出现于较湿润的北坡，枯枝落叶层厚 5cm，A_1 层厚 8cm，样地海拔 1100m，坡向 345°，坡度 7°。林木组成以柴松为主，林内仅有两株辽东栎混生，上层林层高 26m，下层高 12m，呈异龄复合林相。优势灌木为水栒子，盖度达 40%，其次为绣线菊、胡枝子、盘叶忍冬（*Lonicera tragophylla*）、红瑞木（*Cornus alba*）、玉竹（*Polygonatum odoratum*）、接骨木（*Sambucus sieboldiana*）、刚毛忍冬、穿龙薯蓣（*Dioscorea nipponica*）、铁扫帚等，总盖度 70%，均高 200cm。草本层由大披针苔、野菊、异叶败酱、山棉花等组成，总盖度 30%，均高 10cm。

（3）铁扫帚柴松林

该类型位于东坡，有较好水分条件，林层郁闭大，灌木盖度低，枯枝落叶层厚 5cm，A_1 层 8cm，样地海拔 1060m，坡向 100°，坡度 16°，林木组成为柴松纯林，未见其他树种侵入，林层高 30m，郁闭度 0.8，林内潮湿。优势灌木为铁扫帚，盖度 15%，其次为绣线菊、胡枝子、刚毛忍冬、红瑞木等，总盖度 20%，均高 15cm，草本由大披针苔、野棉花、野菊组成，总盖度 50%，均高 10cm。

（4）狼牙刺柴松林

该类型所占份额较少，位于陡峭南坡，立地较其类型恶劣，较干旱，枯落层厚 2cm，A_1 层厚 5cm，样地海拔 1060m，坡度 45°，坡向 170°。林木组成：4 柴 +4 侧 +2 辽东栎，呈疏林散生状，林木高变较低，郁闭度 0.4，主林层柴松高 22m，下层侧柏高 5m，辽东栎高 7m。林下小灌木以狼牙刺、黄蔷薇等耐旱种为主，分布不均，优势灌木狼牙刺盖度 5%，其次还有野葡萄（*Vitis pisasezkii*）、铁扫帚、天门冬（*Asparagus cochinchinensis*）、水栒子等，总盖度 8%。草本层有大披针苔、茜草（*Rubiacordi folia*）、沙参（*Adenophora elata*）、野艾蒿（*Artemisia vulgaris*）、葛藤（*Pueraria lobata*）、蒙古蒿（*Artemisia mongolica*）等，总盖度 15%。

2.3　柴松种群年龄结构与存活曲线分析

年龄结构是指按龄分组，统计各龄级个体数并做出直方图，其特征用年龄金字塔表示，从年龄结构可以分析和预测种群的动态特征，同时从生存曲线也可以看出种群的未来发展趋势[5]。因此，研究种群的存活曲线对于了解种群发生、发展有重要意义。

　　胡枝子柴松林、水栒子柴松林、铁扫帚柴松林 3 种类型在分布区所占比例极大，种群年龄结构也表现出一致性，限于篇幅，在此仅以胡枝子柴松林的种群结构特点来说明。

　　从年龄结构（图 4）上看，柴松种群小树补充率略大于死亡率，但幼苗补充量极大，此种群仍属缓慢增长型。从生存曲线（图 5）上看，其拟和线性函数关系为 $y=-0.586x+2.1605$（$R^2=0.3094$），具有增长型种群的特征，为较稳定的缓慢增长型种群。

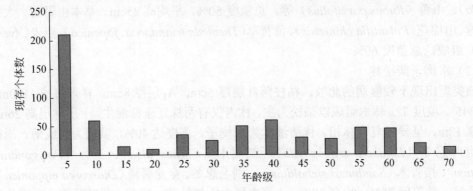

图 4　柴松种群年龄结构

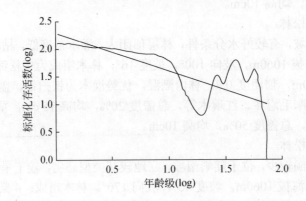

图 5　柴松种群生存曲线

2.4　松林的天然更新规律

　　陕西省林学会森林经营专业委员会 1986 年 7 月调查，认为该地柴松林的平均林龄为 12a[6]，但是，这次调查发现本区老龄个体（超过 100a 者）只分布于个别生境，绝大部分林分在 20～60a，没有存活到生理寿命，综合考察原因，人为干扰是最重要的原因，这片次生林无疑遭受过严重的破坏，至今仍存在的少许伐木林窗即是明证，后期由于得到重视，加强了人工管护，林窗更新形成了今天的异龄林。

　　（1）不同林分郁闭度、密度下的幼苗更新

　　在典型生境（条件较一致）之东北、东、东南三坡向选取样地作图，发现随着柴松林密度、盖度不同，它的更新发生逐渐变化，由图看出林下幼苗幼树最低也不低于 50

株，高者在 200 株以上（图 6），普遍更新良好，随着林分郁闭度的加大，它的更新数量也逐渐减少，说明随着林分密度加大，种内竞争特别是对光因子的竞争加大，而在林分高密度下出现的大量更新幼苗幼树，又表现柴松有一定的耐阴性。

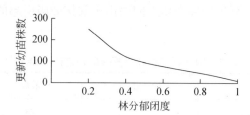

图 6　林分平均胸径与最大密度的关系

（2）典型生境下柴松的林下更新

对具有代表性的胡枝子柴松林内标地的苗高进行分级比较，统计幼苗，幼树的高度级特点，来说明在典型生境（东北、东、东南坡向）下，柴松林的林下更新特点。

表 1 表明，幼树幼苗长 100cm 以下者占 64.6%，其中 50cm 以下占 44.3%，150～300cm 占 28.5%，3m 以上者极少，这种种群高度级的配置特点也从一个侧面说明了柴松的耐阴性及种内对光因子的激烈竞争性。同时，也表明柴松种群幼苗度较大，幼树数量也大，但从小树（1～1.5m 高）转化时经历了一次高强度的环境筛选，静态地看，转化率只有 8.1%，在小树向次林层转化时又经历了一次强烈的自然稀疏，结果是只有 1%幼苗最终冲破环境阻力而进入乔木层。表明了柴松林高幼树、幼苗率，低转化率的林下更新特点。

表 1　柴松幼树的苗高度级配置表

苗高（m）	0～0.5	0.5～1	1～1.5	1.5～2.0	2.0～3.0	>3.0
数量（100m²）	85	39	11	27	28	2
所占比例（%）	44.3	20.3	5.8	14.1	14.4	1.0

（3）典型生境柴松林下阔叶树种更新

在典型地段柴松林几乎为纯林，极少有阔叶杂木混生，但是却有大量的阔叶树幼苗。由于柴松占主导地位，这样幼苗难以转化成幼树，而最终进入主林层的机会更小，茶条槭 20cm 以下幼苗较多，20cm 以上已不多见，辽东栎（实生苗和根蘖苗）50cm 以下较多，另外多见的还有杜梨、山桃、山杏等树种的幼苗。

（4）狼牙刺柴松林的林下更新

这类林分分布在陡峭阳坡，群落内混生大量侧柏，同时还有杜梨、辽东栎等，林下灌木以狼牙刺、黄蔷薇、酸枣等耐旱种占优势，林分郁密度低，土壤瘠薄、干旱，人为干扰严重。柴松是具有耐阴性的树种，在这种环境下已无法天然更新，群落更新是以侧柏为主的。在这一地段尤应加强人工管护，避免生态进一步恶化。

可见林下更新的幼苗幼树是很少的，而且全是侧柏、辽东栎、杜梨等阳性树种，未见柴松实生苗和 200cm 以内幼树（表 2），说明此处柴松群落处于衰退阶段，林分将演变为侧柏林。

（5）柴松林的自疏及种内竞争

植物种群自然发展过程中，不断有个体死亡，出现随时间进展种群密度下降现象，称为自然稀疏，同时又可分为同种个体之间的由于邻接效应引起的自疏作用和其他种引起的他疏作用[7]。

表2 狼牙刺柴松林下更新树种统计（400m²）

树种	平均年龄（a）	株数	百分比（%）
侧柏（Platycladus orientalis）	17	28	60
楝（Melia azedarach）	2	6	12.77
辽东栎（Quercus liaotungensis）	1	6	12.77
杜梨（Pyrus betulaefolia）	8	7	14.7

大麦秸沟的柴松林可看作是郁闭纯种种群，其林分密度极大，其他树种及灌木层只能占从属地位，因而在这样的林分中自疏作用远远大于他疏作用，幼龄林即发生邻接效应。在试验区内选取已发生自疏的林分9块（表3），采用Reineke的林分密度指标法（SDI）[7]，对柴松林植株平均大小与其密度关系做出规律性预测。

Reineke以下式描述密度与直径关系。

$$N = a \cdot D^{-b}$$

式中，a、b为待定参照，N为最大密度，D为平均直径。

表3 柴松林最大密度与平均胸径及年龄的关系

密度（株/hm²）	胸径（cm）	林龄（a）	林分号
4910	3.0	20	1
4812	4.7	23	2
4788	6.0	26	3
4624	7.5	31	4
3513	11.0	34	5
2102	14.5	37	6
964	17.0	43	7
723	22.5	54	8
643	24.0	56	9

对表3中数据进行拟合得到以下方程。

$$N = 27021D^{-1.0775}$$

Reineke对14个树种的模拟得到经验方程[8]。

$$N = aD^{-1.605}$$

图 6 显示了模拟结果，b 值与经验方程有差距，可能与树种有关，也表明柴松对竞争忍受性较大。在自疏前期速度较快，后期放慢，界限值在胸径为 11cm，即林龄约为 34a。

3 讨论与结论

1）柴松林是陕北黄土高原不可或缺的珍贵乡土树种基因库，应对柴松加以保护，合理经营，使这一宝贵的陕北树种充分发挥其生态效益和社会效益。

2）柴松林群落的生存环境较一致，群落变异以坡向和坡度变异占主导地位，依据林下优势灌木盖度用 STATISTICA 软件进行聚类，将其划分为胡枝子柴松林、水枸子柴松林、铁扫帚柴松林、狼牙刺柴松林 4 种类型。

3）柴松林种群年龄结构与生存曲线具有增长型种群的特征，表明这是一个较稳定的缓慢增长型种群。

4）在典型地段，随着林分郁闭度的加大，柴松幼苗更新数量逐渐减少，幼苗最终冲破环境阻力而进入乔木层要经历两次高强度的环境筛选，只有 1%幼苗最终进入主林层；阔叶树幼苗难以转化成幼树、大树进入主林层；狼牙刺柴松林中柴松种群已无法天然更新，处于衰退阶段。

5）典型地段柴松种群自然稀疏以自疏为主要方式，自疏前期速度较快，后期放慢，界限值在胸径为 11cm，林龄约为 34a。

致谢：本文是在陈存根教授精心指导下完成，特此致谢!

参 考 文 献

[1] 朱志诚. 柴松——少脂油松生态型形成的初步分析. 陕西林业科技, 1987,（4）：1-2.

[2] 陕西省林业科学研究所, 陕西省防护林建设工作队. 陕西主要树种造林技术. 西安：陕西科学技术出版社, 1992：14-15.

[3] 朱志诚, 黄可, 李继瓒, 等. 柴松林的基本特征. 陕西林业科技, 1988,（3）：1-2.

[4] 关玉秀, 张守攻. 竞争指标的分类及评价. 北京林业大学学报, 1992,（4）：1-8.

[5] 郑元润, 张新时, 徐文铎. 沙地云杉种群增长预测模型研究. 植物生态学报, 1997, 21（2）：130-137.

[6] 陕西森林编辑委员会. 陕西森林. 西安：陕西科学技术出版社, 1989：150-151.

[7] 郑元润, 徐文铎. 沙地云杉种群调节的研究. 植物生态学报, 1997, 21（4）：17-23.

植物群落排序方法概述[*]

彭 鸿 张仰渠 陈存根

———摘要

总结了几十年来植物群落排序研究的成果，探讨了各种排序方法在植物群落分析应用中的优点和不足之处，并对排序的有效性进行了讨论。

关键词：植物群落；排序；方法

对植被的变异进行合理的环境解释是植被科学的传统方法。排序的技术正像其他分析技术一样是揭示植被与环境的工具之一[1, 2]。它强调植物群落分布连续性的特点，依据环境梯度或坐标来排列取样或物种，其实质在于按环境因子的抽象梯度或在一个理论空间把群落定位[2]。排序方法被用于植物群落分析开始于 20 世纪初期，由于不同学派的发展产生了许多不同的技术。它们都是把实体作为点，在以属性为坐标轴的几维空间中，按其相似关系把它们排列出来。因实现排序的策略不同，各种排序利弊兼有。本文的目的在于总结各种排序方法以及在植物群落学中应用的成果，对于排序的复杂数学过程不去深究。

1 早期的排序技术

排序作为一种植被材料的分析方法，起初是比较简单的，由于技术手段的限制，早期的排序数学方面的基础并不复杂，通过手算再加上人为的判断即标志着一个排序问题的完成[3]。加权平均（weighted average）和极点排序（polar ordination，PO）是 20 世纪 50 年代到 60 年代较为通用的排序方法。

1.1 加权平均和直接梯度分析

加权平均即样地或种在排序轴上的得分是由各种或样地在梯度上的权值与其丰富度（或重要值等）决定的。样地或种的得分由下式给出。

$$S_j=A_{ij} W_i/A_{ji} \tag{1}$$

式中，S_j 为样地（或 j 种）j 坐标轴上的得分，W_i 为种 t 在某一指标梯度上的权重，A_{ij}

———

* 原载于：西北林学院学报，1993，8（4）：90-95.

为样地 j 内种 i 的重要值。

加权平均的技术是由几位学者分别独自发现并用于环境梯度分析。当用环境的数据去排序样地或种时就是直接梯度分析（direct gradient analysis）。直接梯度分析实质上是用加权平均的技术对种或样地在一可鉴别的环境梯度上进行排序。较为成功的直接梯度分析文献出自 Whittaker 于 1951 年对威斯康星州山地森林植被在地形湿度梯度上的分析。物种的权值是由其在地形湿度梯度（旱生……湿生）反应特征给出。可见，这需要较为全面的种和立地的关系的知识，因此在应用中受到限制。在 20 世纪 60 年代后几乎没有直接梯度分析的例证[4]。Curtis 和 McIntosa 于 1951 年应用加权平均的技术分析了南威斯康星高地森林的演替规律，他们在认定的演替梯度上，给出了各物种向顶级阶段趋近的权值即顶极适应值（clamix adaptation values），从而完成了在演替梯度上森林群落的排序分析。加权平均的技术对种或样地的排序计算简单，但它所掺杂的人为判断成分太多，并不是大多数人都具备这样的知识。野外复杂的环境因子通常不是孤立和易于掌握的，因此它的应用并不普遍，该技术产生后虽有各种改进技术的发展，但随着其他排序技术的产生逐渐被取代，在 60 年代后的文献中这种排序技术就很少了[4, 5]。

1.2　极点排序

极点排序的方法是 Bray 和 Curtis 于 1957 年设计的，并被广泛应用于植物生态学的研究领域之中，它是按照样地或种之间相似性来构筑排序轴，在一定程度上避免了主观选择环境轴的缺陷，其计算程序如下。

1）按所取得的 m 个种 n 个样方的资料计算相关系数矩阵 S。

2）选择 S 中最大值 D_{ij} 所代表的两个样方为第一轴的两个端点（这样的端点也可根据需要而自定），其他样地的坐标值由公式

$$X_h = \frac{D_{ij}^2 + D_{ih}^2 - D_{jh}^2}{2D_{ij}} \tag{2}$$

给出，其中 X_h 为样地 h 在第一轴的坐标值，D_{ij} 为样地 h 和 i 的相异系数，D_{jh} 为样地 h 和 j 的相异系数。

3）按公式 $4S = \sqrt{D_{ih}^2 - X_h^2}$，计算各样地对第一轴的偏离值，选取与第一轴偏离最大的样地为第二轴端点，同样方法将其他样地投影到第二轴上，这样就完成了对样地的二维排序。

最初的相异系数是根据 Bray-Curtis 距离进行计算的，而其他多种距离系数或相似系数在后期的极点排序中应用也较多。极点排序计算简单，在野外即可完成。它对排序端点的人为选择被后来的研究者认为是其优点[2, 6]，因为这样更能适应现实的非线性数据的情况。

早期的排序其共同特点是计算方便并可人为选择排序轴。在排序技术的不断发展中，后期的排序虽有严密的数学基础，并克服了主观性，但生态学数据较多的非线性结构特点使得更多排序产生不同程度的扭曲和畸变。因此一些学者又回过头来对这些早期

的排序表示了兴趣[1, 2]。因为它们灵活选择坐标轴的特点似乎更适合于非线性数据的排序,特别是极点排序的方法在植物群落分析中应用广泛且一直未被冷落。在各种类型的植被分析中取得了较好的成果[7-11]。

2 现代排序技术的发展

在 20 世纪 60 年代后期,随着计算机的产生和发展,给人们提供了进行复查计算的工具,随之一些计算庞大而数学基础严密的排序技术不断发展起来[11, 12]。

2.1 主成分分析和相互平均

植物群落种和样方的数据是 N 维空间上各样点的分布,经过降低维数,把它们在二、三维空间上直观地表示出来,才能为人们所接受。主成分分析(principal component analysis,PCA)在生态学研究中应用使人们认识到了其优点,因而在 20 世纪 60 年代后逐渐成为一种颇受青睐的排序方法[4, 5, 13]。

PCA 从数据矩阵开始,先对原始数据进行中心优化处理,即把坐标轴平移到它们的形心,再旋转一定的角度,使各点到旋转后的坐标轴的垂直距离和平方和最小。从而达到降低维数的目的,并使得新轴上保留了原来 N 维空间上分布的 M 个样点和最多的信息,所得到的主成分是原来各变量的综合效应,而不是某一因子的作用[5]。PCA 有较复杂而庞大的数学计算,必须借助于计算机。

主成分分析的新奇之处在于排序得分直接从数据矩阵导出而无须给权值、选端点。另外,PCA 通过正分析和逆分析两个过程得到对样地和种的排序。其复杂的计算过程完全由计算机完成,因而成为一种受欢迎的通用的排序方法。在国内的文献资料中,PCA 的方法似乎比其他排序方法应用更多更广[6, 8-10, 14-18]。

然而,PCA 假定了数据的线性特征,而植被的样方种的数据更多的是非线性的情况,降维后出现的"畸变",是其本身所无法克服的[5]。因此,并不是所有的 PCA 排序都能得到成功的结果。另外,由于数据标准化的方法不同,其结果是天壤之别。选择合适的数据标准化方法,能在一定程度上减小"畸变"[4],但这仍是一个人为判断的问题。

相互平均(reciprocal averaging,RA)的排序技术是 Hill 于 1979 年[13]设计提出的。实质上 RA 是 PCA 的一种特殊形式,同时,RA 借鉴了直接梯度分析的长处,通过种的得分计算样地的得分[19]。首先给出一组样地的初始值,通过初值计算种的得分,把种的得分进行刻画处理后作为权值再去计算样地的得分,这样反复的迭代,直到达到了给定的精度为止。

RA 在一次分析中可同时得到种和样地的排序值,无须选择权值,初值的选择可以是任意的,只不过是不合适的初值加大了迭代的步数而已。RA 对原始数据不作中心化处理,而是首先进行近似于正规化的处理,这样在一定程度上不忽视稀有种或较差立地的样方的作用。另外,对于一、二维排序,可以手算,因此在野外更有适应性[13]。尽管如此,RA 并没有消除"畸变"、"拱形"或"U"形效应常常是其应用推广的障碍。另外,相同差异的样方和种在排序轴上会出现不等的距离的情况[5]。相互平均法虽有这些弱点，但在国内植物群落学分析中成功运用的资料也有不少[17]，可见它对不同的问题表现出有选择的适应性。

2.2　典范分析、主坐标分析和位置向量排序

这 3 种方法可用于处理不同类型属性的数据，因此可对植被和环境的数据同时进行分析。典范分析（canonical analysis，CA）的目的是找出两组典范变量 Y_1 和 Y_2，其中 Y_1 是环境因数的几个线性组合；Y_2 为反映植物种的变量的线性组合。这两组典范变量尽可能保留原来数据的全部信息，从而同时得到了对环境和植被的数据的排序值。CA 计算过程中必须求出两组典范变量间各对变量的相关系数，因而又叫典型相关分析（canonical correlation analysis）。这种排序方法同时完成了对样方或种的排序和环境的解释，其计算过程并不复杂，因而国内的应用较多[17,20]。主坐标分析（principal axes analysis，PAA）和位置向量排序（position vectors ordination，PVO）则更多地应用于数据类型的转换[3]。它们都从已知的向异矩阵出发去进行排序，最后的排序结果是各变量的作用而不是综合效应（与正交的 PCA 相同）。因此排序得分就可作为各变量新的定量化数据使用[2]。PVO 和 PAA 在国内群落学研究中的应用并不多，但它们的这一特殊性能对于解决一些特殊问题还是有很重要的作用的。也有少数研究者成功地使用了这一方法[2]。

3　排序技术的新进展

尽管 PCA、RA 等排序技术克服了早期排序的主观性，不同的研究者对同一问题的解法会有多种结论，但它们在克服这些缺点时几乎同时又带来了新的不足之处。有人认为 PO 的优越之处在于坐标选择的主观性，这样给复杂的环境因子分析问题一个选择尝试的机会。另外，对于非线性数据，在没有适合的非线性排序之前，PO 还不失为一种客观的降维方法。PCA、RA 等排序技术都假定了数据的线性结构和单调性的特点，这种不符合实际的假设常常使排序出现较大的"畸变"，使人无法解释被打乱的排序结果。无趋势对应分析（detrended correspondence analysis，DCA）是为消除"拱形"效应而产生的新方法。多维等级（multidimensional scaling，MDS）和高斯排序（gaussian ordination，GO）虽然产生较早，但作为两种非线性排序技术应用并不多。这些排序方法，特别是 DCA 排序在近几年被广泛地应用于各种植被类型的分析之中[13, 19, 21, 22]。

DCA 是 Hill[13, 23] 在 RA 的基础上经过调整第二轴上样地或种的得分，在连续的分区上对它们进行中心化处理，从而消除了"拱形"效应。另外，各变量在排序轴上的刻度是通过调整样地内种的得分的方差到连续的数值而改正过来的。这样就克服了 RA 的不足之处[9]。DCA 的排序方法自 20 世纪 70 年代末产生后，就得到了普遍应用，几乎取代了通用的主成分分析方法[5, 19]。

MDS 是一种适合于非线性数据的排序方法，产生于 20 世纪 60 年代初，是 Kruskar 发展的。MDS 从已知的相异矩阵出发，力图在已知维数的空间内排列样地，从而使相似性值与样地间距离的单调关系保持在那个空间内，计算上 MDS 是一个反复进行回归分析的相当复杂的过程。正因如此，虽然此方法的产生由来已久，但应用并不普遍。少

数的文献指出这种方法在多数情况下较优于 RA [13, 24, 25]。随着计算机软件技术的发展，MDS 复杂的计算已被一些统计软件所代替，如 SYSTAT/SYSGRAPH，因此这种非线性排序技术更值得尝试和应用。

高斯排序是生态学家自行发展的适于特殊的生态数据，也是一种非线性排序方法。物种在一梯度上的分布形式为高斯曲线（或"钟形"曲线）的特征。根据这一规律，提供取样位置的初始估计，以迭代计算使高斯函数适应每个物种，在这个基础上获得对样地或种的排序。GO 对于多样性的数据，一个界线分明的主轴，以及物种分布合理地适于钟形的形式，能够提供最好的和最多的排序信息 [2]。高斯排序在国外的文献中已被较多地研究和应用 [24-26]，国内似乎还缺乏对这种技术的认识和研究。

不论是 DCA 还是 MDS、GO，它们的应用都是有条件的，并不是通用的方法。对于具体的问题方法的优势不在于本身，而在于对于特定问题的合适程度，但寻求非线性排序的途径，克服降维后导致的"畸变"或其他问题，必将是群落排序研究中的趋势和方向。

4　排序有效性的讨论

群落排序的技术已有很多，但没有"最好"的排序方法。各种排序技术反映了不同的信息，用不同的方法所得结果大相径庭，或者无法进行生态学解释，那么如何排序才能算是最有效的排序呢？排序的目的是揭示植物群落在环境梯度上连续性的特点 [2]，生态学的发展在目前只允许去选择方法来解决问题。对于植物群落学研究来说，排序不是目的而是技术，更重要的是用群落学的知识进行解释、判断和检验。一个成功的排序结果在生态学上应有足够明朗的意义 [5]。在排序时对于多变量空间的降维处理必将导致部分信息的损失，当然保留的信息越多越容易去解释，但并不是所有的保留较高信息量的排序都能得到生态学意义上的解释。如 PCA，当贡献率较高时，常能取得较好的成果，但也有贡献率在 80% 以上而生态学上无法解释的情况。相反有的 PCA 结果贡献率在 40% 时仍能较好地进行判断，给人以符合实际的群落或种的格局方式。排序的成功完全取决于是否能够得到一个有意义的排序图，而不在于保留信息量的高低。又如 MDS 分析中，"畸变"压力测定通常被认为是排序自然保持的度量，但也有人指出压力测定不可能有效地作为排序成功的表示。

对于各种排序方法不同学者看法不同，有严密数学基础的排序却失去了人为调整端点的机会。早期的排序又被认为缺乏客观性。不管排序技术如何发展，对植物群落学研究来说，唯一客观的是野外植被分布的格局及其与环境的关系。

参 考 文 献

[1] D. 米勒-唐布依斯，H. 埃仑伯格. 植被生态学的目的和方法. 鲍显诚，张绅，杨邦顺，等译. 北京：科学出版社，1986.

[2] 阳含熙，卢泽愚. 植物生态学的数量分类方法，北京：科学出版社，1983.

[3] 王梅桐. 用 PO 法对井岗山常绿阔叶林的排序研究. 江西大学学报（自然科学版），1984，8（1）：

81-96.

[4] Greig- smith D. Quantitative Plant Ecology. 3rd Edition. Oxford：Blackwell scientific Publication，1983.

[5] Gauch H G Jr，Chase G B，Whittaker R H. Ordination of vegetation samples by Gaussian species distribution. Ecology，1974，55（6）：1382-1390.

[6] 钟杨. 国内植物数量生态学研究概况. 武汉植物学研究，1988，6（1）：87-93.

[7] 刘玉成. 四川缙云山常绿阔叶林的数量分类. 植物生态学与地植物丛刊，1985，9（4）：315-325.

[8] 伍世平. 海南岛热带草地的数量分类和排序研究. 植物生态学与地植物学报，1990，14（4）：388-392.

[9] 杜国祯，王刚. 鼢鼠土丘植被演替的间接梯度分析及种群动态. 中国草地，1988，（5）：44-48.

[10] 郑慧莹，李建东，祝廷成. 松嫩平原植物群落的分类和排序. 植物生态学报，1986，10（3）：171-179.

[11] Bray J R，Curbs J T. An ordination of the upland forest communites of southern Wisconsin. Ecological Monographs，1975，27（4）：325-349.

[12] Coxon A P M. The User Guide to Multidemonsional Scaling. London：Heinemann，1982.

[13] Hill M O. DECORANA-A FORTRAN Program for Detrended Correspondence Analysis and Reciprocal Averaging. Ithaca：Cornell University，1979.

[14] 张希明. 沙坡头固沙植物生态群落的数量划分及抗旱性排列初探. 干旱区研究，1985，2（4）：35-41.

[15] 施维德. 四川缙云山森林群落的分类和排序. 植物生态学与地植物丛刊，1983，7（4）：299-311.

[16] 周厚成，彭少鳞，陈天杏，等. 广东森林群落排列分析. 广西植物，1988，8（3）：225-232.

[17] Anderson A J B. Ordination methods in ecology. Journal of Ecology，1971，59（3）：713-726.

[18] Austin M P. On non-linear species response models in ordination. Vegetatio，1976，33（1）：33-41.

[19] Whittaker R J. An application of detrended correspondene analysis and non-metric multidimensional scaling to the identificanon and analysis of environmental factor complexes and vegetation structures. Journal of Ecology，1987，75（2）：363-376.

[20] 李兴东. 典范分析在黄河三角洲湾滨海区盐生植物群落中的应用. 植物生态学与地植物学报，1988，12（4）：300-305.

[21] 钱宏. 长白山高山冻原植物群落的数量分类和排序. 应用生态学报，1990，1（3）：254-263.

[22] 谢长富，黄增泉. 林口红土台地之植物相调查. 中央研究院植物学汇刊，1987，28（1）：61-79.

[23] Hill M O，Gauch H G Jr.. Detrended correspondence analysis an improved ordination technique. Vegetatio，1980，42（1-3）：47-58.

[24] Kruskal J B. Nonmetric multidimensional scaling：a numerical method. Psychometrika，1964，29（2）：115-129.

[25] Kruskal J B. Multidimensional scaling by optmizing goodness of fit to a nonmetric hypothesis. Psychometrika，1964，29（1）：1-27.

[26] Gauch H G Jr.，Wentworth T R. Canonical correlation analysis as an ordination technique. Vegetatio，1976，33（1）：17-22.